Kapitän Sig Hansen & *Mark Sundeen*

NORTHWESTERN

ALASKA. EINE NORWEGISCHE FISCHERFAMILIE. IHRE SAGA

 REZENSIONSEXEMPLAR

NORTHWESTERN
Alaska. Eine norwegische Fischerfamilie. Ihre Saga.

Deutsche Erstausgabe, November 2012
Alle Rechte vorbehalten
© 2012 by Ankerherz Verlag GmbH, Hollenstedt
© 2010 by Sig Hansen und Mark Sundeen
© 2012 by Holger Gertz für das Portrait »Corey Arnold: Der Fotofischer«
Die englischsprachige Originalausgabe »North by Northwestern: A Seafaring
Family on Deadly Alaskan Waters« erschien 2010 bei St. Martin's Press, New York

Übersetzung: Olaf Kanter, Hamburg
Fotografien: Corey Arnold, Portland, Oregon;
Privatarchiv Sig Hansen
Illustrationen: Florin Preußler, München
Lektorat: Patrick Schär, Berlin
Korrektorat: Wolfgang Sand, Landsberg
Gestaltung und Satz: Florin Preußler, München
Herstellung: Peter Löffelholz, Berlin

Druck und Bindung : Friedrich Pustet KG, Regensburg
Gedruckt auf fsc-zertifiziertem, holz- und
säurefreiem Papier der Firma Munkedals, Schweden.
Printed in Germany

Bibliografische Informationen der Deutschen Bibliothek:
Die Deutsche Nationalbibliothek verzeichnet diese Publikation
in der Deutschen Nationalbibliografie; detaillierte
bibliografische Angaben sind im Internet unter http://d-nb.de abrufbar.

Ankerherz Verlag GmbH, Hollenstedt
info@ankerherz.de
www.ankerherz.de

ISBN: 978-3-940138-23-1

Well, look way down the river, what do you think I see?
I see a band of angels and they're coming after me
Ain't no grave can hold my body down
There ain't no grave can hold my body down

Johnny Cash

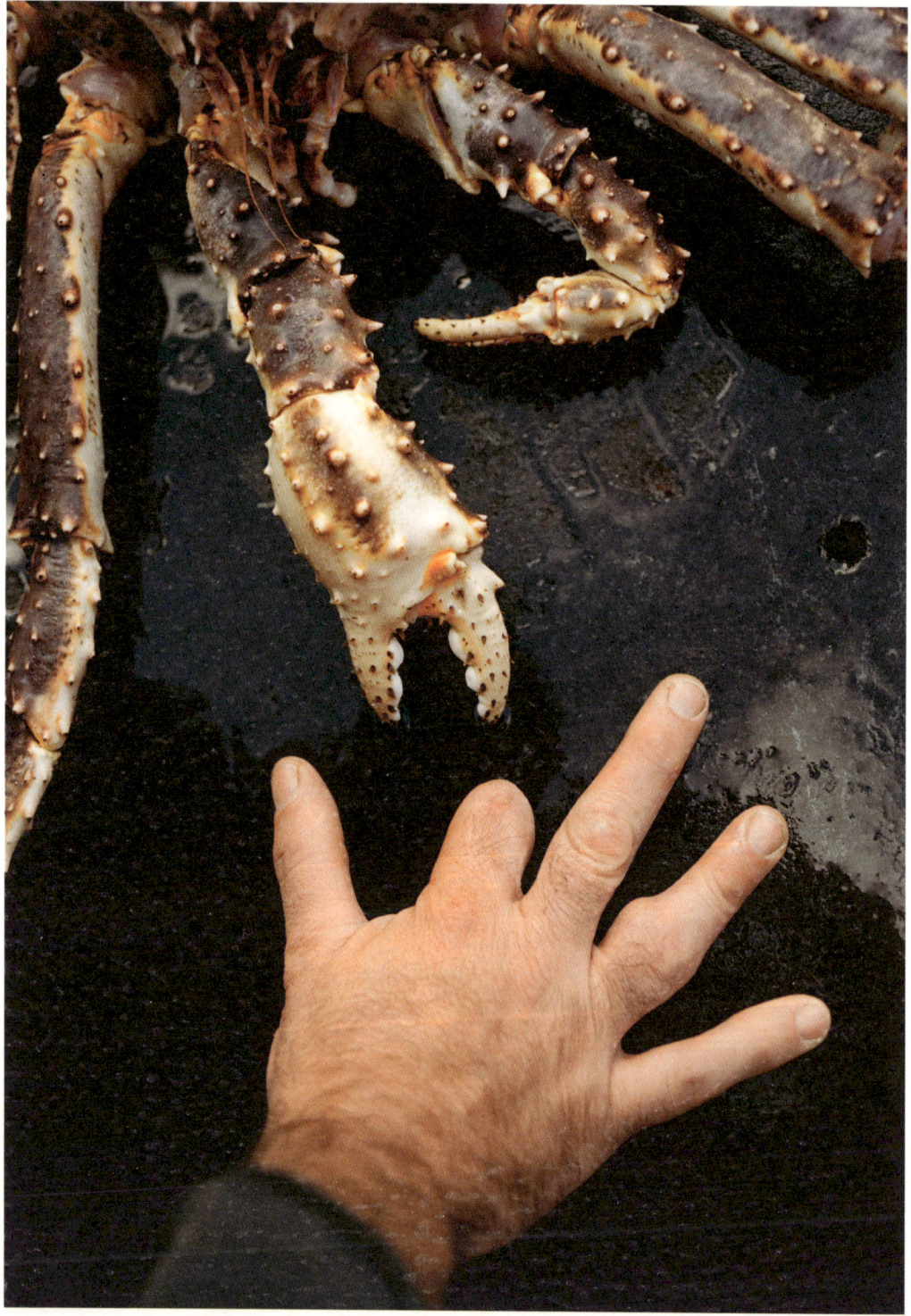

INHALT

x Shetlandinseln

N O R D S E E

KARTE VON *Norwegen* ★

N
O
R
D
S
E
E

Karmøy **x** • Åkrehamn
• Stavanger

Oslo •

70°

60°

60°

0°

• Vancouver

• Anacortes

P
A
Z
I
F
I
K

48°

47°

125°

Puget Sound

Salmon Bay

x Ballard
• Seattle

Lake Washington

x Mount Rainier

KARTE VON *Seattle* ★

60°

55°

Tanaga Ba

x Tanaga
x Ada

B E

★ KARTE VON *Alaska* UND DER *Beringsee* ★

A L A S K A

Anchorage ●

✖ St.-Matthew

I N G S E E

● King Salmon

Port Wakefield

● Kodiak

● St. Paul
✖ Pribilof-Inseln

BRISTOL BAY

Cape Barnabas

GOLF VON ALASKA

65°

60°

55°

Cold Bay ●

● Sand Point

Akutan Bay

✖ Unimak

Cape Cheerful

● Dutch Harbor

Unalaska ✖

A L E U T E N

170°   165°   160°   155°   150°

50°

A ls es begann, lag der Kapitän in seiner Koje. Es war acht Uhr morgens, Anfang Dezember. Eine graue Dämmerung machte sich gerade daran, die pechschwarze Nacht über Alaska zu verdrängen. Weil der Kapitän fast ausschließlich von Zigaretten und Kaffee lebte, schlief er nie besonders tief. Aber in dieser Nacht war es noch schlimmer als sonst. Sein Schiff bockte in gut sieben Meter hohen Wellen und der arktische Wind heulte bereits mit Windstärke elf. Mehr als Halbschlaf war unter diesen Bedingungen sowieso nicht drin, die Bewegungen seines Schiffs warfen ihn in seiner Koje hin und her.

Der Kapitän und seine Crew von drei Mann kämpften sich nordöstlich von Dutch Harbor durch die Beringsee; auf dem Weg zu den Krabbenreusen, die sie in den Tagen zuvor ausgelegt hatten, hielten sie den Bug ihres Schiffs genau in die Wellen. Der Kapitän hatte fast die ganze Nacht selbst am Ruder gestanden, bis er den Job schließlich um drei Uhr an einen seiner Matrosen übergab, um in seiner Kabine eine Mütze Schlaf zu nehmen. Aber keine Chance. Es war für ihn beinahe eine Erleichterung, als er die schweren Schritte hörte, die von der Brücke den Niedergang herunterkamen. Das passierte nur, wenn etwas schiefging, und das war immerhin ein guter Vorwand, wieder aufzustehen. Schon ging die Tür auf.

»Ich hab keinen Saft mehr, keine Power«, sagte Krist. »Ruderanlage, Funkanlage, nix geht mehr.«

Der Kapitän schwang seine Beine aus der engen Koje. Er schlüpfte in seine Schuhe und stand auf. Er trug Arbeitshosen aus einem schweren Stoff und einen dicken Pullover. Der Kapitän schlief immer in voller Montur. Er folgte Krist auf die Brücke.

Natürlich war der Kapitän nicht gerade glücklich darüber, dass sein Schiff ein Problem hatte, aber er war froh, dass es einen Grund gab, aus dem Bett zu kommen. Er fand einfach keine Ruhe, wenn er nicht arbeiten konnte, Freizeit war für ihn ein regelrechter Kampf gegen die Langeweile. Er arbeitete gerne. Und er arbeitete gerne lange, zwanzig Stunden am Stück waren nicht selten, und wenn es gut lief beim Fischen, dann konnte er auf Schlaf auch komplett verzichten. Es war wohl die protestantische Arbeitsmoral, die ihm sein Vater von klein auf eingedrillt hatte. Faulheit gab es nur bei Memmen und Weicheiern. Arbeit war gesund, und je härter man arbeitete, desto besser. Deshalb war er hier.

Krist pflanzte sich wieder auf den Sitz hinter dem Ruder und legte seine Hand auf den Fahrhebel. Der Kapitän lehnte sich in den Türrahmen und zündete sich erst einmal eine Pall Mall an. Das Schiff kletterte einen Wellenberg hoch, knallte in den Kamm und fiel dann wie schwerelos ins nächste Tal. Die See war rau, aber der Kapitän hatte schon Schlimmeres erlebt. Solange er noch auf der Brücke herumgehen konnte, ohne sich festhalten zu müssen, ohne dass es ihn von den Füßen riss, musste er sich keine Sorgen machen.

Er stand jetzt neben Krist am Steuerstand. Die anderen beiden Matrosen schliefen unten in ihren Kojen. Im Westen war der Himmel wie schwarze Seide, der Sonnenaufgang würde noch ein paar Stunden auf sich warten lassen. In dieser Richtung gab es da draußen aber eh nichts zu sehen; zwischen ihrer Position und der russischen Küste lagen Hunderte Meilen eisiger Ozean. Im Südosten konnte man immerhin schon die Silhouette felsiger Klippen vor einem grauen Horizont erkennen. Das Schiff war nicht weit von Akun Island entfernt. Wenn sie echte Probleme kriegen sollten, konnten sie sich dort in einer geschützten Bucht verstecken und reparieren, was zu reparieren war. In ihrer Crew gab es für alles einen Spezialisten, jeder Fischer war irgendwie auch Mechaniker oder Schweißer, Maler oder Zimmermann, und auch auf Brandbekämpfung verstanden sie sich. Sie konnten im Prinzip mit jedem Problem fertig werden.

Es gab viele Gründe, warum ein Schiff auf See Ärger mit der Ruderanlage bekommen konnte. Vielleicht war eine Hydraulikleitung gebrochen und das Öl, das Druck aufs Ruder geben sollte, war ausgelaufen. Oder es war ein Kabel defekt. Konnte auch sein, dass sich ein Tau in der Schiffsschraube verfangen hatte – es kam ab und zu vor, dass man über die Boje einer Reuse fuhr, die ein anderer Fischer verloren hatte. Aber das konnte es jetzt eigentlich nicht sein, die Maschine brummte gleichmäßig, wie sie immer klang. Das war schon mal ein gutes Zeichen, auch wenn es eine ziemlich heikle Sache war, den Druck aufs Ruder zu verlieren. Konnte trotzdem etwas ganz Simples sein, ein Kurzschluss zum Beispiel oder ein Schaltkreis, der ausgefallen war. Der Kapitän machte sich jedenfalls keine großen Sorgen.

»Ich guck mal nach«, sagte er zu Krist.

Der Kapitän nahm einen tiefen Zug von seiner Zigarette, dann öffnete er die Tür der Brücke raus aufs Deck. Die arktische Kälte traf ihn wie ein Stoß, es war, als würde er in einen frostigen Albtraum eintauchen. Eiszapfen hingen vom Dachvorsprung, und auch die Reling war mit einer dicken Eiskruste überzogen. Das Schiff stampfte und rollte. Er setzte vorsichtig einen Fuß vor den anderen, durch die dünnen Sohlen seiner Schuhe konnte er das eisige Deck spüren. Im Dunkelgrau der aufziehenden Dämmerung sah er immer wieder kurz die weiße Gischt der Brecher aufblitzen, aber die meisten Wellen blieben unsichtbar – mächtige Geister, die das Schiff durchschüttelten. Der Kapitän stemmte sich gegen den Mast, um Halt zu finden, und schaute auf das Arbeitsdeck hinunter. Die Reusen hatten sie alle ausgebracht und er hatte die Crew gestern das Deck schrubben lassen. Es war komplett leer – von der Schneedecke bis zum Heck einmal abgesehen. Alle Leinen, sorgfältig aufgeschossen, lagen unter einer Eiskruste. Der Bordkran ächzte wie ein Galgen im Wind. Die Rettungsringe waren in ihren Halterungen festgefroren, nicht einmal der arktische Sturm konnte ihnen eine Bewegung entlocken. Wenn er erst mal das Problem mit dem Ruder sortiert hatte, würde der Kapitän seine Crew wecken und hier draußen Eis klopfen lassen. So eine Eisschicht auf dem Schiff war tonnenschwer, und es waren schon viele Dampfer gekentert, weil sie unter dieser Extrafracht kopflastig geworden waren.

Der Wind heulte in den Ohren des Kapitäns. Mit dem nächsten Zug von seiner Zigarette vermischten sich heißer Rauch und arktische Luft in seiner Lunge. Der Wind fuhr durch seinen Wollpullover und jagte dem Kapitän einen eisigen Schauer den Rücken hinunter.

Der Kapitän klammerte sich fest an die hölzerne Reling. An Deck schien alles völlig normal. Doch dann schmeckte er etwas in der Luft, was dort nicht hingehörte: Der ölig schwarze Rauch aus dem Schornsteinrohr roch überhaupt nicht nach den typischen Dieselabgasen. Es war schwer zu erklären, es roch irgendwie rauchiger. Der Kapitän kehrte schnell auf die Brücke zurück und hastete den Niedergang runter zur Kombüse und weiter zur Tür des Maschinenraums. Er legte seine Hand auf den Riegel – er war heiß. Der Kapitän drückte die Tür auf, und da, aus den Eingeweiden seines hölzernen Schiffs, schlugen ihm Flammen entgegen. Die Maschinen brannten, das Feuer hatte sich schon bis zum Rumpf vorgearbeitet. Die Hitzewelle und der Rauch stießen den Kapitän förmlich zurück. Er warf die Tür zu und machte kehrt, um seine Crew zu wecken.

»Feuer!«, brüllte er. »Alle Mann an Deck!«

Mein Name ist Sig Hansen, Krabbenfischer von Beruf, und ich bin Kapitän der *Northwestern*. Der Mann, der an jenem Dezembermorgen aufwachte und feststellen musste, dass der Maschinenraum seines Schiffs lichterloh brannte, war mein Vater Sverre, und das Schiff war seine *Foremost*.

Bis zu dem Zeitpunkt, als ich mich mit meinen Brüdern zusammen daran machte, unsere Familiensaga aufzuschreiben, hatte ich immer nur Bruchstücke der Geschichte gehört, wie die *Foremost* gesunken war. Die Story hatte im Freundeskreis meines Vaters längst die Runde gemacht, und viele der Männer, mit denen ich mein ganzes Leben zum Fischen rausgefahren bin, kannten sie. Aber ich habe erst jetzt erfahren, was damals wirklich passiert war. Von den vier Leuten, die an diesem Morgen auf der *Foremost* waren, lebt heute nur noch einer.

Ich habe mein ganzes Leben als Fischer gearbeitet. Als ich anfing, war ich gerade mal zwölf Jahre alt, und jetzt mache ich den Job schon mehr als dreißig Jahre lang. Ich habe nie etwas anderes gelernt. Nachdem mein Vater gestorben war, übernahmen meine Brüder und ich sein letztes Schiff: Die *Northwestern* ist ein gut vierzig Meter langer Krabbenfänger und dafür ausgelegt, den Winterstürmen auf der Beringsee zu widerstehen. An Bord bin ich der Kapitän und meine Brüder sind für die Maschine und die Arbeit an Deck zuständig, sie wechseln sich regelmäßig ab. Ich habe mir dieses Leben gewünscht, genau so. Ich wollte nie mehr und nie weniger als dieses Leben. Mein Vater hieß Sverre Hansen und er spielt in dieser Geschichte eine zentrale Rolle: Für meine Brüder Norman und Edgar – und das gilt auch für mich – geht es bei jedem Tag auf See immer wieder darum zu beweisen, dass wir würdig sind, seinen Namen zu tragen, dass wir dem Maßstab gerecht werden, den unser Vater gesetzt hat.

Die Hansens sind eine Familie der Fischer, der Seeleute, wir sind die Kapitäne.

Und dies ist unsere Saga.

EIN SOHN

NORWEGENS

KAPITEL
1

M ein Großvater hatte eine Narbe an einem Bein, die von der Hüfte bis zum Fuß reichte. Er war aus der Heimat nach Alaska gekommen, um zu fischen. Als ich klein war, war er eigentlich schon viel zu alt für die harte Arbeit auf See, aber er kam trotzdem noch mit raus – ein Veteran, der einfach bei seiner Familie sein wollte. Er hatte sein ganzes Leben damit verbracht, Kabeljau und Hering zu fangen.

Er fuhr mit einem Versorgungsschiff auf der Nordsee, als er den Unfall hatte. Sie waren gerade dabei, eine große Luke zu schließen. Dabei blieb er irgendwie hängen und der riesige Stahldeckel fiel so auf sein Bein, dass es von oben bis unten aufgeschlitzt wurde.

Als wir ihn damals in Norwegen besuchten, humpelte er auf Krücken durch sein Wohnzimmer. Die Fäden waren noch nicht gezogen und die Wunde sah grässlich aus. Als hätte Dr. Frankenstein zwei Stücke Fleisch grob zusammengenäht. Das Bein war wirklich übel zugerichtet. Meine Brüder und ich konnten uns von dem Anblick kaum losreißen. Natürlich jagte uns die ganze Geschichte einen ordentlichen Schrecken ein, aber die Erfahrung war auch nicht so traumatisch, dass uns die Fischerei plötzlich zu gefährlich vorgekommen wäre. Das Risiko gehörte zum Job. Er hatte einfach nur Pech gehabt.

Sein Name war Sigurd Hansen und von ihm habe ich meinen Namen. Mein anderer Großvater hieß Jakob. Als ich zur Welt kam, wollten beide mein Namenspatron sein, was bei meinen Eltern eine lange Diskussion auslöste. In Norwegen gilt es allerdings bereits schon als Ehre, wenn der Name des Kindes mit demselben Buchstaben beginnt wie der des Verwandten. Und so einigten sich meine Eltern auf den Kompromiss Sigurd Johnny Hansen – wobei sie den zweiten Vornamen nicht wie im Englischen aussprachen. Sie sagten »Yonny«. Natürlich ist es eine wunderbare Ehre, nach den Namen beider Großväter benannt zu werden, aber wer im Amerika der Siebzigerjahre mit einem Namen wie Sigurd Johnny aufwächst, muss schon einiges aushalten können.

Ich wurde 1966 geboren – in Ballard, dem skandinavischen Viertel von Seattle, direkt am Kanal. Alle Freunde meiner Eltern waren erstens Norweger und zweitens Fischer. Im weiteren Umkreis gab es wohl auch noch ein paar Dänen und Schweden, aber sonst hatten wir kaum Kontakt. Meine Eltern mussten nur selten Englisch sprechen, sie gingen ja nicht einmal zu den Elternabenden an meiner Schule. Das Englisch meiner Mutter war, ehrlich gesagt, eher bescheiden. Mein Vater war jedes Jahr neun Monate auf See zum Fischen, während meine Mutter sich um die Kinder kümmerte und nur selten aus dem Haus kam. Sie hatte gerade so viel Englisch gelernt, wie sie beim Einkaufen brauchte – sie wusste, was die Dinge kosteten und wie sie dafür bezahlen musste. In der Grundschule schickten die Lehrer mich einmal mit einer Notiz für meine Eltern nach Hause, in der es hieß: »BRINGEN SIE IHM ENGLISCH BEI. KEIN NORWEGISCH MEHR!«

Kurz nach meiner Geburt zogen meine Eltern um, weg von Ballard an den nördlichen Stadtrand von Seattle in ein größeres Haus mit Garten. Sie waren nicht die Einzigen, eine ganze Reihe von Norwegern der Generation meiner Eltern siedelte damals in den Norden um. Es war eine tolle, kleine Gemeinde, die da zusammen aufwuchs. Auf dem Weg zur Schule holten wir unsere Cousins ab und zogen mit ihnen gemeinsam weiter. Zur Kirche gingen wir weiter in die evangelische Fels-der-Ewigkeit-Kirche in Ballard. In der Grundschule wie auch im Kindergottesdienst waren wir mit vielen norwegischen Kindern zusammen und wir sprachen eigentlich immer nur die Sprache unserer Eltern. Gelegentlich fuhren wir mit dem Rad den weiten Weg zum Fischerhafen von Ballard, um Schiffe zu gucken. Unsere Väter waren allesamt Fischer. In den Sommerferien oder über Weihnachten reisten viele Familien in die alte Heimat – und auch da trafen wir unsere Freunde wieder.

Wie alle amerikanischen Kinder spielten meine Brüder und ich Football oder Baseball, wir marschierten in der Blaskapelle und verdienten uns manchmal sogar mit Babysitten ein paar Dollar Taschengeld dazu. Dabei war uns immer bewusst, dass wir anders waren – Norweger eben, nicht Amerikaner. Und wir waren Fischer. Während die anderen Kinder in der Schule ihr ABC und Einmaleins lernten, malte ich Kutter in mein Heft und schwarzen Rauch, der aus dem Schornstein quoll.

Ich war zwölf, als ich zum ersten Mal mit meinem Vater zur See fuhr. 1978 brachten wir die *Northwestern* von Seattle über den Golf von Alaska zu den Aleuten. Wir brauchten eine gute Woche für die 1700 Seemeilen, und ich war die meiste Zeit fürchterlich seekrank. Von den Aleuten ging es weiter gen Norden, noch einmal 400 Meilen raus auf die Beringsee. Nach drei Tagen auf dem offenen Meer erreichten wir St. Matthew – ein einsamer Außenposten weit im Norden, der von bizarren Formationen aus vulkanischem Gestein gesäumt ist. Von hier war es nicht mehr weit nach Russland. Wir waren außerdem direkt am Polarkreis und die Sommersonne verschwand nachts immer nur kurz hinter dem Horizont. Der Himmel wurde nie völlig dunkel. Ich kam aus dem Staunen nicht mehr heraus. Ich hatte meine kleine Welt der

*Eine **Seemeile** sind 1,852 Kilometer. Es sind von Seattle bis zu den Aleuten also mehr als 3000 Kilometer.*

Vorstadt hinter mir gelassen und die Tür zu einem viel größeren, fremden Universum aufgestoßen. Bis zu diesem Zeitpunkt hatte ich nur eine sehr abstrakte Vorstellung vom Leben meines Vaters als Fischer in Alaska gehabt. Jetzt sah ich die Wirklichkeit mit eigenen Augen.

Was diesen Sommer für mich so besonders machte, war natürlich auch, endlich die Schiffe in Aktion zu sehen, die ich seit Jahren in meinen Bildern gemalt hatte. Zusammen mit meinen neuen Freunden ruderte ich von Schiff zu Schiff, wir kletterten an Bord, lernten die anderen Fischer kennen und bestaunten ihre Dampfer. Die meisten Typen waren Freunde meines Vaters – aber auch die anderen, die nicht dazuzählten, ließen uns an Bord kommen, zeigten uns bereitwillig ihre Ausrüstung und nahmen uns mit auf ihre Brücke. Wir studierten alles ganz genau, als wären wir in einem Museum. Mit fünfzehn kannte ich jedes Schiff der Flotte in- und auswendig. Wenn ich die Silhouette eines Trawlers am Horizont sah, wusste ich sofort, um welches Schiff es sich handelte. Die Älteren in der Crew sahen mich an und schüttelten nur die Köpfe: »Wie zum Teufel kannst du bloß so weit gucken?«

Das Wichtigste an diesem Sommer aber war, dass ich an der Seite meines Vaters arbeiten durfte und mit all den anderen Männern, die mich ein Leben lang mit Rat und Tat unterstützen sollten. Die Typen waren wirklich legendär. Oddvar Medhaug zum Beispiel, ein Freund meines Vaters, hatte als Decksmann angeheuert. Er war ein typischer Norweger, ein richtiger Malocher und ein Sturkopf. Er kam aus demselben Ort wie mein Vater und war auch aus demselben Holz geschnitzt. Er sollte später einmal einer der erfolgreichsten Skipper der gesamten Flotte werden, ein echter Überflieger, aber in diesem Sommer war er noch ein einfacher Matrose – und mein absolutes Vorbild. Wenn er runter in die Kombüse kam, um den Abwasch zu erledigen, machte ich Fotos von ihm, als hätte ich es mit einem Filmstar zu tun.

Nach zwei Monaten auf See musste ich zurück nach Seattle, weil die Schule wieder anfing. Mein Vater setzte mich auf St. Paul ab, noch so ein einsamer Felsen in der Beringsee. Ich musste eine Nacht allein auf der Insel übernachten und mein Hotel lag genau neben der einzigen Bar. Die Einheimischen und die Fischer kippten sich einen hinter die Binde, oder vielmehr nicht nur einen. Es wurde ziemlich schnell laut. Ich hörte wildes Gebrüll, klirrendes Glas – und dann artete das Ganze zu einer richtigen Prügelei aus. Ich war erst zwölf Jahre alt und machte mir fast in die Hose vor Angst. Am nächsten Morgen flog ich nach Cold Bay, einem winzigen Kaff am äußersten Zipfel der Alaska-Halbinsel. Hier gab es nichts außer einer Landebahn, einem Laden und ein paar windumtosten Hütten. Von da ging es weiter nach Anchorage, dann Seattle. Eine epische Reise, ich war tagelang unterwegs.

Im Sommer darauf reiste ich nach Norwegen und fuhr mit einem entfernten Verwandten zum Fischen raus. Wir verdienten gutes Geld dabei und er zahlte mir schwarz ein ordentliches Taschengeld. Als ich vierzehn wurde und meine Konfirmation hinter mir hatte, fühlte ich mich wie ein Erwachsener. Ich war bereit, Seattle im Kielwasser zu lassen und mir einen echten Job zu suchen. Kaum war die Schule vorbei, ging ich mit John Jakobsen in der Bristol Bay auf Lachsfang. Auch er war ein Freund meines Vaters aus Karmøy – ein großartiger Fischer und fantastischer Mentor. John heuerte eigentlich keine Greenhorns an, aber er machte in diesem Fall eine Ausnahme – meinem Vater zuliebe und weil ich mich schon recht ordentlich auskannte auf einem Schiff.

Karmøy ist eine Insel im Südwesten Norwegens, eine Brücke über den Karmsund verbindet sie mit dem Festland. Die nächste größere Stadt ist Stavanger auf der anderen Seite des Boknafjords.

Bevor wir ausliefen, ging mein Vater mit mir zum Schiffsausrüster und kaufte mir anständige Stiefel, Ölzeug und einen richtigen Seesack. Beinahe hätte er mir auch noch einen dieser altmodischen Südwester aufgeschwatzt, wie ihn die alten Salzbuckel trugen, aber das war mir dann doch zu viel des Guten. Auch wenn ich nichts dringender wollte, als ihm nachzueifern, fühlte ich mich dafür einfach zu jung. Mein Vater half mir sogar dabei, den Seesack richtig zu packen, und kontrollierte alles doppelt und dreifach. Mir war sonnenklar, dass es ihn nervös machte, mich alleine nach Alaska ziehen zu lassen, auch wenn er es mit keiner Silbe zugab. Er war nicht der Typ dafür, seine Gefühle zu zeigen. Stattdessen verabreichte er mir noch einmal die Sorte Ratschläge, die man von einem stoischen alten Fischer aus Norwegen erwarten kann: »Halt einfach deine Klappe und tu, was er dir sagt. Dann wird das schon hinhauen.«

Bristol Bay ist die Ecke im Südosten der Beringsee, ein paar Hundert Meilen westlich von Anchorage, wo sich die Alaska-Halbinsel vom Festland in Richtung Westen erstreckt. Die Bucht wird von etlichen Flüssen gespeist und gilt als ertragreichster Fanggrund für Lachs in der Welt.

Johns Boot hieß *Jennifer B*, ein zehn Meter langer Aluminiumkahn mit blauem Rumpf und weißem Deck, der ein bisschen aussah wie ein Hafenschlepper, weil John rundum alte Autoreifen an die Reling gehängt hatte. Kein toller Anblick, aber wenigstens war das Schiff gut geschützt, wenn es im Schwell gegen die Pier oder andere Boote rumste. Die *Jennifer B* bestand eigentlich nur aus Deck; es gab ein winziges Ruderhaus und darunter eine Kajüte mit Kojen für vier Mann. Außer John und mir war noch Bjarne Sjoen an Bord, das war die ganze Crew. Wenn wir auf See waren, sprachen wir fast ausschließlich Norwegisch.

Mit dem Startschuss zur Fangsaison brach das Chaos aus in der Bristol Bay. Hunderte von Booten machten sich auf die Jagd nach ein paar Millionen Lachsen. Insgesamt währte die Saison nur fünf bis sechs Wochen – aber nicht an einem Stück. Die Fischereibehörde von Alaska gab den Lachsfang immer nur für kurze Perioden von zwölf, vierundzwanzig oder sechsunddreißig Stunden frei – und dann fischten wir wie besessen.

Wie der Rest der Flotte war auch die *Jennifer B* für die Fischerei mit Treibnetzen ausgerüstet. Es sind riesige Rechtecke aus Netzmaterial, die wir verwenden; sie hängen wie ein Vorhang aus engen Maschen im Wasser, hundertfünfzig Meter lang und drei Meter tief. Man muss sich das vorstellen wie ein überdimensioniertes Tennisnetz. Das

Ding wird von einer großen Trommel im Heck des Bootes vorsichtig abgespult. Einmal im Wasser, schwimmt die obere Kante des Netzes – auch Fleetreep genannt – von Bojen gehalten an der Oberfläche, während das untere Ende – im Jargon der Fischer das Unterwant – mit Gewichten beschwert gegen Meeresboden sinkt. Der Fisch kann die Maschen im Wasser nicht sehen. Sein Kopf passt gerade durch die Öffnung, aber sein Körper ist zu dick für die Maschen. Beim Versuch, sich rückwärts zu befreien, verfangen sich seine Kiemen im Netz – und er steckt fest.

Wir legten drei Netze aus, warteten eine Weile und zogen sie wieder an Bord. John stand am Ruder, Bjarne und ich holten die Netze ein und legten sie vorsichtig an Deck aus, damit sie sich nicht verhedderten. Wenn es gut lief, hatten wir in jedem Netz an die dreihundert Lachse. Wenn es richtig dicke kam, hingen auch mal tausend Fische in den Maschen. Sobald die Netze samt zappelnder Beute an Deck gestapelt waren, fing die Arbeit richtig an. Bjarne und ich mussten den Lachs aus den Maschen pflücken – und das bedeutete, sich durch mehr als tausend Quadratmeter Netz zu wühlen und jeden einzelnen Fisch herauszuziehen. Wir zupften die Lachse, so schnell wir konnten. Je schneller wir arbeiteten, desto mehr Geld verdienten wir.

Abgesehen von der Mahnung meines Vaters, unter allen Umständen meinen Mund zu halten und den Befehlen meines Skippers zu folgen, hatte ich zwei weitere Ratschläge mit auf den Weg bekommen, die ich seit dieser ersten Reise immer beherzige. Der erste stammte von einem Kumpel meines Vaters: »Lass dich niemals von den anderen Typen ausstechen.« Also schuftete ich bis zum Umfallen. Was bedeutete es schon, dass ich erst vierzehn war? Ich konnte den Fisch schneller aus den Maschen holen als die Erwachsenen. Der zweite wertvolle Hinweis kam von meinem Großvater: Er riet mir, so viel Schlaf zu kriegen wie möglich, weil man bei der Fischerei nie wissen konnte, wann man das nächste Mal zum Pennen kam. Und daran hielt ich mich sklavisch. Käpten John zog mich regelmäßig auf damit, wie ich sofort in meine

Koje verschwand, wenn wir auch nur zwanzig Minuten Leerlauf hatten. Einmal versuchte ich sogar, in meinem Ölzeug zu schlafen.

Während die älteren Fischer im Camp zusammenhockten und quatschten, trieben wir Jüngeren uns bei den Booten herum. Ab und zu klauten wir uns ein paar Flaschen Bier aus ihren Kühlboxen. Wir standen alle auf einer Brücke und taten so erwachsen, wie wir konnten – nippten an unseren Bieren, rauchten Zigaretten und blätterten im *Playboy*. Eines Abends erschien John Johannessen bei uns auf der Brücke. Weil ich ein Greenhorn war und sie meinen Vater gut kannten, machten sich die älteren Fischer einen Spaß daraus, mich zu schikanieren. Die Tradition ist wahrscheinlich so alt wie die Fischerei. Johannessen warf einen flüchtigen Blick auf meine Bierflasche, dann redete er einfach weiter, als hätte er nichts bemerkt. »Ich hab deinen Vater jeden Tag auf dem Schulweg vor mir hergescheucht«, sagte er. »War ein ziemlicher Kümmerling. Hat von mir regelmäßig Prügel bezogen, dein Vater.«

Und dann – er dachte wohl, dass ich es nicht bemerke – schnippte er die Asche seiner Zigarette in meine Bierdose. Er machte das mit der Eleganz eines Taschenspielers, so schnell und geschmeidig, dass ich mir nicht sicher war, ob ich mir das Ganze nur eingebildet hatte. An der Öffnung war nichts zu sehen, nicht die geringste Spur von Asche. Also beobachtete ich ihn fortan aus den Augenwinkeln – und tatsächlich, wenig später passierte es noch einmal. Er ließ seine Asche in mein geklautes Bier rieseln. Jetzt steckte ich in einem Dilemma: Stelle ich ihn zur Rede – und gebe damit gleichzeitig zu, dass ich das Bier gemopst habe? Oder sollte ich tun, was ich von einem echten Kerl in einer solchen Lage erwarten würde – nämlich cool weitersaufen? Ich hielt den Atem an, damit ich nicht riechen und schmecken konnte, was ich da schluckte. Ich setzte meine Bierdose an und gluckerte die warme, schaumige Brühe auf ex weg. Und ertrug tapfer, wie die Zigarettenasche in der Kehle brannte.

Vier Jahre lang ging ich mit John Jakobsen fischen, immer für die erste
Hälfte der Sommerferien, während meiner gesamten Zeit in der Highschool. Ich hängte mich richtig rein, und es dauerte nicht lange, bis
John mir genauso viel zahlte wie Fischern, die doppelt so alt waren wie
ich. Kaum war es Frühling, lungerte ich bei den Jakobsens rum, die
gleich um die Ecke von unserer Familie wohnten. Ich spielte Billard
mit ihnen und redete nonstop von nichts anderem als dem Fischen. Ich
konnte es kaum erwarten, wieder im Flieger nach Alaska zu sitzen.
Und dann nach der Lachssaison direkt runter vom Schiff und weiter
nach Norwegen, um dort Makrelen und Kabeljau zu fangen.

Wo ich jedoch wirklich hinwollte, war die Beringsee. Die Lachsfischerei war schön und das Geld war auch nicht schlecht, aber es war
für mich nur zweite Liga. Die Krabbenfischerei war die hohe Schule.
Die richtigen Schiffe fingen Krabben, ihre Kapitäne machten das große
Geld – und zu diesem erlesenen Kreis gehörte auch mein Vater.

Als ich fünfzehn wurde, nahm mich mein Vater das erste Mal als
Greenhorn für die Arbeit an Deck auf der *Northwestern* mit. Ich schuftete Seite an Seite mit lauter Typen, die meine Vorbilder waren, und
spürte, dass ich endlich angekommen war. Fritjoff Peterson war ein
paar Jahre älter als ich und hatte auf der *Northwestern* gearbeitet, seit er
sechzehn war. Er war ein Riese, bestimmt zwei Meter groß, und er
war noch in Ballard zur Schule gegangen, als die meisten norwegischen
Familien schon in die nördlichen Vorstädte Seattles umgesiedelt waren.
Er war tatsächlich in Norwegen zur Welt gekommen und damit einer
der wenigen Jungs auf der Schule, die aus Europa kamen. Seine Größe,
der sonderbare Name und wunderliche Akzent machten ihn leider zur
Zielscheibe – jeder wollte sich mit ihm anlegen. Seine Eltern waren
also geradezu froh, ihn bei der erstbesten Gelegenheit nach Norden zu
verschiffen, wo er sich auch sofort wie zu Hause fühlte.

Ein weiteres Vorbild auf der *Northwestern* war Mangor Ferkingstad,
der zwar an der Ostküste zur Welt gekommen war, die Fischerei aber
in Karmøy und auf der Nordsee gelernt hatte. Mit zwanzig kam er zu-

rück in die Staaten und heuerte bei meinem Vater an. Wie viele Männer aus der Heimat liebte Mangor die amerikanischen »Muscle Cars«, preisgünstige Mittelklassewagen, die mit großen Motoren aufgemotzt waren. Von seinen Ersparnissen kaufte er sich erst einen aufgemotzten Cougar und später borgte er sich von meinem Vater Geld für einen Monte Carlo, den er heute noch fährt. Er ist für mich wie ein Bruder.

1981 war wieder so ein großartiger Sommer. Wenn wir auf unseren Fangreisen irgendwo ankerten, setzten wir mit dem Beiboot zu winzigen unbewohnten Inseln über und gingen auf die Suche nach interessantem Strandgut. Wir – das waren Mangor, Fritjoff, Brad Parker (unser Chief) und ich. Auf einem dieser Abstecher hatten wir unser Boot offenbar nicht richtig vertäut, jedenfalls war es abgetrieben, als wir an unsere Landestelle zurückkehrten. Die *Northwestern* ankerte fünf Meilen weiter draußen und wir hatten kein Funkgerät dabei. Zum Glück zögerte Brad nicht lange: Er zog seine Schuhe aus und sprang ins Wasser, um unser Boot wieder einzufangen. Was ihm auch tatsächlich gelang; er kletterte hinein und brachte es zum Ufer zurück. Allerdings war er nach dieser Aktion so durchgefroren, dass wir nicht gleich zum Mutterschiff zurückfahren konnten, sondern erst ein großes Lagerfeuer errichten mussten, um ihn wieder aufzuwärmen und seine Klamotten zu trocknen.

»Chief« ist im Jargon der Seeleute die Bezeichnung für den leitenden Ingenieur an Bord – er ist für den Betrieb der Maschine und aller Hilfsaggregate zuständig.

Auf einer anderen Expedition zur Insel St. Matthew entdeckten Mangor, Fritjoff und ich eine Antenne oben auf einem Hügel und wir kletterten rauf, um uns die Sache aus der Nähe anzuschauen. Wir stießen auf ein Zelt, in dem ein abgemagerter bärtiger Mann hockte, der aussah, wie wir uns Robinson Crusoe immer vorgestellt hatten. Sein Zelt war mit wertvollem elektronischem Equipment vollgestellt. Der Kerl flippte fast aus, als er uns sah. »Könnt ihr mir helfen, von dieser verdammten Insel runterzukommen?«, flehte er uns an. Es stellte sich heraus, dass er von einem Ölkonzern beauftragt worden war, den Sommer über den Schiffsverkehr zu beobachten und zu zählen, doch die Dinge entwickelten sich anders als geplant. Der Hubschrauber, der ihn eigentlich wieder einsammeln sollte, durfte nicht auf der Insel landen, weil sie als Vogelreservat ausgewiesen war. An seiner Stelle war ein Schiff gekommen, aber das hatte kein Beiboot dabei, um am Ufer zu landen. Außerdem war er inzwischen zu geschwächt, um den Fußmarsch zur anderen Seite der Insel zu schaffen, wo man wie verabredet Proviant für ihn abgeworfen hatte. Als wir ihn fanden, hatte er nur noch ein paar Äpfel und Wasser. Der Typ hieß Matt und kam aus Houston, weshalb er bei uns fortan unter Matt Houston lief. Wir boten ihm an, mit auf die *Northwestern* zu kommen, was er sichtlich erleichtert annahm. Er hatte seit Monaten keine Gesellschaft mehr gehabt, und das hatte ihm ganz schön zugesetzt.

»Was machst du denn hier draußen, um dir die Zeit zu vertreiben?«, fragte ich ihn.

»Die Füchse verscheuchen«, erwiderte er.

Wir brachten ihn auf die *Northwestern* und gleich weiter in die Kombüse, wo wir sofort begannen, ihn wieder aufzupäppeln. Matt Houston futterte, wie ich noch nie einen Mann habe futtern sehen. Er leerte Teller auf Teller, ohne Pause. Schweinekoteletts, Kartoffeln, Spaghetti – er inhalierte alles, was wir ihm vorsetzten. Später nahmen wir über Funk Kontakt zu seinem Schiff auf und lieferten ihn sicher bei den Kollegen ab.

Die Typen, die ich damals kennenlernte, waren schon speziell – im Guten wie im Schlechten –, und mit jeder neuen Saison wurde mir noch stärker bewusst, wie wild und wie verrückt unsere Welt doch war. Die einheimischen Fischer der Bristol Bay beispielsweise hingen diesem sonderbaren Aberglauben nach, dass ihre Netze immer voll sein würden, wenn sie nur eine Frau überreden könnten, vorher auf die Maschen zu pinkeln. Die Chance wollten sich die alten Norweger selbstverständlich nicht entgehen lassen, und so wachte ich eines Nachts auf von lautem Geschrei und Gelächter an Deck. Zwischen den tiefen Stimmen meiner Kumpel konnte ich deutlich das Kreischen einer Frau hören. Ich rappelte mich aus meiner Koje auf und schaute auf Deck. Tatsächlich, sie hatten ein Mädel mit an Bord gebracht und halfen ihr gerade, auf einen Stapel mit Lachsnetzen zu klettern. Ich blinzelte, um mich zu vergewissern, dass ich nicht träumte, was sich da vor meinen Augen abspielte. Zum betrunkenen Gejohle und Gelächter der Fischer verrichtete sie ihr Geschäft auf unseren Netzen. Kopfschüttelnd verzog ich mich wieder in meine Koje. Es muss trotzdem etwas dran gewesen sein an diesem Aberglauben, denn am nächsten Tag fingen wir so viel Lachs, dass unser Boot unter der Last fast abgesoffen wäre.

Stück für Stück wuchs meine Generation in eine größere Verantwortung hinein. Nach der Lachssaison in der Bristol Bay ging es weiter nach Dutch Harbor und raus zum Krabbenfang auf der Beringsee. Die meisten Fischer wollten in der kurzen Pause zwischen den Einsätzen nach Hause fliegen. Für uns waren die Tickets aber zu teuer, und deshalb blieben wir die paar Wochen an Bord, um nach dem Rechten zu sehen. Wir machten immer in Dutch Harbor fest, weil das einer der wenigen Häfen an der Beringsee war, wo man einen Flug zum Festland kriegen konnte. Auch wenn ich bei der eigentlichen Fangreise noch nicht dabei sein konnte – die ging nämlich erst im Herbst los, wenn ich wieder in der Schule saß –, fühlte es sich schon wie eine Beförderung an, dass ich überhaupt allein bei unserem Schiff in Dutch Harbor bleiben durfte.

Wenn die Fischerei auf der Beringsee so etwas wie die erste Liga im Baseball ist, dann kann man Dutch Harbor mit dem Stadion der New York Yankees vergleichen – hier findet man die größten Schiffe, die Fischfabriken mit dem größten Umsatz, die besten Löhne und auch die größten Egos. Dutch Harbor liegt an einem schmalen Meeresarm, wo zwei Inseln fast aufeinanderstoßen. Die größere der beiden Inseln heißt Unalaska, und das ist auch der Name des einzigen größeren Ortes auf der Insel. Direkt am Ufer stehen alte Holzhäuser, die Kirche der Russisch-Orthodoxen, daneben der Friedhof. Die legendären Etablissements Unalaskas, der Elbow Room und Carl's Hotel, haben inzwischen leider dichtgemacht. Die kleinere Insel ist als Amaknak auf den Karten eingetragen, aber alle nennen sie nur Dutch Harbor. Zu Amaknak gehörten der Flughafen, die Fischfabrik von UniSea und eben die schmale Landzunge, die den Hafen schützt. Damals war der Ort viel kleiner als heute, es standen noch keine Gebäude auf der Landzunge und die beiden Inseln waren auch noch nicht mit einer Brücke verbunden. Wer auf die andere Seite in die Kneipe wollte, musste das Beiboot klarmachen oder ein Wassertaxi nehmen.

Wer trank, bis die Bar zumachte, verpasste das letzte Boot. Die wirklich Wagemutigen versuchten, im Überlebensanzug zu ihren Schiffen zu schwimmen, sofern sie einen finden konnten. Fritjoff Peterson und Lloyd Johannessen zum Beispiel versuchten, aus großen Plastiksäcken aus dem Abfall der Fischfabrik eine Art Schlauchboot zu basteln. Nur hatten ihre improvisierten Schläuche leider etliche Löcher. »Scheiße, wir saufen ab«, schrien sie noch − und dann lagen sie auch schon im eiskalten Wasser. Fritjoff schwamm zurück an Land, doch Lloyd hielt tapfer durch und schaffte es bis zum Schiff.

Das waren schon tolle Sommer damals für einen wie mich: Ich fischte abwechselnd in der Bristol Bay nach Lachs und auf der Beringsee nach Krabben und schaffte es gelegentlich sogar, nach Norwegen zu fliegen, wo ich mit meinem Onkel Karl in seinem lecken, alten Kahn rausfuhr, den er nur wegen der Quote gekauft hatte, die gleich im Preis inbegriffen war. Außer Karl und mir war noch Glenn Tony Pedersen an Bord, ein guter Freund von mir. Wir wachten nachts regelmäßig auf, weil sich unsere Kissen wie Schwämme mit Wasser vollgesogen hatten. Wenn wir dann fluchend aus unseren Kojen rollten, stand uns das Wasser auf dem Boden der Kajüte bis über die Knöchel. Es war zum Totlachen. Karl lachte mit und nannte uns »Stinktiere«. Dann machten wir uns wieder an die Arbeit.

Wir waren eine tolle Truppe, alles Jungs in meinem Alter: Meine Cousins Jan Eiven und Stan fuhren meistens mit Karl. Magne Nes, einer dieser legendären Fischer von Karmøy, brachte seine Söhne Davin und Jeff mit. Und außerdem kamen Johan Mannes und Kurt Jastad mit, auch sie Söhne von Freunden meines Vaters und meines Onkels. Unsere Alten sprachen ausschließlich norwegisch und wir Jungs antworteten meistens auf Englisch. Dann heuerte auch mein Bruder Norman auf der *Northwestern* an, und ich denke, wir hatten damals die jüngste Crew der gesamten Krabbenfängerflotte.

Aber mir reichte es bald nicht mehr, ein Junge unter Fischern zu sein, ich wollte komplett in der Welt der Männer leben, die wie mein Vater waren. Wenn wir im Hafen festmachten, dann versammelten sich die Alten in der Kombüse eines Schiffs, zum Rauchen, Saufen und Geschichtenerzählen. Damals hatten wir alle noch Acht-Spur-Tonbandgeräte, und diese Typen dudelten die Country-Songs von Johnny Cash und George Jones in Endlosschleife. Manchmal holte einer der Fischer seine Gitarre oder sein Akkordeon raus, und dann grölten sie gemeinsam alte norwegische Lieder oder Country-und-Western-Klassiker. Lloyd Johannessen kann sich noch genau daran erinnern, dass er damals nicht bei den Alten in der Kombüse sitzen durfte, sondern draußen vor der Tür hockte. Wenn die Fischer einen Drink brauchten, brüllten sie nach ihm, damit er runterging, wo der Proviant lagerte, und ihnen Nachschub lieferte. Manchmal mixten sie auch ihm einen Drink oder reichten ihm eine Flasche Bier durch die Tür. Aber ich spürte in einem solchen Augenblick, dass ich noch auf der falschen Seite der Grenze war, die uns Jungs von den Männern trennte.

Als sie uns dann doch endlich an ihren Tisch ließen, kam es mir vor, als hätte ich eine Art Initiation bestanden, die den Zugang zur Männerwelt öffnete. Was allerdings nicht bedeutete, dass es mit den Schikanen ein Ende hatte. Einmal saß ich in der Kneipe und trank Bier mit einer großen Runde von Fischern. Der Tisch hatte die Form eines Hufeisens, links und rechts von mir saßen jeweils fünf Typen. Alles bestens, bis ich merkte, dass ich ziemlich dringend aufs Klo musste. Ich mochte sie nicht fragen, ob sie aufstehen könnten, um mich durchzulassen; sie sollten ja nicht denken, dass ich so ein paar Biere nicht vertragen konnte.

Aber dann sagte ich doch, dass ich dringend mal rausmüsste – und sie weigerten sich aufzustehen. »Krabbel doch unter dem Tisch durch«, grölte einer, und alle anderen lachten. In diesem Augenblick wurde mir klar, dass ich mich gegen solche kleinen Bosheiten wehren musste, sonst würden sie niemals damit aufhören. Also stand ich auf, stieg erst auf meinen Stuhl und dann auf den Tisch, marschierte auf die andere Seite, sprang runter und ging aufs Klo. So viel Übermut fanden die Männer erst recht lustig – und sie brachen in noch wilderes Gelächter aus.

Im selben Sommer fischte ich mit John Jakobsen und einem Typen namens Sven in der Bristol Bay. Sven war etwas älter als ich und ging mir mit seinen ständigen Schikanen schlimm auf die Nerven. Auch da beschloss ich, meinen Ärger nicht länger runterzuschlucken. Als er in seiner Koje pennte, nahm ich einen spitzen Haken und bohrte kleine Löcher in seine Stiefel. Die Löcher waren so klein, dass er sie mit bloßem Auge nicht sehen konnte. Gleich am nächsten Tag begann er zu jammern: »Scheiße, meine Füße sind klatschnass.« Tagelang ging das so. Jakobsen reimte sich schließlich zusammen, was ich getan hatte, und fand es unheimlich witzig. Zum Glück hat er es Sven nicht gesteckt, denn der hätte mich wahrscheinlich umgebracht.

Ein anderer Versuch, mein eigener Herr zu werden, ging allerdings nach hinten los. Da war ich sechzehn und meine Familie war im Sommer nach Norwegen geflogen. Nach dem Ende der Lachssaison sollte ich auf die *Northwestern* und Blaukrabben fangen. Aber ich hatte im Sommer zuvor auf Karmøy ein Mädchen kennengelernt und dachte, dass ich doch genauso gut in Norwegen arbeiten und mit dem Mädel etwas anfangen könnte. Also kaufte ich mir ein Flugticket und stand kurze Zeit später bei meiner Großmutter vor der Haustür. Meiner Mutter klappte nur der Unterkiefer runter und mein Vater war erst recht nicht begeistert.

»Ach, du Dummy«, sagt er mit einem Lächeln. Es war eines seiner Lieblingswörter im Englischen und wir bekamen es immer dann zu hören, wenn wir ihn enttäuscht hatten. Seiner Ansicht nach sollte ich in Alaska sein und Geld verdienen. Ich hatte mich verpflichtet, und jetzt sah es so aus, als wäre ich ein Faulpelz, der seinen Job nicht macht. Meinem Vater war so ein Verhalten peinlich und er schämte sich für mich. »Wenn du denen sagst, dass du mitfährst, dann musst du auch mit«, begann er seine Standpauke. »Außerdem kostet es eine Menge Geld, nach Norwegen zu fliegen. Du könntest jetzt richtig Kohle machen beim Krabbenfang.«

Aber er schickte mich nicht nach Alaska zurück. Er wusste, dass ich einen Fehler machte – aber er gestand mir das Recht zu, auch mal danebenzuliegen. So war er als Vater. Er wollte, dass ich meine Erfahrungen selbst machte – und meine Lektion auf die harte Tour lernte.

Und genau so kam es auch. Als ich wieder in Seattle landete, berichtete mir Fritjoff, wie er auf der *Northwestern* in kürzester Zeit zwanzigtausend Dollar verdient hatte. Da waren mir also mal eben an die zehntausend Dollar durch die Lappen gegangen, und er tat sein Bestes, ordentlich Salz in die Wunde zu streuen. Davon abgesehen hat es mit dem Mädchen auf Karmøy auch nicht geklappt.

Also: Lektion gelernt.

Ich war damals fest davon überzeugt, dass mich vor allem eines daran hinderte, endgültig in die Welt der Erwachsenen aufgenommen zu werden: dass ich weiter zur Schule gehen musste. Ich saß im Klassenzimmer und verpasste die wichtigsten Monate der Krabbensaison – und wozu das Ganze? Ich hatte kein Interesse an Schule, und meine Eltern haben mich auch nie gedrängt, auf die Universität zu gehen. Ich weiß bis heute nicht genau, was der Unterschied zwischen einem Bachelor und einem Master ist. Schule ging mir einfach gegen den Strich.

So wie ich das damals sah, war das einzig Gute an der Highschool, dass ich während dieser Zeit in einer Werkstatt an den Autos basteln konnte, die ich mir von meinem ersten selbst verdienten Geld kaufte. Meine erste Karre war ein alter Chevrolet El Camino, der mich gerade einmal fünfhundert Dollar kostete und den ich selbst wieder fit machte. Als ich mehr Geld vom Fischen nach Hause brachte, kaufte ich mir einen Ford Mustang Mach 1. Norman hatte sich zur selben Zeit einen Camaro angeschafft und wir lieferten uns mit diesen Kisten heiße Beschleunigungsrennen, dass es die Stadt in Angst und Schrecken versetzte. Mein Wagen fuhr auf breiten Renn-Slicks und hatte weder einen Schalldämpfer noch überhaupt irgendeinen Auspuff; es war ein höllisch lautes Geschoss. Als die Ordnungshüter begannen, meinem Auto mehr Aufmerksamkeit zu schenken, spritzte ich das auffällige Grün zu einem unscheinbaren Blau um. Autos hatten für mich jedenfalls eine wesentlich größere Bedeutung als die Schule.

Bisher hatte niemand in unserer Familie auch nur den Highschool-Abschluss geschafft. Mein Vater war nach sieben Jahren von der Schule gegangen, und es lag ihm viel daran, dass ich es besser machen sollte. Also schlug er mir einen Deal vor: Wenn ich bis zum Ende durchhielt, würde ich bei ihm an Bord einen festen Job bekommen. Falls gerade auf der *Northwestern* nichts frei wäre, würde er dafür sorgen, dass ich auf einem anderen Schiff anheuern konnte. Und so geriet ich in eine wirklich seltsame Lage: Ich wollte nichts dringender als so wie mein Vater sein, der es nicht mal bis zur Highschool geschafft hatte. Und jetzt verlangte er von mir, dass ich unbedingt den Abschluss machen sollte. Wenn ich Nein gesagt hätte, wäre das auch keine Katastrophe gewesen; er hätte mich nicht dazu gezwungen. Aber er war überzeugt, dass es das Richtige war, die Schule zu Ende zu bringen. Ihm war das wirklich wichtig, viel wichtiger als mir. Und so blieb ich dann eben doch dabei.

Unter den Hansen-Brüdern herrschte ein ständiger Wettstreit. Jeder von uns wollte den anderen überflügeln und sich dem Vater beweisen. Die Rivalität unter Geschwistern war allerdings in unseren Genen angelegt. Denn auch unser Vater und sein Bruder Karl hatten sich einen legendären Konkurrenzkampf geliefert. Der eine lebte in Seattle nur ein paar Straßen vom anderen entfernt, aber sie sprachen oft monatelang kein Wort miteinander. Wenn sie doch einmal aufeinandertrafen, im Urlaub in Norwegen oder auf einer Party, dann stritten sie endlos über irgendetwas, was ihnen vor zwanzig Jahren passiert war, oder wer die allergrößte Monsterkrabbe gefangen hatte. Auf einen Außenstehenden muss es gewirkt haben, als würden sich die beiden überhaupt nie vertragen, doch das war ein Trugschluss. Das Band, das sie zusammenhielt, war sehr stark. Sie zankten sich – aber wenn es darauf ankam, waren sie die besten Freunde.

Meine Brüder und ich haben dieses Verhalten geerbt. Mit dem großen Unterschied, dass unser Vater und Karl ihre eigenen Schiffe hatten, während wir drei immer zusammen auf der *Northwestern* unterwegs sind. Die Hälfte des Jahres leben wir zusammen, und zwar auf engstem Raum. Edgar und ich geraten gelegentlich recht heftig aneinander.

Wo wir zwei manchmal zu dick auftragen, spielt Norman hingegen nicht mit. Er ist ein norwegischer Fischer der alten Schule, eher zurückhaltend, so wie auch die Kumpel meines Vaters aus der alten Heimat. Er sagt kaum je etwas, und dann muss man ihm jedes Wort einzeln aus der Nase ziehen. Aber ich respektiere das. Das ist seine Art, er macht, was er will.

Norman ist nur ein Jahr jünger als ich, und es stimmt: Der Konkurrenzkampf zwischen uns beiden war groß, möglicherweise aber auch deshalb, weil wir so unterschiedlich waren. Norman war immer so unheimlich schlau, fast schon genial. Es spielte keine Rolle, welches Hobby er gerade gewählt hatte: an Elektronik basteln, Münzen oder Waffen sammeln, Schlosserarbeiten – er hatte das alles sofort im Griff. Und er suchte immer wieder nach neuen Herausforderungen. Eben war er noch in das eine Projekt vertieft, da entdeckte er schon das nächste. Sein Hirn arbeitete ständig auf Hochtouren. Er gehörte zu der Sorte Genie, die zu Hause in der eigenen Bude mal eben eine Wodka-Brennerei zusammenbauen. Einmal hatte er an seinem Auto einen kapitalen Getriebeschaden und ist den gesamten Weg nach Hause im Rückwärtsgang gefahren. Am nächsten Tag war der Abschlussball an der Schule und er brauchte die Karre dringend wieder. Also hat er unseren Kumpel Mark Peterson angeheuert, um ihm zu helfen, das Getriebe zu wechseln. Norman hatte nicht die blasseste Ahnung, wie man das anstellt, es fehlte ihm auch das passende Werkzeug dazu – wie beispielsweise ein Getriebeheber. Aber das hat ihn nicht einen Moment von seinem Vorhaben abgehalten. Er wusste immer einen Weg. Also lag nun Peterson unter dem Auto und kämpfte mit dem Gewicht des Getriebes. Norman beugte sich von oben über die Baustelle, die Schraubenschlüssel bereit, und kommandierte: »Einfach noch ein Stück höher und dann halten.« Das kam so nüchtern und trocken, als würde er Peterson bitten, ihm noch eine Tasse Kaffee einzuschenken. Peterson wurde vom Gewicht des Getriebes fast zerquetscht, doch Norman blieb ganz gelassen. Und so ist er immer. Aber was er sich vornimmt, das schafft er auch.

Edgar war das Baby der Familie und wurde von unseren Eltern immer etwas mehr verhätschelt. Weil er vier Jahre jünger war als Norman, war auch der Konkurrenzkampf zwischen den beiden nicht so intensiv wie zwischen Norman und mir. Aber vielleicht war unsere Mutter es schlicht leid, die strenge Erzieherin zu spielen. Edgar sagt immer, dass er das schwarze Schaf der Familie ist – und das ist eigentlich auch keine große Überraschung. Wir hänselten ihn damit, dass er wohl adoptiert sein müsse, weil er als einziger dunkle Haare hatte und wir alle blond waren. Er kam ganz nach seiner Großmutter Emelia.

Wie auf allen Schulen gab es auch bei uns die typischen Cliquen: die Sportskanonen, die Rocker, Kiffer und Streber. Edgar gehörte zu den Kiffern und Rockern – und war dabei in schlechte Gesellschaft geraten. Er trug sein Haar lang, spielte Gitarre und fuhr einen schnellen Schlitten – den Mustang Mach 1 Fast Back, den er von mir übernommen hatte. Edgar schwänzte den Unterricht so oft, dass er schließlich in einer Art Sonderschule landete. »Ganztagsbetreuung für Heranwachsende«, sagte er dazu.

Was mich betrifft: Ich schlüpfte in die Rolle des bösen älteren Bruders. Als wir in der Grundschule waren, schenkte uns Mom ein

Dart-Brett zu Weihnachten, mit langen Pfeilen, die in einer Spitze aus Stahl endeten. Ein großer Fehler. Denn ich hatte einen Riesenspaß, meine Brüder damit zu jagen, als wären sie meine bewegliche Zielscheibe. Ein anderes Mal bekamen wir Boxhandschuhe, und weil ich der Älteste und Größte war, endeten die Kämpfe meist schmerzhaft für meine Brüder. Ich war wirklich ein echtes Arschloch. Kein Wunder also, dass wir auch später im Leben immer wieder aneinandergerieten.

Wer mir aber im Rückblick wirklich leid tut, ist meine Mutter. Es war bestimmt nicht einfach mit diesen drei Söhnen, die allesamt ihre Ecken und Kanten hatten und sich ziemlich widerspenstig aufführten. Das allerdings haben wir unserem Vater zu verdanken – diesen unbedingten Willen, unser eigenes Ding zu machen. Nur war er eben oft auf See, und deshalb blieb der Job, sich um die Kinder zu kümmern, an ihr allein hängen. Auf Außenstehende mag sie immer brav und ordentlich gewirkt haben, aber mir wird erst jetzt richtig klar, dass sie eine knallharte Lady war. Sie hat unter erschwerten Bedingungen gelernt, wie sie selbst zurechtkommen muss. Wie alle Fischersfrauen lebte sie in der ständigen Sorge, dass ihr Mann nicht heil von See zurückkehrt. Außerdem war sie in einem fremden Land und musste eine neue Sprache lernen. Und sie musste den Haushalt schmeißen und die Kinder jeden Morgen rechtzeitig zur Schule schicken. Sie sorgte auch dafür, dass wir regelmäßig zum Gottesdienst gingen und später Mitglied in der Kirchenjugend wurden. Wir waren zwar alle gläubig, aber eben auch Teenager, die andere Ideen im Kopf hatten und gegen solche Regeln rebellierten. Einmal versammelte sich die gesamte Jugendgruppe bei uns zu Hause – und saß schließlich bei Norman im Zimmer und hörte den Höllensong »The Number of the Beast« von Iron Maiden. Der Jugendwart der Kirche war entsetzt: Was zum Teufel sollte er bloß mit Typen wie uns anfangen?

Und dann verschwand einer nach dem anderen zum Fischen. Alle drei Hansen-Brüder folgten den Spuren ihres Vaters nach Alaska. Meine Mutter war eine starke Frau und hat mit Sicherheit verstanden, dass der Job das von uns verlangte, aber es ist bestimmt nicht leicht für sie gewesen, uns gehen zu lassen. Allerdings habe ich damals kaum je überlegt, wie das alles aus ihrer Perspektive ausgesehen hat. Als der Hund der Familie starb, rief sie mich an. Ich arbeitete auf einem Schiff in Alaska und konnte einfach kein Mitgefühl aufbringen. *Was soll das Theater*, dachte ich, *es ist nur ein verdammter Hund*. Doch dann begann sie zu weinen, und es war das erste Mal, dass ich sie weinen hörte. Ich konnte damit überhaupt nicht umgehen und wusste nicht, wie ich darauf reagieren sollte. Damals dachte ich, dass ich in einer solchen Situation Stärke beweisen musste – und nicht meine Gefühle zeigen durfte. Außerdem hatte ich Angst, dass mich das Heimweh packen würde, wenn ich mich zu sehr auf diese Emotionen einließ, und das war das Schlimmste, was einem beim Fischen passieren konnte. Inzwischen fällt es mir leichter, Mitgefühl zu zeigen, ich weiß, dass ich damals vieles hätte besser machen können. Ich hätte überhaupt viel öfter bei meiner Mutter anrufen sollen, aber ich habe es nicht getan. Bei meiner Frau habe ich mich später wahrscheinlich tausendmal öfter gemeldet als bei meiner Mutter.

Wir waren eben anders als Familie. Wir zählten nicht zu den modernen amerikanischen Familien, wo jeder seine Gefühle mit den anderen teilt und alle ständig betonen, wie lieb sie einander haben. Unser Vater hielt nicht viel von herzlichen Umarmungen, er war nicht der Typ dafür. Andererseits herrschten bei uns auch nicht Kälte und Distanz. Wir wussten, dass unsere Eltern uns liebten – es bestand kein Grund, das ständig aufs Neue zu beteuern. Viel später im Leben habe ich meinen Vater darauf angesprochen. »Nun, mich hat auch nie jemand umarmt, als ich klein war«, lautete seine knappe Antwort. Ich denke, er hätte es gerne getan, wusste aber nicht, wie er es anfangen sollte. Ich nehme ihm das nicht krumm.

Als ich noch jünger war, fühlte es sich für mich auch immer komisch an, es laut zu sagen, dass ich jemanden liebe. Mit achtzehn fuhr ich von Akutan zum Fischen raus. An einem Abend beschlossen mein

Kumpel Johan Mannes und ich, zu Hause anzurufen. In dem ganzen Kaff auf Akutan gab es nur zwei Telefonzellen und wir mussten lange draußen im Schnee warten, bis wir dran waren. Wir standen da und froren, doch es war die letzte Gelegenheit für uns, noch mal zu Hause anzurufen, weil wir am folgenden Morgen auslaufen sollten und dann ein paar Wochen lang nicht mehr erreichbar sein würden. Endlich war Johan dran und sagte seiner Mutter, dass alles bestens sei und er bald wieder nach Hause komme. Seine letzten Worte, bevor er auflegte: »Hab dich lieb, Mom!«

»Was hast du gerade gesagt?«, fragte ich ihn. »Hast du sie noch alle?«

Da zeigte er sich zum ersten Mal schwer genervt: »Was ist denn dabei?«, erwiderte er. »Würde dir Arschloch auch nicht schaden, das gelegentlich mal zu sagen.«

Ich ging nicht weiter darauf ein und rief meine Mutter an. »Alles bestens«, sagte ich ihr. »Läuft gut mit dem Fischen.«

Und dann quetschte sich plötzlich Johan zu mir in die Telefonzelle und boxte mich in die Rippen.

»Los, sag es!«, zischte er, sodass meine Mutter es nicht hören konnte. Zack, noch ein Hieb. »Sag's jetzt!« Und noch einer, zack. »Jetzt!«

Also sagte ich es, so schnell und undeutlich, wie ich eben konnte, eher geflüstert als gesprochen: »Okay, hab dich lieb, Mom!«

Ich konnte hören, wie sie schluckte. »Ja, ja«, antwortete sie mit ihrer norwegischen Stimme. Das hatte sie so von mir noch nie gehört. »Ich dich auch.«

Klick.

A n der Küste von Karmøy liegen gleich reihenweise kleine Häfen wie Åkrehamn, aus dem meine Familie stammt. Die Fischer dort haben seit Jahrhunderten Hering gefangen und von den großen Umwälzungen auf der Welt kaum je etwas mitbekommen – bis 1955 hatten die Insulaner nicht einmal eine Brücke zum

Festland. Mein Vater war siebzehn, als sie gebaut wurde. Der Boss unter den Heringsfischern, auch »Fischmeister« genannt, war mein Urgroßvater Johan. Während der großen Wirtschaftskrise in den frühen Jahren des 20. Jahrhunderts half er der Witwe eines Cousins aus finanzieller Not, indem er ihr einen Teil ihres Bauernhofs für dreihundert Kronen abkaufte. Seine Familie lebte viele Jahre auf diesem halben Hektar Land, das er damals erworben hatte.

Mein Großvater Sigurd wurde 1914 in Åkrehamn geboren. Er war fast noch ein Kind, als er mit seinem Vater das erste Mal zur Ringwadenfischerei rausfuhr. Die Ringwade ist ein großes, rechteckiges Netz, das senkrecht im Wasser hängt. Es wird ausgebracht und dann mit dem Beiboot in einem großen Kreis um das Schiff gezogen. Dann werden die Schnürleinen in der unteren Kante des Netzes so zusammengezogen wie bei einem Turnbeutel das Raffband – und der Fisch ist gefangen. Im Englischen sagt man auch »purse seining« dazu, Taschenfischerei. Mein Großvater war sechzehn, als er den Job im Beiboot übernahm, während sein Vater das Mutterschiff steuerte. Natürlich waren damals noch alle Trawler und auch die Beiboote aus Holz, und einen Motor hatten sie schon gar nicht. Sie schufteten von morgens sechs Uhr bis abends um zehn, und mein Großvater ruderte sein kleines Boot um die ganze Insel, jedes Mal eine Strecke von rund vierzig Meilen.

So fischten sie Hering und Kabeljau, viele Jahre lang. Später arbeitete Sigurd einmal auf einem Heringsfänger namens *Vigra*, und der Fang war so gut, dass sie das Schiff dabei versenkten. Der Hering war schwer und weich, weil er kurz vor dem Laichen stand, und leicht zu fangen. Die Männer füllten die Stauräume des Schiffs bis in den letzten Winkel. Längs laufende Planken in den Behältern sollten eigentlich verhindern, dass die Fracht bei Seegang hin- und herrutscht. Aber irgendjemand hatte offenbar vergessen, den Träger, der diese Planken in Position hält, richtig festzubolzen. Unter der Last des Fangs rutschten die Hölzer aus ihrer Halterung – und der Fisch schwappte mit den Wellen wie eine dicke Suppe von Steuerbord nach Backbord, immer hin und her, bis sich das Schiff so aufschaukelte, dass es Gefahr lief zu kentern. Sigurd und die Crew schleppten schwere Pumpen und anderes Gerät auf die andere Seite – und tatsächlich richtete sich das Schiff wieder auf. Aber nur, um im nächsten Moment in die andere Richtung zu pendeln. Hektisch versuchten die Fischer, die Krängung auszugleichen, aber es half alles nichts.

Sigurd und der Crew blieb nichts anderes übrig, als die Rettungsboote klarzumachen und ihr Schiff aufzugeben. Sie saßen da und schauten zu, wie die *Vigra* immer tiefer wegsackte, bis schließlich nur noch das Ruderhaus herausguckte. Irgendetwas musste sich am Hebel für das Signalhorn verklemmt haben, jedenfalls ertönte plötzlich noch einmal ein langer, lauter Pfiff, als ob die *Vigra* sich von allen verabschiedete. Und dann war sie weg.

Während meines letzten Schuljahres machte ich eine Erfahrung, die meinen weiteren Lebensweg geprägt hat, wie ich es mir damals nicht hätte vorstellen können. In diesem Sommer wollte ich endlich einmal mein eigenes Ding machen und von der Familie wegkommen. Also sagte ich dem Alten, dass ich nicht mehr für ihn arbeiten wollte, sondern bei Oddvar auf der *Silver Wave* angeheuert hatte. Ich sollte während der Blaukrabbensaison mitfahren. Es war alles verabredet, trotzdem rief ich am Tag vor meiner Abreise noch einmal bei ihm an, um rauszufinden, wann ich an Bord gehen sollte.

»Ich fürchte, dieses Mal klappt es doch nicht«, sagte er mir.

»Wie jetzt?«

Er druckste eine Weile rum und sagte schließlich, dass er keinen Platz mehr an Bord habe. Die Crew war komplett, das Schiff voll.

Nur war es schon zu spät für mich, das Ticket war gebucht, ich musste los nach Dutch Harbor. Mein Platz auf der *Northwestern* war natürlich futsch, und es wäre mir auch zu peinlich gewesen, meinen Vater zu bitten, mich jetzt doch mitzunehmen. Also musste ich mir etwas anderes suchen. Auf der *Pacesetter* brauchten sie einen Koch und ich heuerte an. Kurz bevor wir auslaufen sollten, verknackste ich mir bei einem Sprung über die Reling den Knöchel und musste in Dutch bleiben. Das Schicksal hatte es gut gemeint mit mir: Die *Pacesetter* kam von ihrer Fahrt nicht zurück. Es gab keine Überlebenden.

Jetzt musste ich die Demütigung doch noch über mich ergehen lassen und meinen Vater anrufen.

»Ist dein Schiff voll?«, fragte ich.

»Ja«, erwiderte er.

»Auf der *Silver Wave* haben sie jetzt doch keinen Job für mich.«

»Wir kriegen dich hier schon unter.«

Schließlich landete ich wieder auf dem Schiff des Alten – und bin seither nicht mehr weggekommen. Seit mehr als dreißig Jahren fahre ich jetzt auf der *Northwestern*. Warum Oddvar mich so plötzlich nicht mitnehmen wollte, konnte ich mir trotzdem nicht erklären.

Fast zwanzig Jahre später, da war mein Vater längst unter der Erde, traf ich Oddvar per Zufall wieder und er beichtete mir, wie es wirklich war. Es stellte sich heraus, dass er in dem Sommer, als ich eigentlich mit der *Silver Wave* fahren sollte, von meinem Vater ins Gebet genommen worden war. Mein Alter wollte mir die Daumenschrauben anlegen – und bedrängte Oddvar deshalb, mich nicht mitzunehmen. Er wusste, was er mit mir vorhatte, aber ich sollte es nicht mitkriegen. Es war sein Geheimplan. Wenn ich erst einmal auf der *Silver Wave* angefangen hätte, wäre ich vielleicht nie mehr auf die *Northwestern* zurückgekehrt. Der Alte hat nie erzählt, warum er mich unbedingt auf seinem Schiff haben wollte. Kann sein, dass er schon lange vorher beschlossen hatte, dass ich einmal der Skipper auf der *Northwestern* sein sollte – und dass er das rechtzeitig einfädeln wollte. Er hat für mich Schicksal gespielt.

Als ich endlich genug Verstand hatte, um ihn danach zu fragen (und ihm dafür zu danken), war er schon nicht mehr da.

WIE DIE

HANSEN

SAGA

BEGANN

KAPITEL 2

Das Schiff meines Vaters, die *Foremost*, war nicht gerade auf dem neuesten Stand der Technik. 1945 aus Holz gebaut, war der vierundzwanzig Meter lange Trawler eigentlich für den Sardinenfang in weniger rauen Gewässern gedacht – und nicht für die Fischerei mit schweren Stahlreusen in der wilden Beringsee. Das hölzerne Rückgrat der *Foremost*, jahrzehntelang in Öl und Diesel getränkt, brauchte nur den kleinsten Funken, um in Flammen aufzugehen. Außerdem leckte der Kahn wie ein Sieb. Er kam zwar jedes Jahr im Frühling ins Trockendock, wo die Löcher in Deck und Rumpf geflickt wurden. Aber die Reparaturen hielten nie besonders lange. Wenn ich mich auf der *Northwestern* mal wieder darüber beschwere, dass mein Schiff schon dreißig Jahre auf dem Buckel hat und ständig irgendwelche Probleme auftauchen, dann denke ich nur kurz an die Eimer, mit denen mein Vater zur See fahren musste – und bin dankbar für das, was ich habe.

Aber auch Sverre hatte als Kapitän der *Foremost* keinen Grund zu klagen. Er hatte als Schiffsjunge angefangen und sich hochgearbeitet. Erst wurde er Koch, dann Matrose und bald war er sogar schon als Skipper unterwegs. Als er den Job antrat, war er gerade mal neunundzwanzig Jahre alt und damit der jüngste Kapitän der Krabbenfängerflotte. Zwei Jahre später fuhr er bereits satte Gewinne ein. Eigner des alten Sardinentrawlers war die Wakefield Seafood Company, die damals gerade die Beringsee als Geschäftsfeld entdeckte. Obwohl die *Foremost* also eigentlich ein amerikanisches Schiff war und amerikanische Eigner hatte, wurde sie schon seit Jahren von norwegischen Seeleuten geführt, und viele von ihnen stammten von Karmøy. Die alten Crewlisten des Trawlers lasen sich wie ein Who's who oder Geschichtsbuch der Krabbenfischerei in Alaska. Vor Sverre standen Pioniere wie Sam Hjelle, Magne Nes und John Johannessen auf der Brücke. Und das Deck der *Foremost* war für viele große Fischer die erste Station ihrer Laufbahn. Erfolgreiche Skipper wie John Sjong, John Jakobsen und auch mein Onkel Karl hatten auf diesem Kahn als Matrosen angeheuert – eben genau die Typen, die wir vergötterten, als wir noch Kinder waren. »Das war ein tolles Schiff«, sagt John Sjong heute noch. »Ich habe diesen Kahn geliebt.«

Sverre war ehrgeizig; angestellter Kapitän zu sein, war für ihn nicht genug, er wollte sein eigenes Schiff haben. Um dieses Ziel zu erreichen, musste er noch mehr Geld verdienen – und das bedeutete, mehr Krabben zu fangen. Jedenfalls mehr, als er bis zu diesem Zeitpunkt der Fangsaison gefangen hatte.

Erst im vergangenen Frühjahr hatten Sverre und Wakefield die alten Atlas-Maschinen durch neue, leistungsfähigere Caterpillar-Diesel ersetzen lassen. Die neuen Motoren liefen mit höherer Drehzahl und wurden insgesamt heißer als die alten Maschinen. Trotzdem hielten die Mechaniker es nicht für nötig, den Auspuff stärker zu isolieren. Sigmund Andreasson, auch er ein Mann von Karmøy und Sverres wichtigster Matrose an Deck, fand die Konstruktion damals so heikel, dass er nicht mehr mit Sverre fahren wollte. Da war die Katastrophe doch schon mit eingebaut, sagte er.

»Ich wollte nicht mehr mit«, erklärte Andreasson später, »weil ich dem Schiff nicht mehr traute. Sverre war natürlich sauer, dass ich nicht mehr mitkam, weil er einen Ersatz für mich finden musste.«

Anstelle von Sigmund heuerte Sverre wieder einen Mann von Karmøy an – Magne Berg, einen kräftigen Kerl, der als Kind mit seinen Eltern von Norwegen nach New Bedford in Massachusetts ausgewandert war. Magne war auf Booten groß geworden, die Jakobsmuscheln fischten. Ein total netter Typ – und absolut furchtlos. Er war immer dabei, wenn es eine Keilerei gab, und bekannt dafür, dass er niemals aufgab. Einmal fiel eine Krabbenreuse genau auf ihn drauf – und die Dinger wiegen bekanntlich ein paar hundert Kilo. Er wuchtete das Ding selbst zur Seite und fluchte: »Wer zum Teufel lässt denn so einen Apparat einfach fallen?« Und dann arbeitete er einfach weiter, als wäre nichts passiert. Außerdem war er verdammt schnell. Er holte die Reusen – von den Fischern »Pots« genannt – so fix an Bord, dass sie ständig andere Schiffe überholten. Die Skipper meldeten sich dann per Funk und fragten ungläubig: »Fahrt ihr jetzt oder seid ihr am Fischen?«

Kapitän Sverre, Magne Berg und die anderen beiden Matrosen hatten nicht eine Pause eingelegt, seit sie die *Foremost* über den Golf von Alaska gebracht hatten – sie schufteten nonstop. Es war eine lange Saison und sie hatten bisher kaum Krabben gefunden. So wurde das nichts mit dem Geldverdienen. Jeden Tag dasselbe Elend – sie holten einen Pot nach dem anderen hoch und es war immer nur eine Handvoll Krabben drin. Sverres Leute waren sowieso schon schwer genervt – und dann kam der Streik.

Zwei Jahre zuvor hatte es schon einmal einen Arbeitskampf gegeben, der aber völlig nach hinten losgegangen war. Endlos Ärger – und dann bekamen sie nur einen Cent mehr pro Kilo. Trotzdem dachten die Strippenzieher offenbar, dass sie es dieses Mal besser hinkriegen würden. So riefen sie die Flotte erneut zum Streik auf. Die Nachricht verbreitete sich schnell, und den Krabbenfängern blieb nichts anderes übrig, als die Arbeit einzustellen. Manche Eigner waren stark verschuldet und hofften auf bessere Preise – das waren die Leute, die den Streik unbedingt durchziehen wollten. Die Kapitäne aber, die kein eigenes Schiff hatten, wollten lieber weiterfischen, und ihre Leute an Deck sahen das genauso. Sie hassten diesen Streik, weil sie auf ihren Schiffen festhingen und einfach nichts zu tun hatten. Abwarten und Tee trinken – das war nicht ihr Ding. Wer jetzt ein paar Dollar übrig hatte, betrank sich im Elbow Room. Und wer sich das Ticket leisten konnte, sah zu, dass er wegkam und zurück nach Norwegen oder Seattle flog.

Als der Streik endlich vorbei war und es wieder ans Fischen ging, hatten sich die Reihen jedenfalls sehr gelichtet. Auch zwei von Sverres Leuten hatten sich abgesetzt; er war jetzt mit Magne allein an Bord. Einige der Skipper waren ebenfalls nach Hause geflogen und hatten ihr Schiff in der Obhut ihrer Crew zurückgelassen. So kam es, dass zwei Norweger, denen ihr Boss abhandengekommen war, morgens die Pier entlangwanderten. Es stellte sich heraus, dass die beiden von Karmøy stammten: Leif Hagen und Krist Leknes. Sverre kannte sie schon seit Jahren, und wenn sie von seiner Heimatinsel kamen, mussten sie auch wirklich gute Fischer sein. Er heuerte sie sofort an.

Leif Hagen war ein Jahr jünger als Sverre und sie kannten sich schon seit ihrer Schulzeit. Er war ein umgänglicher und ruhiger Typ, der gerne Geschichten erzählte und viel lachte. Er war außerdem ein echter Malocher und schaffte ordentlich was weg. Vorher hatte er auf der *Admiral* angeheuert, und als einer in der Crew ausgestiegen war, weil er auf einem anderen Schiff mehr verdienen konnte, war Leif schnell nach Seattle gejettet, um seinen Kumpel Krist anzuwerben.

Krist war, wie die Jungs von Karmøy sagten, nicht so übel, wenn er getrunken hatte, aber nüchtern ein ziemliches Arschloch. Er legte sich mit jedem an, ein richtiger Streithammel. Dauernd beschwerte er sich über irgendetwas. Er fragte dich, was du zum Frühstück haben willst. Und wenn du dich für Eier entschieden hast, servierte er dir Pfannkuchen. »Wir sind hier auf einem verdammten Schiff«, ranzte er einen dann an. »Du frisst gefälligst, was ich dir vorsetze.«

Sie hatten jedenfalls eine gute Crew zusammen, eine wirklich zuverlässige Truppe. Diese vier hielten durch, als alle anderen längst nach Hause abhauten. Sie wollten noch ein paar Dollar verdienen.

Jetzt schon einzupacken, fühlte sich für sie wie eine Niederlage an. Sie wollten den Jackpot knacken, bevor das Jahr zu Ende ging. Von meinem Vater abgesehen waren sie alle Singles. Mehr Geld in der Tasche zu haben, zählte bei ihnen mehr, als Weihnachten zu Hause bei der Familie zu sein.

Für Leif Hagen und Magne Berg war es ein Wiedersehen; vor zwei Jahren hatten sie schon einmal gemeinsam auf einem Schiff angeheuert. Damals hatte ihnen das Abenteuer auf der *Emerald Sea* gezeigt, wie gefährlich die Fischerei in Alaska sein konnte. In Kodiak hatten sie noch einmal ihren Proviant aufgestockt und wichtige Lebensmittel wie Bier, Whiskey und Zigaretten gebunkert. Dann nahmen sie Kurs auf Cape Barnabas. Leif stand am Ruder, als Magne auf die Brücke kam und sich neben ihm hinsetzte.

»Und?«, fragte Leif. »Werde ich jetzt abgelöst?«

»Moment, ich hole mir schnell ein Bier.«

»Okay.«

Als Magne zurückkam, warf er auch Leif eine Flasche zu, bevor er seine eigene öffnete.

»Was soll's«, sagte Magne. »Wir saufen eh gerade ab.«

Teufel noch mal. Leif warf einen Blick auf die Anzeigetafel. Das Schiff lief volle Kraft voraus, alles fühlte sich an, wie es sollte. War wohl nur ein Witz, damit musste man bei Magne immer rechnen. Also saßen sie noch einen Moment gemeinsam auf der Brücke und quatschten, als wäre nichts passiert. Dann übernahm Magne das Ruder.

»Bringst du mir noch 'ne Flasche Bier, bevor du dich hinlegst?«, sagte er zu Leif. »Und guck doch einmal in den Maschinenraum und gib mir einen kurzen Lagebericht.«

Leif kletterte den Niedergang runter zu den Kabinen und schaute kurz zur Maschine rein. *Oh Gott!* Die Maschine stand schon halb unter Wasser, er sah, wie Männer in T-Shirts in die Brühe tauchten und zum Luftholen wieder an die Oberfläche kamen. Der Skipper und der Chief! Das Schiff hatte ein Riesenleck und der Kahn war am Absaufen!

Die Männer stürzten an Deck und machten die Rettungsinsel klar. Sie zogen die Reißleine und das Floß pustete sich automatisch auf. Es war nur ein simpler Gummiring mit einem Boden, ohne Abdeckung. Die Männer vertäuten die Rettungsinsel an der Reling und sie hüpfte in den Wellen auf und ab. Obwohl der Maschinenraum schon komplett vollgelaufen war, hatte das Schiff gerade noch genug Auftrieb. Aber auch die letzten Schotten konnten jeden Moment nachgeben, und dann war der Punkt erreicht, wo der Kahn schwerer wurde als das Wasser, das er verdrängte. Leif und Magne sprangen ins Floß und warteten auf die anderen. Magne hatte das Messer schon in der Hand, um die Leine zu kappen. Wenn das Schiff erst einmal wegsackte, war keine Zeit mehr, Knoten aufzudröseln, wenn sie nicht mit in die Tiefe gezogen werden wollten. Plötzlich stand der Chief wild gestikulierend an der Reling.

»Hey, wartet mal 'ne Minute!«, rief er.

»Warten? Worauf denn?«, brüllte Leif zurück.

»Moment, ich hol noch Proviant.«

Nur Sekunden später war er wieder da – mit einem riesigen Seesack in den Armen. Das Ding war fast zwei Meter lang, einen guten Meter breit und platzte beinahe aus den Nähten. Der Chief hatte schnell noch zwei Kisten mit Whiskey und fünfzig Stangen Zigaretten eingepackt. *Der denkt jetzt noch an Alkohol*, dachte Leif, *Herrgott!* Die *Emerald Sea* war kurz vor dem Absaufen und jetzt musste er aus dem sicheren Rettungsfloß zurück auf das sinkende Schiff klettern – um den verdammten Schnaps zu retten! Die Rettungsinsel war zwar an der Reling festgemacht, aber es war genug Spiel in der Leine, dass sie sich ein wenig bewegen konnte. Leif stand mit einem Fuß auf dem Gummiwulst des Floßes und mit dem anderen auf dem Schiff – ein schwieriger Balanceakt über dem eisigen Ozean. Der Chief wuchtete den Sack mit dem Proviant über die Reling und in Leifs Arme. Dieser hievte die Last ins Floß, und als Magne sie gerade in Sicherheit gezerrt hatte, lief eine größere Welle unter ihnen durch.

Die Rettungsinsel schwappte vom Schiff weg – und zwang Leif in einen Spagat. Verzweifelt versuchte er, das Floß mit seinen Zehenspitzen wieder in Richtung Schiffsrumpf ziehen – aber keine Chance. Er streckte seine Beine, so weit er konnte, und seine Kumpel schauten hilflos zu, wie er den Halt verlor und ins eisige Wasser plumpste. Leif trug seine komplette Schlechtwettermontur, Ölzeug und Stiefel. Er strampelte und zappelte und sein Puls hämmerte, doch er spürte, wie seine Arme und Beine sofort steif wurden, als würden sie blitzschnell einfrieren. Mit aller Kraft gelang es ihm, die Rettungsinsel zu erreichen, wo Magnes starke Hand auf ihn wartete, um ihn über den Rand des Floßes zu ziehen. Leif sackte erst einmal auf dem Boden zusammen, zitternd und nach Luft schnappend. Erst jetzt wurde ihm bewusst – *wie blöde konnte er nur sein?* –, dass er sein Leben aufs Spiel gesetzt hatte, um ein paar Flaschen Whiskey und Fluppen zu retten.

Der Chief stieg zu ihnen runter in die Rettungsinsel und sie warteten auf den Kapitän. Das Schiff hielt sich gerade noch über Wasser. Aber die Ehre eines Kapitäns gebot, dass er mit seinem Kahn zusammen absäuft oder wenigstens als Letzter von Bord geht. Er hatte es aufgegeben, das Leck im Maschinenraum zu finden und zu stopfen, und war jetzt offenbar dabei, von der Brücke aus per Funk einen Notruf abzusetzen. Wie lange sollten sie noch auf ihn warten? Zu früh wollten sie nicht weg vom Schiff, denn solange die *Emerald Sea* noch schwamm, waren sie hier sicher aufgehoben. Sie kannten natürlich die Schauergeschichten von Seeleuten, die im Rettungsfloß umgekommen waren, während das Schiff, das sie aufgegeben hatten, überhaupt nicht unterging.

Und sie hatten Glück, ihr Notruf wurde sofort gehört, zwei Schiffe machten sich auf den Weg zur *Emerald Sea*. Leif, Magne und der Chief wurden aus dem Floß an Bord der Retter gehievt. Der Kapitän blieb weiter auf seinem Schiff und half dabei, eine Schleppverbindung herzustellen, damit der Havarist in flaches Wasser gezogen werden konnte. Selbst wenn das Schiff dann doch noch sinken sollte, würde es leichter zu bergen sein – aber es war jetzt ein Rennen gegen die Uhr. Sie mussten unbedingt das Schelf erreichen, bevor die *Emerald Sea* absoff. Komplett vollgelaufen lag der Dampfer im Wasser wie ein Torpedo, er war kaum noch zu sehen. Als der Schleppverband den Punkt vor der Küste erreichte, wo der Meeresboden steil anstieg, ging der Kapitän von Bord – gerade noch rechtzeitig. Die Retter kappten die Trossen zur *Emerald Sea* und schauten zu, wie sie in einem traurigen Meer von Blasen versank. Allerdings blieb sie nicht wie geplant auf dem flachen Schelf liegen, sondern rutschte den Steilhang hinab in die eisigen Tiefen der Beringsee. An eine Bergung war damit nicht mehr zu denken.

Vielleicht hätten Leif und Magne nach dieser glücklichen Rettung aus Seenot den Job aufgeben sollen – oder wenigstens darüber nachdenken können, ob nicht eine Art Fluch über ihrer Zusammenarbeit liegt und sie in Zukunft besser getrennte Wege gehen. Aber auf einen solchen Gedanken kamen Fischer von Karmøy gar nicht erst. Sie dachten auch dann nicht in philosophischen Kategorien, wenn es um Leben oder Tod ging. Beides gehörte zu ihrem Job.

Zwei Jahre später fuhren sie nun also wieder zusammen los – auf der *Foremost*. An einem kalten Dezembermorgen dampften sie vier Stunden nordöstlich von Dutch Harbor an der Nordspitze der Insel Akutan vorbei in die Akutan Bay, wo Sverre sich bessere Fänge erhoffte. Er stand gerade am Ruder, als sich Kapitän Thomsen über Funk aus Dutch meldete. Niels Thomsen war ein alter Däne, der seine Karriere auf dem großen Fischmarkt in Seattle damit begonnen hatte, die Käufe der Kundschaft in Zeitungspapier einzuwickeln. Später war er als Seemann auf großer Fahrt unterwegs, im Krieg fuhr er auf einem Kreuzer der Küstenwache, dem es gelang, ein japanisches U-Boot zu versenken. Inzwischen war er der stolze Besitzer der Aleutian King Crab Company – und immer auf der Suche nach neuen, interessanten Geschäftsfeldern.

»Der Weihnachtsmann verschenkt dieses Jahr einen schönen Preis-
aufschlag zum Fest«, quakte er über Funk. »Wenn du mir deinen Fang
verkaufst!«

Aber Sverre konnte das verlockende Angebot leider nicht anneh-
men. Weil die *Foremost* im Auftrag von Wakefield unterwegs war,
musste er seine Krabben auch beim Fabrikschiff von Wakefield abliefern. Die *Deep Sea*, ein riesiger Stahldampfer, ankerte vor dem Hafen
von Akutan, einem winzigen Nest auf einer winzigen Insel, die eigentlich nur aus einem – aktiven – Vulkan bestand. Außer einem Laden und einer Bar gab es so gut wie nichts auf Akutan, das eine Reise
lohnte. Vierzig Gebäude insgesamt, vielleicht fünfundsiebzig Einwohner, die wirklich das gesamte Jahr über auf dem Inselchen lebten.

Damals hatten sie noch keine Natriumdampflampen, wie wir sie
heute auf unseren Schiffen verwenden, um auch nachts sicher arbeiten
zu können. Die Fischer malochten von Anbruch der Morgendämmerung bis Sonnenuntergang. Sie schufteten, solange sie Licht hatten,
dann dampften sie in den nächsten Hafen und hauten sich in die Koje.
Auch eine hydraulische Rampe hatten sie nicht. Wir drücken heute
nur noch einen Knopf – und die Reusen kippen über Bord. Früher
mussten sie die schweren Pots per Hand von Deck über die Kante
wuchten. Und wenn sie die langen Leinen aufschießen wollten, half
ihnen dabei keine Maschine. Sie mussten jeden Meter mit Muskelkraft
einholen und in ordentliche Buchten legen. Ein Knochenjob, der ihren
Armen die letzte Kraft raubte – und bei dem sie sich regelmäßig die
Hände blutig scheuerten.

Sie fanden jedenfalls nicht eine verdammte Krabbe. Sie klapper-
ten die üblichen Fanggründe ab, einen nach dem anderen. Aber nichts.
Nur Nieten, alle Reusen leer. Schließlich gab Sverre die Order, einen
Teil der Reusen an Deck zu behalten. Auf einem alten Sardinentrawler
wie der *Foremost* konnte man nicht viele Pots an Deck stauen, aber mit
sechs der schweren Apparate nahm Sverre Kurs auf eine kleine Bucht,
wo er sie nicht weit vom Strand ausbringen ließ.

Nach ein paar Stunden holten sie eine erste Reuse testweise ein – und das Ding war bereits halb voll mit den riesigen roten Viechern. *Oh Mann*, dachte Leif schon, *sieht so aus, als ob der Weihnachtsmann doch noch kommt.* Doch bevor sich die Crew der *Foremost* richtig freuen konnte, dass es mit ihrer Pechsträhne vorbei war, spürte Sverre, dass der Dieselmotor nicht mehr reagierte, wie er sollte. Der Skipper stieg in den Maschinenraum und stellte fest, dass der Gaszug defekt war. Das konnten sie zwar provisorisch mit Bordmitteln flicken, um damit zurück in den Hafen zu gelangen, aber für eine vernünftige Reparatur brauchten sie Ersatzteile. Sie mussten ihre vollen Reusen wohl oder übel zurücklassen und erst einmal zurück nach Dutch Harbor, so gut es eben ging.

Das Ersatzteil war nicht vorrätig und musste eingeflogen werden. Also saßen sie auf dem Schiff fest, während draußen der Wind heulte und der Schnee über Deck fegte. Es war eisig kalt. Um sich die Langeweile der Wartezeit zu vertreiben, beschloss Leif, im Vorschiff mal so richtig aufzuräumen. Was er fand, war ein einziger Haufen Müll: altes Ölzeug, Netze, noch ältere Stiefel – und alles muffig bis komplett verschimmelt.

»Ist da irgendwas dabei, was du behalten willst?«, fragte Leif seinen Kapitän.

»Nee, schmeiß den Kram bloß weg«, sagte Sverre.

Also legte Leif los, schaffte das Zeug aus dem Schiff und stapelte alles in einem Haufen auf der Pier. Bis er auf einen großen Koffer stieß. *Was zum Teufel ist das denn?* Leif schleppte das Ding an Deck, öffnete die Verschlüsse – und starrte auf die ordentlich verpackte Rettungsinsel der *Foremost*. Das war natürlich ein Riesenmurks, eine echte Katastrophe. Was nützte einem das schönste Rettungsfloß, wenn es vergraben war, wo es niemand finden konnte? Er rief die Crew zusammen und alle lachten sich schlapp.

»Dass sie da im Vorschiff vor sich hin gammelt, hätten wir im Ernstfall bestimmt nicht gedacht«, fluchte Sverre.

Leif warf die Rettungsinsel natürlich nicht auf den Müllhaufen, sondern verstaute sie an ihrem angestammten Platz in einer hölzernen

Box an Deck hinter dem Brückenhaus, wo man sie im Ernstfall schnell erreichen konnte. Dazu gab es eine unmissverständliche Mahnung: »Wenn einer von euch auch nur den kleinsten Stein oder eine Leine auf dieser Box ablädt, schmeiß ich ihn persönlich über Bord!«

Am dritten Tag ihres Zwangsaufenthalts in Dutch gelang es dem Techniker, die Maschine zu reparieren. Wenn das kein Grund zum Feiern war!

»Jetzt ist doch eh alles egal«, schimpfte Sverre. »Dann gehen wir eben auf einen Drink in den Elbow Room.«

»Okay«, erwiderte Magne. Leif und Krist waren völlig blank und entschieden sich, an Bord zu bleiben. Sverre und Magne gingen an Land und liefen die Pier entlang, bis sie an der Hauptstraße einen alten Pick-up entdeckten. Es war die Karre von Carl Moses, das wussten sie. Ihm gehörte ein Hotel in Unalaska und ein Baumarkt auf der Insel. Sverre schaute durchs Seitenfenster in den Wagen und sah, dass der Schlüssel in der Zündung steckte. *Ach, zum Teufel.* Sie stiegen ein und fuhren zum Elbow Room. Wie sich später herausstellte, konnte Moses die Aktion von seinem Bürofenster in der Alyeska-Fischfabrik genau beobachten. Er rief über CB-Funk im Elbow Room an und sagte: »Ich habe gerade meinen Wagen als gestohlen gemeldet. Die Diebe sollten die Karre lieber so schnell wie möglich zurückbringen, denn die Bullen sind schon auf der Suche nach ihnen.«

Es dauerte nicht lange, da rasten Sverre und Magne auf demselben Weg zurück, den sie gekommen waren. Schon von Weitem brüllte Sverre: »Schnell, Leinen los! Schmeißt die verdammten Leinen los!«

Es wurde ein Blitzmanöver: Kaum waren sie an Bord, flogen die Festmacher an Deck – und los ging's.

Leider hielt die Reparatur exakt einen Tag, dann mussten sie schon wieder zurück nach Dutch Harbor. Allen an Bord war bewusst, dass jeder verschwendete Tropfen Diesel ihre Gewinnbeteiligung schmälern würde – wenn es überhaupt etwas zu verteilen gab. Denn solange die Krabben in den Reusen am Meeresgrund steckten, hatten sie keinen Cent verdient. Sie machten also wieder in Dutch fest, dieses Mal an der Bunkerstation, weil sie am nächsten Morgen erst einmal Diesel tanken wollten. Sverre verzog sich in seine Kabine und haute sich in die Koje. Nur ein paar Stunden später wachte Leif davon auf, wie jemand an Bord kletterte – ein Polizist.

»Wo ist Sverre?«, fragte der Mann.

»Schläft«, antwortete Leif.

»Sag ihm, er soll mal runterkommen.«

Leif stieg zur Kabine seines Skippers hoch.

»Sverre«, sagte er. »Da ist ein Cop, der was von dir will.«

Sverre öffnete die Augen und massierte seine Schläfen.

»Verzieh dich«, grummelte er schließlich.

»Willst du, dass ich ihn raufschicke?«

»Nein, ich komme ja schon.« Er dachte natürlich, dass es Ärger geben würde wegen Carl Moses' Auto. Aber sie hatten ihn dabei erwischt, jetzt musste er eben mannhaft die Konsequenzen tragen. Er zog sich schnell an, stieg in seine Stiefel und ging aufs Deck raus. Zu Sverres großem Erstaunen hatte der Polizist jedoch gar nicht vor, ihn zu verhören oder festzunehmen.

»Kannst du mir einen Gefallen tun?«, fragte der Uniformierte.

Das tat Sverre nur zu gerne.

Es stellte sich heraus, dass ein paar Stunden zuvor ein russischer Frachter eingelaufen war, an Bord ein Matrose mit einer schweren Rückenverletzung. Er musste an Land, und das wollte der Cop so bewerkstelligen: Die Crew des Frachters sollte den Mann vorsichtig auf das Deck der *Foremost* herablassen, die den Verunglückten dann zur Bunkerstation schippern würde, wo man ihn ohne Schwierigkeiten in ein Auto verfrachten und zum Flugplatz bringen konnte. Der Mann musste ins Krankenhaus, und das gab es in Dutch Harbor nicht.

Sverre kletterte zur Brücke hoch, schmiss die Maschine an und steuerte den russischen Frachter an. Die *Foremost* lieferte den Verletzten wie geplant an der Bunkerstation ab, wo er auf einen Tieflader umgebettet wurde. Im Slalom ging es um die schlimmsten Schlaglöcher herum zum Flughafen, und wahrscheinlich hat allein diese Fahrt mehr Schaden angerichtet, als irgendein Arzt je wiedergutmachen konnte. Die Russen waren trotzdem sehr dankbar, und der Gesetzeshüter auch.

»Du hast einen gut bei mir«, sagte er Sverre. »Vergessen wir also die Geschichte mit dem Auto.«

Am folgenden Tag reparierten sie den Gaszug ein zweites Mal. Dafür blies es jetzt mit vierzig Knoten, und zwar direkt in den Hafen. Die meisten Skipper entschieden sich, nicht auszulaufen und das Ende des Sturms auszusitzen. Nur Kapitän Sverre wollte nicht eine Nacht länger warten; sie hatten es ja auch nicht besonders weit bis zu ihren Reusen. Wenn sie sich jetzt gegen den Wind nach Akutan durchkämpften, konnten sie am nächsten Tag, wenn der Sturm sich ausgetobt hatte, schon ihren Fang an Bord holen.

Also liefen sie am Abend des 7. Dezember wieder aus Dutch Harbor aus. Sie dampften durch die Finsternis; es war bereits ihre dritte Fahrt von Dutch nach Akutan binnen einer Woche. Sie hatten Wasser in die Krabbentanks gepumpt, um mit mehr Ballast durch die grobe See zu gehen. In einem eisigen, heulenden Wind rundeten sie das Kap von North Head und nahmen Kurs auf die Position zwischen Akutan und der Nachbarinsel Akun, wo sie ihre Pots ausgelegt hatten. Sie konnten die Küste schon sehen, sie wussten, wo die Krabben auf sie warteten. Jetzt mussten sie den Schatz bloß noch heben – und möglichst bevor die Maschine wieder irgendwelchen Ärger bereitete.

Sverre entschied sich, noch eine Mütze Schlaf zu nehmen. Er ließ einen Mann als Ruderwache auf der Brücke, der das Schiff auf seinem Kurs direkt in den Wind hielt. Am Morgen würde sie alle früh aufstehen und endlich die verdammten Krabben einsammeln. Damit sollten sie genug Geld verdient haben, um die Saison zu einem guten Abschluss zu bringen und rechtzeitig zum Weihnachtsfest wieder in Seattle zu sein.

Aber das sollte nicht sein.

I ch habe es bereits zu Beginn gesagt: Meine Biografie und die Lebensgeschichte meiner Brüder sind die Fortsetzung einer größeren »Saga«, die mit meinem Vater und seinem Bruder begonnen hat. Sie haben für uns den Weg bereitet – in diesem Land wie in unserem Job. Und das ist auch der Grund, warum die Geschichte vom Brand und Untergang der *Foremost* so wichtig ist. Das große Glück, das ich in meinem Leben genießen durfte, ist wie mein Können und meine Urteilskraft ein Geschenk meiner Familie. Man könnte auch sagen: Sie haben Schiffe versenkt, damit es nicht mir passiert.

Um wirklich zu verstehen, was meinen Vater bewegte, als er an diesem Dezembermorgen trotz des Sturms nach Akutan aufbrach, muss man mehr über ihn als Mensch wissen und vor allem seine Herkunft genauer betrachten. Die harten Umstände, in die er hineingeboren wurde, haben sein gesamtes Leben bestimmt – und eben auch die Art und Weise, wie er Norman, Edgar und mich erzogen hat. Selbst wenn wir in Amerika geboren sind und niemals in Norwegen gelebt haben, sind wir mit jeder Faser Söhne Karmøys. Genau dort beginnt unsere Geschichte.

Mein Vater wurde 1938 auf Karmøy geboren, sein Bruder Karl Johan kam 1942 zur Welt. Sie wuchsen in schwierigen Zeiten auf. Das Dritte Reich hatte das Land besetzt und die norwegische Regierung musste sich nach England ins Exil flüchten. Deutsche Soldaten waren in der Schule von Karmøy einquartiert, und Sverre war bereits alt genug, um ihre Präsenz bewusst wahrzunehmen.

Sverre und Karl lebten auf einem kleinen Bauernhof. Die Winter waren hart und es gab nicht einmal einen Schneepflug auf Karmøy – und ein Auto konnte sich die Familie sowieso nicht leisten. Ihr Vater war die meiste Zeit auf See, sodass die Erziehung der Jungen fast ausschließlich bei ihrer Mutter Emelia lag. Der Hof der Familie lag so weit vom Zentrum der Stadt entfernt, dass es sich die Gemeinde nicht leisten konnte, eine Stromleitung zu den Hansens zu legen. Also musste die Familie ohne Elektrizität auskommen.

Die Winter auf Karmøy waren wirklich grausig. Die Hansens kamen mit einer einzigen Petroleumlampe durch die Zeit der langen Nächte, auch ihren Herd betrieben sie mit Petroleum, und ein Holzofen sorgte für Wärme im Haus. Wenn einer der Jungs mal rausmusste, nahm er die Lampe mit, um seinen Weg zu finden. Der Rest der Familie hockte im Dunklen, bis er sein Geschäft erledigt hatte. Fließendes Wasser und eine Toilette gab es natürlich nicht, die Hansens hatten nur ein Plumpsklo hinter dem Haus, und der Weg dahin führte durch Eiseskälte und Schnee. Wenn es wärmer war, fingen sie Regenwasser, das von ihrem Dach rann, in Fässern auf und füllten es in einen kleinen Tank. Das war ihr Trinkwasservorrat für das ganze Jahr. Während des Kriegs war es besonders schwer, an Lebensmittel und überhaupt Dinge des täglichen Gebrauchs zu kommen. Die Hansens aßen, was es auf der Insel gab: Wurst vom Lamm oder Schwein, getrockneten Kabeljau und Hering, immer wieder Hering.

Sverre war ein intelligenter Junge mit einem fotografischen Gedächtnis und einer sehr lebhaften Vorstellungskraft. Er war wie gefesselt von den Geschichten tapferer norwegischer Soldaten, die – als Fischer getarnt – Agenten der Exilregierung zwischen Großbritannien und Norwegen hin- und herschmuggelten. Ihre Route verlief von der norwegischen Westküste und den Shetland-Inseln, was ihrem Fährdienst den Spitznamen »Shetland Bus« einbrachte. 198 Einsätze fuhr der »Shetland Bus«. 52 davon standen unter dem Kommando von Leif Larsen, einem wagemutigen Seemann, der als »Shetlands Larsen« in die Geschichtsbücher einging. Im Herbst 1942 griff er mit seinem winzigen Kutter *Arthur* sogar ein deutsches Schlachtschiff an, was ihn endgültig zum norwegischen Volkshelden machte. Er war zum einen Patriot und Freiheitskämpfer und zum anderen ein rebellischer Außenseiter, der sich nicht um Regeln und Gesetze scherte – eine Mischung aus George Washington und Robin Hood. Kein anderer Marineoffizier irgendeiner anderen Nation wurde im Zweiten Weltkrieg so hoch dekoriert wie Shetlands Larsen. Der junge Sverre verschlang die Ge-

schichten über den norwegischen Helden: Larsen war Seemann, tapferer Soldat – und irgendwie auch Fischer. So stellte sich Sverre sein eigenes Leben vor, er wollte zur See fahren, Abenteuer erleben, sich als
Held beweisen. Larsen sollte für Sverre ein ganzes Leben lang eine
wichtige Leitfigur bleiben.

Es gab auf Karmøy einen See, auf dem im Winter alle Schlittschuh
liefen. Wo sollte der junge Sverre seinen Mut besser beweisen können als
auf dem Eis dieses Gewässers? Einmal querte er den See zusammen mit
einem Freund, der auf der anderen Seite wohnte. Es war nicht sonderlich
kalt, und ziemlich genau in der Mitte des Sees entdeckten die beiden
Jungen ein etwa fünfzig Meter breites Loch, wo das Eis schon geschmol-
zen war. Doch die Gefahrenstelle war leicht zu umfahren. Als Sverre am
späten Nachmittag den Heimweg antrat, wurde es schon dunkel. Ihm
war bewusst, dass es nun schwieriger sein würde, das Loch im Eis sicher
zu passieren, aber deswegen machte ein echter Kerl keinen Umweg! Er
wollte mutig sein, ein Teufelskerl wie Larsen. Also lief er los, und dann
passierte es: Sverre, kaum mehr als zwölf Jahre alt und mutterseelenallein
auf dem See, krachte durch die dünne Eisdecke und stürzte in das eisige
Wasser. Mit letzter Kraft gelang es ihm, ein Bein über die Eiskante zu
schwingen. Zum Glück trug er Schlittschuhe mit langen Kufen. Damit
hakte er sich im Eis fest und zog sich aus dem Wasser.

Stunden später war er immer noch nicht zu Hause angekommen,
und seine Mutter begann sich Sorgen zu machen. Sie schickte Karl los,
um Sverre zu suchen. Er fand schnell heraus, dass sein Bruder bei einem Freund gelandet war, wo er sich erst einmal aufwärmen und seine
Klamotten trocknen wollte. Sverre rechnete wohl damit, dass es ein
Donnerwetter geben würde wegen seiner Eskapaden auf dem Eis, und
wollte nicht pitschnass zu Hause erscheinen. Vielleicht ist auch das eine
typische Verhaltensweise bei uns Hansens: Wir geraten auf völlig idio-
tische Weise in die Klemme, schaffen es knapp, unseren Arsch zu retten, und halten dann schön die Klappe, damit wir nicht auch noch zusätzlich eins aufs Dach bekommen.

1948 zogen die Hansens in ein neues Haus um, das fast direkt am Wasser stand. Zum Strand waren es jetzt nur noch hundertfünfzig Meter. Als Sigurd seinen Söhnen zum ersten Mal die neue Hütte zeigte, führte er sie direkt zum Lichtschalter. »Sverre, Karl – das müsst ihr euch einfach ansehen«, sagte er voller Stolz. »Hier geht das Licht von selber an!«

Sie hatten nun zwar elektrisches Licht und fließendes Wasser, doch Norwegen war vom Krieg gezeichnet. Das Leben ging weiter, das schon, aber es war eher wie in einem Land der Dritten Welt. Obwohl Amerika über den Marshallplan Geld nach Norwegen pumpte, blieb es eine Herausforderung, Lebensmittel zu organisieren. Ohne die Heringsfischerei wären wohl viele Menschen auf Karmøy verhungert.

Die Söhne halfen ihrem Vater, so gut sie konnten. Im Alter von dreizehn Jahren fing Sverre seinen ersten Job an – als Lehrling in der Fleischerei des alten Vassvaag, der immer in seinen alten Clogs durch den Laden humpelte. Sverre arbeitete sechs Tage in der Woche für einen Lohn von fünfunddreißig Kronen – umgerechnet etwa fünf Dollar. Er lernte, wie man fachgerecht das geschlachtete Vieh entbeint und wie man »Fårepølse« herstellt, geräucherte Lammwurst. Neben solchen wichtigen Fertigkeiten eignete sich Sverre außerdem die hohe Kunst des Messerwerfens an. Nichts tat er lieber, als seine Messer quer durch den Raum in die gegenüberliegende Wand zu pfeffern. Sein bester Trick war es, jemandem, der gerade den Raum verließ, ein Messer so hinterherzuwerfen, dass es zitternd im Türrahmen stecken blieb – und dem Opfer einen Höllenschreck einjagte. Mit dem Kunststück verdiente er sich einen Spitznamen, der ihn später nach Alaska begleiten sollte: »Kniven stikker« nannten sie ihn in Karmøy, Messerstecher. Kann also gut sein, dass ich die Leidenschaft, meine Brüder mit Dartpfeilen zu jagen, von meinem Vater geerbt habe.

Sverre bediente außerdem den Fleischwolf. Die Schlachterei Vassvaag stellte nicht nur Wurst her, sondern belieferte auch die Fuchsfarmen der Region mit ihren Fleischabfällen. Eines Morgens schob Sverre wie üblich mit bloßen Händen Eingeweide und Knochen in den Trichter der Maschine – und ein Finger geriet in die Förderschnecke des Fleischwolfs. Zum Glück reagierte er blitzschnell, sonst hätte das Ding seinen ganzen Arm verschluckt. So verlor er nur das letzte Glied seines Ringfingers.

An einem anderen Ort und zu einer anderen Zeit hätte aus Sverre alles Mögliche werden können – Arzt vielleicht, Architekt oder Ingenieur. Aber im Karmøy der Fünfzigerjahre gab es nur wenige Alternativen. Nach dem vierzehnten Geburtstag wurden die Jungen in der Kirche konfirmiert – und fortan wie Erwachsene behandelt. Und das bedeutete, dass er sich einen Job suchte und seinen Eltern nicht länger auf der Tasche lag. Einige wenige Jungen gingen tatsächlich weiter zur Schule, aber Sverre hatte weder das Geld noch die Beziehungen, um diesen Weg einzuschlagen.

Mein Vater ging also nach der siebten Klasse von der Schule ab und begann zu fischen. Ich kann bis heute nicht verstehen, warum viele Leute in Amerika denken, dass man ohne Schulabschluss nichts werden kann – und dass dann alle nur auf einen herabschauen. Mein Vater war einer der gescheitesten Menschen, die ich kenne, und einer der erfolgreichsten sowieso. Obwohl er nur sieben Jahre zu Schule gegangen war, gelang ihm alles, was er sich vorgenommen hatte. Für mich war deshalb immer klar, dass eine tolle Ausbildung allein noch keine Garantie für Erfolg im Leben ist.

Der Hering war damals der Motor der norwegischen Wirtschaft – und auf Karmøy erst recht. Der Hafen wurde von einem Wellenbrecher geschützt, an dem die Kutter festmachten. Manchmal waren dort so viele Schiffe Seite an Seite vertäut, dass man trockenen Fußes über das Hafenbecken spazieren konnte. Mit dem Hering konnte man gutes Geld verdienen. Manchmal ging es aber auch schief. Wenn man zum Beispiel auf einer Fahrt nach Island richtig Glück hatte, das Schiff randvoll packen konnte – und dann bei der Ankunft feststellen musste, dass die Fischfabrik pleitegegangen war und man nicht einen einzigen verdammten Fisch verkaufen konnte. Sverres Kapitän ist es einmal so ergangen; ihm war nichts anderes übrig geblieben, als den schönen Fang komplett wieder ins Meer zu kippen und sich auf die Rückreise nach Karmøy zu machen. Das Resultat: drei Wochen harte Arbeit für nichts. Einfache Matrosen wie mein Vater bekamen keine Heuer, sondern einen Anteil am Gewinn einer Fangreise. Wenn der Skipper keinen Umsatz machte, gab es für Sverre auch kein Geld.

Die Fischerei war damals ein ungleich härteres Geschäft als heute. Das Ölzeug war zum Beispiel nicht wirklich wasserdicht. Die Fischersfrauen webten aus Wolle Stoff, aus dem sie riesige Jacken, Hosen und Handschuhe schneiderten. Die Klamotten wurden in Salzwasser eingelegt und in der Sonne oder am Ofen getrocknet, bis sie schrumpften. Dieser Prozess wurde wiederholt, bis das Gewebe sich so eng zusammengezogen hatte, dass es kein Wasser mehr durchließ – für eine Weile wenigstens. Das war die Montur, die Sverre an Bord trug.

Auch Sverres Bruder Karl fuhr früh zur See, als Küchenjunge auf der *Vigra* seines Vaters – bis der Kahn sank. Er machte den Abwasch, schrubbte Teller, Töpfe und Pfannen. Dafür bekam er eine Heuer von hundert Kronen, umgerechnet fünfzehn Dollar.

1956 war das beste Jahr der Heringsfischer, dann brachen die Erträge ein. Schon das Jahr darauf war fürchterlich. Auf Karmøy fuhren sie fast gar nicht mehr raus. Es folgten magere Zeiten, in denen ein norwegischer Fischer vielleicht noch zehntausend Kronen im Jahr verdienen konnte, wenn er Glück hatte. Die Männer hörten, dass die Fischer in Amerika zur selben Zeit einen Anteil von zehntausend *Dollar* ausbezahlt bekamen. *Teufel noch mal*, dachten sich die Norweger, *das ist siebenmal so viel wie bei uns. Da sind wir wohl zur falschen Zeit am falschen Ort!*

Das war der Grund, warum sie nach Amerika ausgewandert sind. Viele Norweger siedelten sich an der Ostküste an, wo sie von New Bedford und Gloucester aus Jakobsmuscheln fischten. Von Stavanger nahmen sie den großen Dampfer nach New York. Acht Tage

dauerte die Überfahrt, und auf dem Weg aus den Fjorden in den At-
lantik passierte das Schiff der Auswanderer noch ein letztes Mal Karmøy. Der Kapitän ließ das Schiffshorn tuten, fast wie ein Bus, der die
jungen Männer der Insel zur Fahrt nach Amerika einlädt. Die Jungen
an Bord rannten zur Reling. Noch einmal winken, das war ihr Abschied von der Heimat. Einige sollten sie nie wiedersehen. 1962 ging
der Muschelfischer *Midnight Sun* – mit zehn Männern von Karmøy an
Bord – im Nordoststurm vor New Bedford verloren. Es gab keine
Überlebenden.

Auch mein Vater entschied sich, sein Glück in Amerika zu versuchen. Er hatte gehört, dass einige Fischer von New Bedford nach Seattle weitergezogen waren, wo die Fischerei gerade einen Boom erlebte.
Damals brauchten die Einwanderer noch einen Bürgen – jemanden,
der schon in den Vereinigten Staaten lebte und bereit war, fünfhundert
Dollar auf einem Bankkonto zu hinterlegen, sozusagen als Kaution.
Wenn sich der Einwanderer komplett danebenbenahm, war wenigstens
genug Geld da, um ihn wieder nach Hause zu verfrachten. Sverres Onkel Jorgen – Sigurds Bruder – lebte und fischte in Seattle; er kam 1958
für die Kaution auf.

Sverre nahm ein Flugzeug nach Kopenhagen – die großen Passa-
gierdampfer hatten zu diesem Zeitpunkt schon ihre Bedeutung verloren. Von Dänemark ging es weiter gen Island, und nach einem Zwischenstopp in Los Angeles nahm Sverre Kurs auf den Sea-Tac
International Airport in Seattle. Das Flugzeug drehte eine letzte Schlei-
fe vor der Landung und Sverre drückte sich fast die Nase an der Fens-
terscheibe platt, als er den schneebedeckten Gipfel des Vulkans Mount
Rainier über den Wolken erblickte. Weiter im Westen konnte er das
strahlende Weiß der Olympic Mountains und das satte Grün des Puget
Sound sehen – ein Anblick, der ihn durchaus an die Gletscher und
Fjorde seiner Heimat erinnerte. Von seinem Logenplatz in der Höhe
sah er, wie Schlepper und Frachter, Fähren und Trawler den Hafen von
Seattle kreuzten, und über den immergrünen Bäumen der Küste stieg

ein leichter Nebel auf. Insgesamt kein schlechter Ort für einen Seemann, oder? Er war gerade zwanzig geworden und die Welt kam ihm
plötzlich groß und aufregend vor. Was ihn wohl in Amerika erwartete?

Sverre wurde am Flughafen von seiner Tante und seinem Onkel
abgeholt. Sie lebten in einem netten kleinen Haus in der 78th Street. Es
war ein ruhiges Arbeiterviertel, die Häuser mit Schindeln gedeckt, jeder hatte einen kleinen Vorgarten und ein paar Obstbäume. Sein Onkel zeigte Sverre das Gästezimmer und blickte stolz auf das Heim, das
er sich in Amerika geschaffen hatte. »Willkommen in Ballard«, sagte er.

Meine Geschichte ist auch die meiner Brüder, und ihre Story
ist meine. Bevor ich also weiter aus meinem Leben und von
meinem Vater erzähle, muss ich kurz nachliefern, wie es bei
Norman und Edgar gelaufen ist.

Norman war fünfzehn, als er mit dem Fischen anfing. Er heuerte
bei einem Freund unseres Alten an, bei Pete Haugen, auch er natürlich
ein Mann aus Karmøy, der mit seinem Schiff auf der Bristol Bay Lachse fing. Dann arbeitete er eine Weile auf der *Northwestern*, und gleich in
der ersten Saison ging es vor St. Matthew auf Blaukrabben. Das Wetter
war grausam, aber er hatte absolutes Vertrauen in das Schiff. Er fand es
einfach nur großartig. Ganz am Anfang war ihm übel und er dachte,
dass er kotzen müsste. Doch dann stand er vor der Kloschüssel und sagte sich: *Ich werde es nicht tun.* Und seit diesem Tag ist es auch nicht ein
einziges Mal passiert. Edgar kotzt gleich am ersten Tag der Reise, um
es hinter sich zu bringen, und dann geht es im blendend. Viele Leute
sind so. Bei mir war es als Teenager genauso. Doch Norman war in
seinem ganzen Leben nicht mehr seekrank. Vielleicht liegt es daran,
dass er der einzige von uns Brüdern ist, der nicht raucht.

Mit dem Geld, das er beim Fischen verdiente, kaufte sich Nor-
man einen RS Camaro, Baujahr 1970, den er selbst und mit großer
Hingabe aufmotzte. Wobei seine wahre Leidenschaft nicht so sehr dem
Wagen selbst galt, sondern der Stereoanlage, die er spazieren fuhr. Er

baute die Rücksitze komplett aus, damit er Platz bekam für einen 2000-Watt-Verstärker und seine Batterie von sechsunddreißig Lautsprechern: Er hatte zwei mächtige 18-Zoll-Subwoofer, drei 16-Zöller, vier 12-Zöller, alle möglichen kleineren Lautsprecher und noch ein Dutzend Hochtöner. Insgesamt hat er bestimmt 14 000 Dollar in seine Krawallmaschine investiert; und damit kurvte er durch die Straßen in unserem Viertel. Man konnte ihn meilenweit hören. Man darf nicht vergessen: Das war in den Achtzigern, damals waren potente Hi-Fi-Anlagen im Auto das Coolste, was man haben konnte. Norman führte seine Konstruktion sogar auf Wettbewerben wie dem Northwest Auto Sound Contest vor – wo er einmal den zweiten Platz holte. Der einzige Wagen, der noch vor ihm lag, war ein Chevrolet Blazer mit einer 6000-Watt-Anlage; die Karre gehörte einem Drogenhändler. Norman hat sich seinen Traum natürlich mit ehrlicher Arbeit verdient. Ihm ging es gar nicht darum, ein schickes Auto zu haben oder eine großartige Musikanlage – für ihn war es vielmehr eine regelrechte Obsession. Wenn er sich ein solches Projekt vornahm, konnte er nicht mehr loslassen, bis er die absolute Perfektion erreicht hatte.

Mit neunzehn hatte er eine feste Freundin. Sie stellte ihn vor die Wahl: entweder das Schiff oder die Beziehung. Er entschied sich für das Mädchen und einen festen Job an Land. Er hatte schon oft genug gesehen, wie Familien auseinandergingen, und es war ihm bewusst, dass die Fischerei Gift für eine Partnerschaft war. Er wollte sie nicht verlieren, er wünschte sich ein normales Familienleben.

Norman schrieb sich im Shoreline College ein und machte einen Abschluss als Automechaniker. Unser Vater war unglaublich stolz – Norman war der Erste in der Familie, der den Abschluss an einer weiterführenden Schule geschafft hatte. Und wenn ich es richtig sehe, ist er bislang auch der Einzige.

Norman war einer der Besten in seinem Jahrgang, gleich nach der Abschlussfeier rief sein Ausbilder bei Bellevue Toyota an und sagte den Leuten, dass er einen super Typen für die Ölwechselstation habe. Nor-

man fing also beim Schmieröl an und arbeitete sich Stück für Stück
weiter hoch.

Mit der Beziehung hat es trotzdem nicht geklappt, wenig später trennte er sich von seiner Freundin. Einer seiner Kollegen redete ständig davon, dass er rauswollte aus der Stadt, am liebsten aufs Land, in den Osten des Bundesstaates Washington zum Beispiel, wo man reiten und jagen und angeln konnte. Wenig später siedelte er tatsächlich nach Yakima um und schwärmte bei seinen Anrufen: »Mensch Norman, du musst das einfach sehen, das Leben ist großartig hier!« Norman fuhr hin, um sich selbst ein Bild zu machen – und hat sich gleich auf den ersten Blick in das Kaff verliebt. Er ließ sich sofort zur Toyota-Werkstatt in Yakima versetzen.

Der Osten von Washington war genau das Richtige für ihn. Norman hasste das Leben in der Großstadt. Mit dem Auto im Stau zu stehen, ist für ihn eine echte Qual. Auch Shoppen kann er nicht ausstehen. »Ich kriege in einem Einkaufszentrum regelrechte Panikattacken«, sagt er. »Wenn ich neue Hosen oder irgendwas brauche, muss ich die Frau eines Kumpels mitnehmen, sonst mache ich gleich am Eingang von dem Laden wieder kehrt.«

Norman lebte draußen im Wald, dreißig Meilen außerhalb der Stadt. Eine Weile hat er sich intensiv mit dem Fliegenfischen beschäftigt, bis er es auch darin zur Perfektion gebracht hatte. Er bastelte sogar seine eigenen bunten Köder. Dann versuchte er sich an der Fasanenjagd, aber das war nichts für ihn. Viel zu hektisch: Hunde, die alles aufscheuchten; Vögel, die panisch aufflogen; die blitzschnelle Entscheidung, ob man es mit einem Männchen oder Weibchen zu tun hat; und dazu die Kumpel, die schon wild drauflosknallten. Also verlegte er sich auf die Gänsejagd, aber dabei langweilte und fror er sich zu Tode. Auch aus seiner Karriere als Entenjäger wurde nichts. Er ballerte fleißig mit – aber die meiste Zeit verbrachte er damit, sich zu ducken und zu verstecken, damit er nicht von den anderen Jägern versehentlich erwischt wurde. Er jagte außerdem Hirsche, Elche, Pumas und Bären. Er fuhr

Geländewagen, lernte Reiten und machte sogar bei Amateur-Rodeos mit. Auch mit Fotografie hat er sich eine Zeit lang beschäftigt. Jedenfalls mühte er sich mehr als zehn Jahre lang, kein Fischer zu sein.

Und dann war da noch der Jüngste in der Familie. Der Typ, der immer das letzte Wort haben muss und sofort einen blöden Spruch ablässt, sobald ich ihm den Rücken zukehre. So ist Edgar. Wie sein Onkel Karl wollte sich auch Edgar nicht mit der Nebenrolle im Schatten des größeren Bruders zufriedengeben. Er hatte immer seine eigenen Vorstellungen, wie es laufen sollte.

Einmal war er gerade vom Schneekrabbenfang zurück und gondelte mit seinem Pick-up durch die Straßen von Seattle, als er im Verkehr einen schwarzen Mustang entdeckte. Das Cabrio in der aufgemotzten Version der Rennsportschmiede Saleen – eine wirklich heiße Kiste mit Überrollbügel und dem ganzen Drum und Dran. Es war Liebe auf den ersten Blick. Edgar war damals zwanzig. Er fuhr sofort zum nächsten Ford-Händler, wo er schnell fand, was er suchte. Dasselbe Auto, nur in Weiß. Wie sich herausstellte, hatte der Wagen zuletzt dem Baseballstar Ken Griffey Junior gehört, aber der war nur etwa dreitausend Meilen damit gefahren.

Edgar war gerade erst aus Alaska eingeflogen. Er hatte einen Vollbart und langes Haar – und stank nach Diesel, Schweiß und vergammeltem Fisch. Für eine Dusche hatte er noch keine Zeit gehabt. Die Leute bei Ford rümpften die Nase, keiner wollte etwas mit diesem Typen zu tun haben, er wirkte wie ein Obdachloser.

Edgar guckte sich den Mustang an und sagte: »Ich würde gerne diesen Wagen kaufen.«

Der Verkäufer gluckste vergnügt: »Klar doch. Wollen wir das nicht alle …«

Für Edgar war es nicht das erste Mal, dass man ihn so behandelte. Er hatte mit dem Fischen angefangen, als er siebzehn war. Er war in der zehnten Klasse, als ihn unser Alter fragte, ob er nicht für den Sommer hoch nach Alaska kommen wollte. Sie brauchten noch einen

Mann. Also sagte Edgar: Klar, ich werde es mal versuchen. Er musste los, bevor das Schuljahr zu Ende war, und die Lehrer gaben ihm noch einen Schwung Hausaufgaben mit, die er unterwegs erledigen sollte. Er packte seine Schulbücher und zog los – er hatte nicht den blassesten Schimmer, worauf er sich eingelassen hatte.

Wir waren gerade mitten in der Schneekrabbensaison. Damals war man noch sechs, sieben Monate am Stück unterwegs, die Fangzeit ging von Januar bis in den August. Edgar stieß also im Juni zu uns. Er hatte im Sommer immer schon geholfen, das Schiff für den nächsten Winter klarzumachen. Reparaturen erledigen, Reusen flicken, Farbe pinseln – das kannte er. Aber er hatte nicht die geringste Ahnung, wie es auf See zuging.

Als er in Dutch Harbor landete, war es für ihn wie eine andere Welt. Niemand hatte ihn darauf vorbereitet oder ihm auch nur gesagt, was er an Ausrüstung mitbringen sollte. Er hatte weder Handschuhe noch Regenzeug oder warme Sweatshirts.

»In unserer Familie regierte liebevolle Strenge«, sagt Edgar dazu. »Umarmungen und Küsschen gab's da nicht. Es ging immer nur um Respekt, den man sich erst verdienen musste. So, wie ich damals drauf war, stand ich da noch bei null.«

Es war für ihn ein echter Kulturschock. Den ganzen Tag wurde er rumkommandiert: *Tu dies, mach das! Und schlepp erst mal den Köder an Bord!* Außer uns waren noch vier Männer an Bord, alles erfahrene, ältere Leute. Brad Parker, Pete Evanson, Nick Balahoski und Mark Peterson. Erstklassige Fischer, die Besten der Besten.

»Ich war nur für den Köder zuständig«, erinnert sich Edgar. »Aber ich war total überfordert. Ich war es gewohnt, ein bisschen mit meinem Auto rumzukurven oder zu Hause zu sitzen, um Videospiele zu spielen und mit meinen Kumpels zu saufen.«

Es war wirklich schlimm. Als wir den Hafen endlich hinter uns gelassen hatten, wurde er seekrank. Drei Tage lang kam er nicht aus seiner Koje. Das kommt bei Anfängern schon mal vor, dass sie seekrank werden, damit rechnet jeder Skipper. Aber normalerweise versuchen die Typen wenigstens, zur Arbeit an Deck zu erscheinen. »Ich war einfach zu faul«, sagt Edgar. »Und ich wusste nicht, was sie von mir wollten. Ich bekam hundert Dollar am Tag – und blieb einfach liegen.«

Drei Tage lang schaukelten wir ihn in seiner Koje übers Meer und er kapierte es immer noch nicht. Die Crew war an Deck und sortierte Krabben, als ich es nicht mehr länger ertragen konnte. Ich stürmte runter in seine Kabine. »Schluss mit dem Scheiß«, verkündete ich. »Du bist wieder fit.« Ich packte ihn bei den Haaren und zog ihn aus seiner Koje. »Raus mit dir und an die Arbeit. Du wirst dich besser fühlen, das verspreche ich dir.«

Endlich raffte sich Edgar auf und zog sich an. Mehr als Jeans und ein T-Shirt hatte er allerdings nicht, Ölzeug musste er sich erst ausleihen. Als er an Deck stand, war er immer noch ein Haufen Elend. Er sollte den Köder fertig machen. Für jeden Pot eine Ladung mit klein geschnittenem Fisch und zusätzlich einen Fisch am Stück. »Aber ich war absolut nutzlos«, sagt er. »Ich konnte mich einfach nicht zusammenreißen. Nach einer Woche war ich immer noch seekrank und am Kotzen. Es ging immer weiter. Die anderen Typen guckten mich an und dachten: *Das soll der Sohn unseres Skippers sein? Was fangen wir denn bloß mit dem an?*

Nach zwei Monaten lief es immer noch nicht besser. »Jeden Tag irgendeine neue Katastrophe, so fühlte sich das an«, sagt Edgar. »Saumäßiges Wetter. Schlechte Krabben. Oder überhaupt keine. Dann lief es zur Abwechslung wieder richtig schlecht. Und dann kam irgendwann ein Punkt, wo ich mit meinem Tagessatz mehr Geld verdiente als der Rest der Crew mit ihrem Gewinnanteil, was die Typen richtig wütend machte. Denn ich war das Geld wirklich nicht wert. Ich war immer zu langsam, bei jedem Pot. Und ich war faul. Keine Arbeitsmoral.«

Irgendwie stand er den Sommer durch. Als er nach Hause kam, fragte ihn unser Alter: »Und, was meinst du? Wie war's?«

»Ich habe es gehasst.«

Unser Vater lachte nur. »Beim nächsten Mal wird es dir schon leichterfallen«, sagte er. Für Sverre wäre es kein Problem gewesen, wenn Edgar nicht Fischer geworden wäre. Aber er wollte schon sehen, was in seinen Söhnen steckte.

Eine Sache hatte Edgar in diesem Sommer tatsächlich geschafft: die Hausaufgaben, die ihm die weiterführende Highschool mitgegeben hatte. Er hat alles erledigt und rechtzeitig abgegeben.

»Wann geht es los?«, fragte er den Rektor.

Der Typ schaute Edgar nur einmal kurz an und sagte: »Tut mir leid, wir haben keinen Platz mehr für dich.«

»Wie bitte?«

Es hatten sich mehr Schüler angemeldet, als die Schule aufnehmen konnte, erklärte der Rektor. Der Lohnscheck, den Edgar gerade bekommen hatte, war zwar nicht unbedingt üppig ausgefallen, aber er hatte gesehen, wie viel die Fischer von der *Northwestern* verdienten, die einen vollen Anteil am Fang ausbezahlt bekamen. »Also sagte ich: Alles klar. Und scheiß drauf. Wozu brauche ich die Schule?«

Ein paar Monate vergingen, dann heuerte er wieder als Fischer an. Es blieb ihm auch nichts anderes übrig. Er hätte natürlich auf eine Berufsfachschule gehen können, um noch einen Abschluss zu machen, aber er dachte sich: *Erst gehst du auf die Highschool, um dir den Schein zu holen, damit du dir auf der Universität noch ein tolles Zeugnis abholen kannst, mit dem du dann hoffentlich einen Job findest, mit dem sich gutes Geld verdienen lässt. Warum noch diesen Umweg nehmen? Da gehe ich lieber gleich dahin, wo ich richtig Kohle bekomme. Dazu braucht es kein Superhirn, sondern Kraft und Durchhaltevermögen, mehr nicht.*

So heuerte Edgar erneut auf der *Northwestern* an. »Es war wieder dasselbe Elend, ich hasste jede Minute. Manchmal lag ich in meiner Koje und heulte, bis ich einschlief. Ich war so fertig, jeder Knochen im Leib tat mir weh. Meine Hände waren wie gelähmt, meine Finger aufgerissen und blutig. Es war eine Qual, ich fragte mich immer wieder, was ich da bloß verloren hatte. Aber wenn ich mich nach Saisonende erst mal ein paar Tage zu Hause erholt hatte, dachte ich schon: *Weißt du was? So schlimm war es jetzt auch wieder nicht.*

»Wir haben den Wahnsinn im Blut«, sagt Edgar. »Es hat nur etwas länger gedauert, bis er bei mir zum Ausbruch gekommen ist.«

Nach einem Jahr Maloche stand er allerdings immer noch am Sortiertisch und verdiente nur die Hälfte von dem, was die anderen bekamen − obwohl der Kahn seinem Alten gehörte. Er ließ es immer noch langsam angehen. Ein Ellbogen auf den Tisch gestützt, sortierte er mit einer Hand die Krabben, immer schön gemütlich eine nach der anderen. »Mehr anstrengen wollte ich mich nicht, eine Hand musste genügen«, sagt Edgar. »Aber dann bekomme ich plötzlich etwas an den Kopf geknallt, richtig heftig. Eine verdammte Krabbe! Als ich hochgucke, starren mich die anderen vier mit diesem teuflisch bösen Blick an. Pete Evanson hatte mir fast mit einer verdammten Krabbe den Schädel eingeschlagen.«

»Du hast zwei Hände«, schimpfte Pete. »Sind beide nicht gebrochen. Also pack an!«

Edgar zog seinen Kopf ein und die Tränen kullerten ihm übers Gesicht. Er fing wieder an, Krabben zu sortieren. Doch nach diesem Zwischenfall dauerte es nicht mehr lange und er fand endlich die richtige Einstellung zum Job.

»Irgendwas hat klick gemacht in diesem Moment. Ich kann nicht genau sagen, wann und wie das passiert ist. Doch als ich das nächste Mal zu Hause saß, merkte ich plötzlich, wie sehr ich den Job vermisste. Als ich danach wieder an Bord kam, war ich wie ausgewechselt. Ich war wild entschlossen, mein Bestes zu geben. Ich saugte alles auf, was ich von den erfahrenen Leuten lernen konnte. Mir war klar, dass es genau dieser Job war, den ich für den Rest meines Lebens machen würde.«

Edgar schuftete jetzt, so hart er konnte − und er gab sein Geld mit vollen Händen wieder aus. Wenn er sich wie ein normaler Mensch benommen hätte, meint Edgar, dann wäre er jetzt vielleicht stolzer Besitzer von vier oder fünf Häusern. »Aber ich verprasste alles. Für Alkohol, für Drogen und den ganzen Quatsch.«

Es kam schon mal vor, dass sie Reparaturen erledigten, Reusen flickten, irgendwas. Und einer aus der Crew sagte: »Wer kommt mit nach Mexiko?«

»Klar doch, warum nicht?«

Ein Anruf, die Tickets gebucht – und zack! Schon ging's los nach Cancun, wo sie mal eben fünf Riesen auf den Kopf hauten.

Wir waren eine verschworene kleine Gemeinschaft, die im Verborgenen wirtschaftete. Niemand hatte einen Schimmer, wie viel Geld wir verdienten. Niemand wusste allerdings auch, wie hart wir dafür schuften müssen. Nur in den Kneipen konnten sie es sich zusammenreimen. Wenn die Fischer reinkamen, liefen die ganz großen Rechnungen auf. Die Fischer gaben ein unglaubliches Geld aus – und sie spendierten immer riesige Trinkgelder. Die Kneipen lebten eigentlich nur von den Fischern.

Einmal lag die *Northwestern* in Dutch Harbor und Edgar wollte unbedingt Gitarre spielen. Er zog von einem Schiff zum anderen, um ein Instrument aufzutreiben, das er kaufen und auf den nächsten Törn mitnehmen konnte. Aber niemand hatte so ein Ding an Bord. Edgar gab nicht auf und fand schließlich auf einem großen russischen Frachter einen Matrosen, der eine simple Klampfe hatte. Wert: vielleicht fünfzig Dollar. Edgar blätterte siebenhundert in bar auf den Tisch.

Auch bei den Steuern fehlte ihm der Durchblick. Wir wurden einmal im Jahr bezahlt – und dann war ein Batzen von dreißig Prozent fällig. Bei ihm waren das zwischen 30 000 und 45 000 Dollar, die er an Steuern blechen musste. Er hatte nichts, was er absetzen konnte, und wusste auch gar nicht, wie das funktionierte. Wenn der Stichtag für die Steuerzahlung kam, war er meistens schon blank. »Mir blieb nichts anderes übrig, als mir vom Alten einen Vorschuss auf die nächste Fangsaison zu holen.«

In einem Jahr lief es besonders gut und wir machten einen echten Reibach mit den Königskrabben. Weihnachten war vorbei, mit dem Januar ging es auf die nächste Fangsaison zu – und die »Opies«. In ein paar Tagen sollten wir auslaufen. Edgar hatte 50 000 Dollar auf der hohen Kante. Und dann saß er bei einem Kumpel zu Hause auf dem Sofa und kam plötzlich auf die Schnapsidee, doch noch seinen Highschool-Abschluss nachzuholen.

»Opies« sagen wir zu den Schneekrabben, die wir im Januar fangen. Ihr wissenschaftlicher Name lautet: Chionoecetes opilio. Sie sind kleiner als die Königskrabben – aber bei Feinschmeckern genauso beliebt.

Nur musste er erst unseren Vater anrufen und ihm beibringen, dass er nicht mitkommen würde. »Ich hatte wirklich Schiss vor diesem Anruf«, sagt Edgar. »Es war der zweitschwierigste Anruf, den ich je machen musste.«

Als er unseren Vater an der Strippe hatte, war es gar nicht so schlimm. »Wenn du meinst, dass du das tun musst – nur zu«, sagte er.

Edgar blieb also in Seattle. Nur dass er bis Ende des Monats noch nicht bei der Schule erschienen war und sein Geld verprasst hatte. »Wein, Weiber und Gesang haben dabei eine nicht unwesentliche Rolle gespielt«, räumt er ein. »Ich war jedenfalls völlig pleite. Dazu die nächsten Raten für mein Auto, die Miete, und Steuern waren auch noch fällig. Der nächste Anruf war dann wirklich der schwerste in meinem Leben. Ich musste unserem Alten beichten, dass ich doch nicht zur Schule gegangen war und außerdem dringend Geld leihen oder meinen alten Job wiederhaben musste. Vielleicht wäre es leichter gewesen, bei der Bank ein Darlehen aufzunehmen. Ihn fragen zu müssen, war schon sehr peinlich. Ein Blick vom ihm reichte, damit ich mich so richtig mickrig fühlte. Er konnte wirklich ein furchteinflößender Mann sein.«

Doch selbst nach diesen Eskapaden wurde unser Vater nicht richtig sauer. Er gab Edgar seinen Job zurück, und sein Jüngster flog nach Dutch Harbor und kam für den Rest der Opiesaison an Bord. Außerdem lieh er Edgar das Geld für die Steuern – wofür er dieses Mal allerdings Zinsen verlangte.

Als er von diesem Törn zurückkam, entdeckte Edgar den coolen Mustang. Er hatte gerade seinen Lohnscheck eingelöst und kam direkt von der Bank bei dem Ford-Händler vorbei – ungewaschen und unrasiert, so wie er von Bord gegangen war.

»Wirklich«, sagte Edgar also. »Ich will den Wagen kaufen. Und zwar jetzt sofort.«

»Schon gut. Wir haben noch ein paar schöne Gebrauchtwagen hinten auf dem Hof.«

»Ich meine es ernst.«

Also zog er ein Bündel Scheine aus der Tasche und blätterte zwanzig Riesen auf den Tisch.

»Sie haben mich offenbar nicht richtig verstanden. Ich möchte heute mit diesem Wagen nach Hause fahren. Ich bitte Sie, meinen Aufzug zu entschuldigen, aber ich gehöre tatsächlich der menschlichen Rasse an. Und ich habe das Geld.«

»Ich will sehen, was ich für Sie tun kann, mein Freund«, sagte der Verkäufer, der sich nun plötzlich für seinen Kunden zu interessieren begann. »Ich werde mal unseren Geschäftsführer fragen, wie schnell wir das hinbekommen.«

»Hauptsache, wir kriegen die Unterschriften schnell auf den Vertrag«, sagte Edgar. »Ich hab es nämlich eilig, nach Hause zu kommen.«

Ballard,

⋆ ⋆ ⋆

AMERIKA

KAPITEL

3

K apitän Sverre kletterte die Leiter hoch und brüllte, so laut er konnte, um seine Crew zu wecken. Zwei Matrosen kamen ihm entgegengestolpert, sie trugen nur ihre Latzhosen, T-Shirts und ihre Schlappen. Zu dritt stürzten sie raus aufs Deck, um den Schlauch von der Trommel zu rollen. Der arktische Wind heulte, aber mit dem Adrenalin, das jetzt durch ihre Körper pumpte, spürten sie die Kälte nicht. Sverre war klar, dass ihnen nur wenige Minuten blieben, um das Feuer unter Kontrolle zu bringen. Das alte, dieselgetränkte Holzschiff war wie ein Pulverfass.

Die Männer gaben ein komisches Bild ab: Sie zerrten am Schlauch wie professionelle Feuerwehrleute – und trugen an den Füßen nur ihre Pantoffeln. Aber was blieb ihnen anderes übrig? Das Schiff ächzte mit jeder Welle, die überkam und die Männer mit eisigem Seewasser durchnässte.

Wie zum Teufel sollten sie diesen Brand bekämpfen? Unter Deck zur Maschine kamen sie nicht mehr, da stand schon alles in Flammen. Und ihr Schlauch war die Standardausführung für den Einsatz auf einem Trawler, aus schwarzem Gummi und etwas dicker als ein normaler Gartenschlauch. Er war dafür gedacht, den Sortiertisch und anderes Gerät abzuspülen – und nicht um Feuer zu löschen.

Aber Sverre hatte eine Idee: Außen am Deckshaus war eine Reihe von Entlüftungsklappen, die Schächte dahinter führten direkt in den Maschinenraum.

»Laufen die Pumpen?«, brüllte er.

»Ja, arbeiten einwandfrei«, erwiderte Krist.

»Halt mal eine der Klappen auf«, befahl Sverre. Die Männer öffneten einen der Deckel über den Belüftungsrohren und ihr Kapitän schob den Schlauch hinein. Eine echte Verzweiflungstat, denn wenn es ihnen so nicht gelang, das Feuer zu stoppen, dann hatten sie damit den Maschinenraum geflutet und vielleicht sogar das Schiff versenkt. Plötzlich gab es für die vier Männer nichts mehr zu tun, als auf den Schlauch zu starren, der vor ihnen im Belüftungsschacht verschwand. Ob das funktionierte? Sie konnten das Feuer selbst nicht sehen und deshalb auch nicht feststellen, ob ihr Plan aufging. Ihre Lage sah jetzt so aus: Das Schiff war ohne Hydraulik steuerlos, die Brücke verlassen. Ihr Kahn war ein Spielball der Elemente. Sie schlingerten seitwärts die Wellen hoch und kippten über den Kamm ins nächste Tal. Dazu heulte der Wind.

Schließlich zog Sverre den Schlauch heraus und versuchte, in den Schacht zu schielen. Keine Flammen, kein Rauch. Ging es wirklich so einfach? *Das ist doch zu schön, um wahr zu sein*, dachte Sverre. Über die Alternative wollte er lieber gar nicht erst nachdenken.

»Nächste Klappe auf!«, rief er.

Kris hob den Deckel über dem Schacht an – und eine heiße Flamme züngelte ihm entgegen.

»Schnell, her mit dem Schlauch!«, brüllte er. Die Männer zerrten ihn rüber zu Kris und stopften den Schlauch in das glühend heiße Belüftungsrohr. Wieder konnten sie nichts tun außer warten, während ihnen die verschwitzten Hemden auf den Rücken gefroren. Kaum hatten sie eine Flamme gelöscht, fauchte das Feuer aus dem nächsten Schacht. Der Wind tat das Seine, um den Brand weiter anzufachen.

Für solche Spielereien hatten sie jetzt keine Zeit. Sverre ließ den Gedanken zu, den er eben noch erfolgreich verdrängt hatte. Unter Deck standen auch die Batterien der *Foremost*. Jede war wie eine kleine Granate, die jederzeit hochgehen konnte. Dann hatten sie zum Schweißen Sauerstoff in Flaschen an Bord, der sich ebenfalls entzünden und explodieren konnte. Und nicht zuletzt schwappten noch ein paar Tausend Liter Diesel in den Tanks. Das Feuer nicht unter Kontrolle zu bekommen, war keine Option, das wusste Sverre. Seine *Foremost* war eine schwimmende Zeitbombe.

1987 hatte ich endlich die Highschool geschafft. Jetzt wollte ich nur noch eines: fischen. Kurz vor Beginn der Fangsaison luden wir in Ballard die Reusen aufs Schiff. Wir brachten sie auf einem Sattelschlepper zum Hafen, in drei Lagen gestapelt. Wir rangierten den Laster rückwärts an unser Schiff und hievten die Pots dann mit dem eigenen Kran an Bord. Ich kletterte nach oben auf den Stapel, um den obersten Pot in den Kranhaken einzuhängen. Leider ragten die Käfige zur Hälfte über die Ladefläche des Lastwagens hinaus; als der Fahrer den Spanngurt löste, kam die Ladung unter mir ins Kippen. Ich versuchte noch, auf den nächsten Stapel zu hechten, aber im Sprung erwischte mich eine der kippenden Kisten und wirbelte mich herum. Statt auf dem anderen Stapel zu landen, krachte ich erst auf die Ladefläche des Sattelschleppers und von da aus auf den Boden. Die großen, schweren Stahlkäfige polterten unkontrolliert auf die Straße, und einer fiel auch noch auf mich drauf. Ich schlug mir den Schädel auf und brach mir einen Knöchel. Damit war die Saison für mich gelaufen.

Kaum konnte ich wieder halbwegs laufen, machte ich mich auf den Weg nach Alaska. Ich hatte in der Highschool eine Freundin gehabt, aber sobald ich das Ticket nach Dutch Harbor in der Tasche hatte, machte ich Schluss mit ihr. Ich wollte einfach nur los zum Fischen – und bekam endlich, wonach ich mich so lange gesehnt hatte: einen regulären Job an Deck der *Northwestern*, der mit einen vollen Anteil an den Erlösen bezahlt wurde. Wir waren neun bis elf Monate im Jahr unterwegs. Es ging los in den Gewässern von Nome mit den Roten Krabben; dann weiter nach St. Matthew für die Saison der Blaukrabben, die ich seit meiner ersten Reise mit der *Northwestern* immer noch am liebsten mochte. Danach nahmen wir Kurs auf die Beringsee, um Königskrabben zu fangen. Manchmal schipperten wir danach noch weiter nach Westen, um vor Adak Island nach Braunen Königskrabben zu suchen. Im Januar mussten wir zurück nach Dutch Harbor, um uns auf die Opiliosaison vorzubereiten.

Außerdem lernte ich auf diesen Fangreisen ein paar Typen kennen, die meine besten Freunde werden sollten. Zu den Söhnen der Fischer, mit denen wir aufgewachsen waren, kamen noch ein paar Leute aus der weiteren Nachbarschaft dazu. Mark Peterson zum Beispiel, der mit Norman und mir zusammen auf die Highschool gegangen war. »Ich kam aus einem Arbeiterviertel in Massachusetts«, erinnert er sich. »Sehr einfache Verhältnisse, wir mussten uns mit zwei anderen Familien ein Haus teilen. Als sich meine Eltern scheiden ließen, zogen wir nach Seattle um. Ich konnte es nicht fassen, dass die Kids hier alle mit aufgemotzten Schlitten rumfuhren, und dachte schon: *Was für ein Haufen verwöhnter Idioten.* Bis ich herausfand, dass sie ihr Geld mit Fischen verdienten. *Mit Fischen? Was soll das heißen? Wer fischt was?* Sie erzählten mir, dass sie im Sommer nach Alaska gingen und bei den Fischern malochten. Erst fingen sie Lachse und dann fuhren sie sogar auf den Krabbenfängern mit. Jedenfalls machten sie dabei so viel Kohle, dass sie sich zu Hause diese coolen Karren kaufen konnten. Und da dachte ich mir: *Da musst du auch irgendwie rankommen.*«

Peterson fragte Norman: »Sucht dein Vater Leute?«

»Keine Ahnung«, erwiderte Norman. »Frag ihn doch selbst.«

So kam es dann. Jedes Mal, wenn Peterson bei uns zu Hause vorbeikam, machte er sich erst mal auf die Suche nach Sverre. Und fragte ihn. Jedes Mal.

»Brauchst du Leute?«

»Nein.«

Ende der Durchsage.

Peterson fragte weiter, unverdrossen. Bis wir ihn schließlich anheuerten, uns im Hafen von Ballard beim Rostklopfen und Lackieren zu helfen. Oder ein anderes Mal ging er uns zur Hand, als wir eine neue Waschmaschine einbauten. Solche Jobs eben. »Sie haben mir schwarz zehn Dollar dafür bezahlt«, sagt Mark. »Das war natürlich klasse. Denn bis dahin hatte ich nur an der Tankstelle ausgeholfen, wo ich genau 3,35 Dollar pro Stunde bekam.« Peterson war ein starker Kerl, kompakt gebaut wie ein Ringer. Er fragte weiter nach einem Job in der Crew, aber damals, in den goldenen Tagen der Krabbenfischerei, musste schon jemand sterben, bevor ein Platz auf einem Schiff frei wurde.

Also ging Peterson nach dem Abschluss an der Highschool erst einmal zur Armee. Machte die Grundausbildung und verpflichtete sich für die Reserve. Dann war er Weihnachten wieder zu Hause und schrieb sich in der Berufsfachschule ein, um die Fachhochschulreife nachzuholen. Sein Geld verdiente er wieder an der Tankstelle. Bis ich an einem Freitag bei ihm vorbeikam.

»Hey Peterson, willst du immer noch mit uns fischen gehen?«

»Wann?«, fragte er nur.

»Montag geht's los.«

»Yeah.«

Peterson kündigte seinen Job, rief die Schule an und legte sein Stipendium erst einmal auf Eis. Mit Norman fuhr er noch am selben Tag zum Schiffsausrüster in Seattle und kaufte einen Stapel warmer Sweatshirts, Ölzeug und alles, was man sonst so an Bord braucht. Er war bereit, fischen zu gehen.

Als ich anfing, hauptberuflich auf dem Schiff meines Vaters zu arbeiten, war er kaum noch als Skipper an Bord. Er dirigierte sein Geschäft inzwischen lieber als Manager von Seattle aus. Seinen Posten auf der Brücke der *Northwestern* übernahm Tormod Kristensen, und von ihm haben meine Brüder und ich im Prinzip die Grundlagen der Fischerei gelernt. Er war ein großartiger Kapitän und für uns ein wichtiger Mentor. Er war etwa zur gleichen Zeit Kapitän auf der *Sea Star* geworden wie unser Vater auf der *Foremost* und hat im Laufe der Jahre erfolgreich auf allen möglichen Schiffen gearbeitet.

Wenn Tormod als Kapitän an Bord war, bekamen wir alle genug Schlaf – denn von Mitternacht bis sechs Uhr morgens war Nachtruhe. »Wer nicht genug Schlaf kriegt, macht Fehler bei der Arbeit und gefährdet unsere Sicherheit«, war Tormods Devise. Während dieser Ruhezeit musste nur einer von uns Wache gehen, eine Stunde und fünfzehn Minuten, dann kam die Ablösung. »Das funktionierte perfekt«, erinnert sich Mark Peterson. »Und wir fingen trotzdem mehr als alle anderen.« Morgens hörten wir, wie der Skipper die Treppe runterkam und das Licht einschaltete. »Also dann, ein paar Meilen noch«, sagte er jedes Mal, bevor er wieder zur Brücke hochstieg, ganz leise, als wollte er uns nicht unsanft wecken. Was er damit sagen wollte: Ihr habt jetzt noch eine halbe Stunde, um aufzustehen und zu frühstücken. Dann will ich euch an Deck sehen. Wenn einer das nicht schaffte, wurde er sauer – aber nie so wütend, dass er uns anbrüllte.

Er war eben eher der leise und ruhige Typ, was zum einen daran lag, dass er sich mit der englischen Sprache nie richtig anfreunden konnte. Vor allem aber war er Norweger, also von Geburt zurückhaltend. Wenn einer von uns kochen musste und das Ergebnis eher kläglich war, sagte er nur: »Das ist nicht so, wie meine Frau es machen würde.«

Tormod verstand vom Wetter mehr als jeder Wetterdienst. Bei ihm genügte ein Blick auf das Barometer: »Ja, das gibt Wind.« Und es stimmte jedes Mal.

Ich kann mich nur an einige Begebenheit erinnern, wo Tormod wirklich vor Wut kochte. Er liebte Seevögel. Und als er uns dabei erwischte, wie wir Möwen fingen, um sie als Köder zu verwenden, ist er regelrecht ausgerastet. »Gott verdammt! Wenn ich das noch einmal sehe, schmeiße ich euch alle raus!«

Tormod gab nie an mit seinem Erfolg, aber er war tatsächlich einer der besten Fischer überhaupt – einer, der immer mit einem guten Fang wieder reinkam. Mein Alter hat einmal seinen Freunden in der Kneipe erklärt, wie er das Deck der *Northwestern* umgerüstet hat, damit er noch mehr Reusen laden konnte. »Es kommt nicht darauf an, wie viele Pots man rauszieht«, sagte Tormod leise und mit einem Lächeln. »Wichtiger ist doch, wie viele Krabben du im Kasten hast.«

Wir gaben alles für Tormod, wir schufteten so hart, dass unsere Hände am Ende der Schicht zu Klauen verkrampften. Wir bekamen sie einfach nicht mehr gestreckt. Wir waren so fertig, dass wir nicht einmal mehr die Krabben abschütteln konnten, wenn sie sich an unseren Ärmeln festkrallten. Bevor wir in die Koje stiegen, schmierten wir unsere Hände dick mit Salbe ein. Wenn wir vor Schmerzen wieder aufwachten, schluckten wir Ibuprofen. In der Opiesaison arbeiteten wir sechs Monate am Stück, ohne ein einziges Mal zwischendurch nach Hause zu fahren.

Wir waren dauernd unbeschreiblich müde. Wer nachts Ruderwache ging, schlief oft mit offenen Augen. Wir nannten das die Schlafwache. Unsere Augen fühlten sich an wie Sandpapier, als würden sie brennen. Ich kann mich daran erinnern, wie ich mit offenen Augen träumte. Einmal dachte ich in einem solchen Wachtraum, ich wäre an Bord eines Schiffs namens *North Command*. Ich starrte auf den Radarschirm und erkannte zwei Punkte. Aber als ich dann aus dem Fenster sah, kam es mir vor, als würden Hunderte Lichtpunkte auf uns zukommen. Mit einem Ruck war ich wach, weil ich dachte, da draußen seien jetzt fünfzig Schiffe. Aber es waren eben nur Halluzinationen, Erscheinungen meiner absoluten Erschöpfung.

Wir stellten allen möglichen Blödsinn an, um Zeit totzuschlagen und die Monotonie der Arbeit aufzubrechen. So erfanden wir auch das »Nerv-Spiel«. Wir verbündeten uns gegen einen in der Crew und probierten aus, wie weit wir ihn provozieren konnten, wo sein empfindlicher Punkt war, wie man ihn zum Ausrasten bringen konnte. Wir schikanierten uns gegenseitig, bloß um die Langeweile zu vertreiben. Wenn wir Norman als Ziel unserer Attacken auserkoren hatten, mussten wir nur auf sein Essen pusten – und er drehte durch. Er fand das jedes Mal total eklig und schob seinen Teller weg, ohne noch einen einzigen Bissen zu essen. Als Peterson neu an Bord war, sagte er immer: »Es gibt nichts, mit dem ihr mich quälen könnt, das mein Ausbilder bei der Armee nicht auch schon versucht hat.« Johan und ich beschlossen, ihn zu frosten. Wir sperrten ihn im Kühlraum ein, um zu testen, wie lange er es bei den Minusgraden aushielt. Um nicht einzufrieren, machte Peterson Liegestütze und Klimmzüge – was uns schwer beeindruckte.

Manchmal gingen die Jungs auch auf mich los. Einmal musste ich die Leine mit dem Haken werfen, um die Markierungsbojen einzufangen. Ich schwang also mein Seil – und als ich gerade loslassen wollte, um den Haken zu werfen, trat Johan von hinten auf die Leine. Der Haken plumpste ins Wasser. Ich holte die Leine wieder ein und probierte es noch einmal. Wieder flog der Haken nicht weit genug. Das passierte so oft, dass Tormod den Kahn schließlich sogar wenden musste, weil wir an der Boje vorbeigedampft waren. Bei mir geht sowieso schnell die Sicherung durch – und in diesem Augenblick so richtig. Ich jagte Johan über das ganze Schiff und knallte ihn schließlich gegen die Tür des Köder-Frosters. Aber wir mussten dann doch lachen, selbst als er platt und hilflos unter mir lag. Letztendlich schufteten wir jeden Tag zusammen und waren die besten Freunde und Kumpel, die man sich vorstellen konnte. So war das eben.

Aber es war ein großartiger Sport, sich gegenseitig zu schikanieren. Eines der Lieblingsgerichte an Bord waren die norwegischen Fleischklößchen, die ich regelmäßig für die Crew zubereitete. Sie waren leider so verdammt gut, dass die anderen jede Sekunde nutzten, die ich nicht in der Kombüse war, um sich schon mal ein paar Klöße zu mopsen. Kein Wunder natürlich, sie waren achtzehn Jahre alt und hungrig wie die Hyänen, nur passierte es immer wieder, dass der Kapitän vor einem leeren Teller saß, weil sie alles weggeputzt hatten –

und dann gab er mir die Schuld daran, was mir verständlicherweise
sehr peinlich war. Denn ich war zuständig fürs Kochen, und ich nahm
den Job ernst und war stolz auf meine Kochkünste, die ich mir bei den
älteren Fischern abgeguckt hatte. Die beste Lösung war, dachte ich wenigstens eine Weile, die fertigen Klößchen zu verstecken. Aber das
spornte die Crew nur umso mehr an, sie zu finden. Es gibt lediglich
eine begrenzte Zahl wirklich guter Verstecke für ofenfrische Hackbäll-
chen auf einem Fischtrawler. Ich wickelte sie in Küchenpapier ein und
steckte sie tief in den Herd hinter die Backröhre. Doch die Mistkerle
stöberten meine Klößchen trotzdem auf.

Es war nicht leicht, mich aufzuwecken, wenn wir erst einmal ein
paar Tage ohne regelmäßigen Schlaf unterwegs waren. Wenn ich dran
war mit der Ruderwache, mussten die anderen mir schon auf den Rücken trommeln oder mir ins Ohr brüllen, um mich aus meinen Träu-
men zu wecken, und häufig klappte selbst das nicht. Peterson löste das
Problem einmal, indem er mir sanft ins Ohr flüsterte: »Sig, dein Braten
brennt gerade an.« Noch im Schlaf sprang ich aus der Koje, rannte in
die Kombüse und riss die Ofentür auf.

Kalt und leer.

»Ich mach doch gar keinen Braten«, protestierte ich im Halbschlaf.

»Aber ich hab dich aus dem Bett gekriegt«, erwiderte er. Ich
konnte den Triumph in seiner Stimme hören.

Manchmal allerdings ging es mit der Schikaniererei zu weit, dann
wurde es ein bisschen zu persönlich. Es war wieder so ein Morgen, an
dem mich die Crew einfach nicht aus der Koje kriegte. Also beschlossen sie, die nächste Reihe Reusen eben ohne mich auszubringen. Tormod fragte natürlich, wo ich denn sei, und sie sagten ihm, dass sie
mich nicht brauchten. Ich schlief insgesamt sechs Stunden am Stück.
Als ich aufwachte, wusste ich sofort, dass etwas nicht stimmte. Auf einem Krabbenfänger gibt es nichts Schlimmeres als Leute, die nicht
richtig anpacken, die nicht ihren Anteil der Arbeit erledigen. Ich zog
also schnell mein Ölzeug über und rannte raus auf Deck. Sie hatten tat-

sächlich alle Pots ohne mich ausgelegt, das Deck war leer. Ich konnte es einfach nicht glauben. Die anderen drei starrten mich nur wütend an. Peterson kam einen Schritt auf mich zu. »Ist schon in Ordnung, Sig«, sagte er. »Du musst hier nicht arbeiten. Der Kahn gehört doch deinem Papa.«

Ich schlug ihm direkt eine rein, und dann stürzte er auf mich los, bis die anderen dazwischengingen. Doch selbst solche Kloppereien schweißten uns nur noch enger zusammen, wir waren wie Brüder. Und sind auch heute, zwanzig Jahre später, noch eng befreundet.

Wir wurden damals schnell erwachsen – in einer Welt, in der alle die Taschen voller Geld hatten und fast keine Regeln galten. Und eine wildere Kulisse als die Aleuten kann man sich für diese Phase des Erwachsenwerdens kaum vorstellen. Dutch Harbor hatte noch etwas vom Wilden Westen. Die Straßen waren einfache Schotterpisten, und auch das Zusammenleben auf der Insel konnte gelegentlich ganz schön holprig sein, Schlägereien inklusive. Während der Krabbensaison, die in den Anfangszeiten nur das »Derby« genannt wurde, waren die Fischer erbitterte Konkurrenten. Jeder kämpfte um seinen Anteil an der Beute. In den Tagen vor Beginn der Fangperiode drehte Dutch Harbor völlig durch. An die dreihundert Schiffe drängten sich im Hafen, dreihundert Crews machten sich bereit für das Rennen um das große Geld. Der Elbow Room war jede Nacht brechend voll, der Besitzer hatte zusätzlich Bands angeheuert. Das Verhältnis von Männern zu Frauen lag in diesen Tagen bei zehn zu eins in der Kneipe. Man konnte fast von Glück sprechen, wenn man eine Frau hinter der Theke fand – oder hinter dem Steuer eines Taxis, die einen am Ende der Nacht zurück zum Schiff brachte.

Die Fischer, zum größten Teil erst um die zwanzig Jahre alt, machten tüchtig Kohle. Viele bekamen ihren Anteil in einem Batzen bar ausgezahlt – und vergaßen dann, dass sie auch Uncle Sam einen Anteil schuldeten. Wenn schließlich eine freundliche Erinnerung vom

Finanzamt ins Haus flatterte, heuerten sie fix auf einem neuen Schiff an. Sie wechselten immer häufiger und immer schneller die Jobs, um ihre Spuren zu verwischen und den Finanzbehörden zu entkommen. Aber die meisten erwischte es irgendwann trotzdem.

Alkohol und harte Drogen waren allgegenwärtig; Mitte der Achtziger hieß das vor allem: Kokain. Auch Dutch Harbor war nicht immun gegen das Zeug. Es war einfach überall – man musste nicht einmal groß danach suchen. Die Männer aus der Generation meines Vaters wollten damit nichts zu tun haben, aber die Jüngeren gaben eine Menge Geld dafür aus. Mich persönlich hat es zum Glück nie richtig gepackt. Ich habe gelegentlich mal was ausprobiert, aber im Alter von zweiundzwanzig Jahren bin ich nach einem Rausch morgens aufgewacht und habe mir gedacht: *Das geht so nicht* – und habe den Rest das Klo runtergespült. Das war für mich das Ende der Geschichte.

Drogen und Alkohol waren der Treibstoff vieler Streitereien, es gab dauernd Ärger. Die Leute hörten immer genau hin, wie es auf den anderen Schiffen zuging und wie viel die anderen fingen. Wenn einer es mit der Angeberei überzog, provozierte er den Neid der Kollegen, und prompt gab es eine Keilerei. Die Eskalation war programmiert, es passierte immer wieder.

So um 1980 wurde eine Brücke gebaut, die Unalaska und Dutch Harbor verband. Statt der Barkassen konnte man jetzt reguläre Taxis nehmen. Wobei Taxi eigentlich übertrieben ist, es waren rostige, verdreckte und verqualmte Lieferwagen; die einfache Fahrt von hüben nach drüben kostete drei Dollar.

Das war der gefährlichste Moment eines Landgangs: wenn Männer von verschiedenen Trawlern sich ein Taxi teilten. Kaum waren sie unterwegs, ging es los mit der Prahlerei und den gegenseitigen Beleidigungen. Dann dauerte es nicht lange und die Fäuste flogen. Die Taxifahrerin, meistens eine winzige Lady aus den Philippinen, wusste sich nicht anders zu helfen, als rechts ranzufahren und abzuwarten, bis sich die Typen ausgetobt hatten.

Unter den Unruhestiftern war ein alter Kerl, ein richtiges Monster, den ich immer »Bad Bart« nenne, auch wenn das nicht sein richtiger Name ist. Er hatte strubbeliges Haar und Arme so dick wie Bierfässer. Als ich an einem Abend mit einem Freund im Elbow Room ankam, war er auch da. Wir genehmigten uns ein paar Drinks, und als wir den Laden wieder verlassen wollten, stießen wir beim Rausgehen mit Bad Bart zusammen. Ich dachte mir nichts weiter dabei, aber mein Kumpel geriet regelrecht in Panik. »Er wird dich umbringen. Du hast dich nicht bei ihm entschuldigt für den Rempler.« Er schnappte mich am Arm und zerrte mich nach draußen, wo die Taxis standen. »Nichts wie weg«, sagte er.

Doch plötzlich zwängte sich auch der fiese Bart in das Taxi. Ich bin kein großer Typ, aber Angriff schien mir die beste Verteidigung. Ich krallte mir seine Haare und schlug ihn mit dem Kopf auf den Wagenboden. An dem Abend war ich mit meinen Holzschuhen unterwegs, den »Skipperslippern«, wie wir dazu sagten. Damit trat ich ihn ins Gesicht, und zwar mit voller Wucht. Von draußen griff ein anderer Kerl nach Bart und zerrte ihn aus dem Wagen, um dann selber ins Taxi zu steigen. Wir knallten die Tür zu – und los. Der Typ, der zugestiegen war, wusste, dass ich dringend Hilfe brauchte. Er brachte mich ins UniSea-Hotel. Etwas später fuhren wir zu unserem Schiff. Bad Bart lag tatsächlich auf der Lauer, er hatte sich mit einem großen Schraubenschlüssel bewaffnet und wartete auf mich. Mir blieb also nichts anderes übrig, als ins Hotel zurückzukehren und dort zu warten, bis er sich verzogen hatte. Sagen wir es so: Ich habe mich nach diesem Zwischenfall sehr lange nicht im Elbow Room blicken lassen.

Ein anderes Mal war ein Typ, den wir eigentlich gar nicht richtig kannten, nach dem Gelage in der Kneipe mit uns aufs Schiff gekommen. Kaum an Bord, packte er sein Koks aus, und das passte uns allen überhaupt nicht. Wenn die Crew an Land war, konnte sie anstellen, was sie wollte, aber das Schiff war unsere Insel – da galten norwegische Regeln. Irgendwann war der Kerl so dicht, dass er in der Kombüse auf unseren Herd pisste. Edgar gab ihm einen richtig schönen Tritt in den Arsch – und dann brach ein Höllenspektakel aus. Edgar zerschmetterte eine Flasche auf dem Kopf des Koksers und verpasste ihm mit dem zerbrochenen Glas ein lange Schramme im Gesicht, vom Auge bis zum Kinn. Es sah in der Kombüse aus wie nach einem Massaker, überall war Blut. Am nächsten Morgen stolperte Mark Peterson über den Mantel und die Brieftasche, die der Kerl vergessen hatte. Peterson klapperte alle Schiffe an der Pier ab, bis er den Kokser gefunden hatte. Die Wunde war sauber vernäht, doch der Kerl konnte sich an absolut nichts erinnern. »Hab ich mich wenigstens bis zum letzten Augenblick gewehrt?«, fragte er. Das war alles, was er wissen wollte.

Es kam allerdings oft genug vor, dass ich eine Tracht Prügel bezog. Ich saß in der Kneipe und zog vom Leder, wie toll es bei uns gelaufen war, bis ich eine geklatscht bekam. Einmal ging ich bei dem Schiff an Bord, das direkt neben uns lag, und erzählte wieder so einen richtigen Scheiß. Was für einen miesen Kahn sie hätten, einen schwimmenden Sarg. Meine Kumpel ahnten, wohin die Sache führen würde, und versuchten, mich da rauszuholen. Aber ich dachte gar nicht daran zu gehen. Also verschwanden sie ohne mich. Ich ging der anderen Crew weiter auf die Nerven, bis einer von ihnen mich aufforderte, die Angelegenheit draußen an Land auszutragen. Er war leider viel größer als ich. Es gelang mir zwar, ein paar schöne Treffer zu landen, doch dann erwischte er mich mit einem gewaltigen Schwinger, der mich herumwirbelte und völlig ausknockte. An mehr kann ich mich nicht erinnern. Am nächsten Morgen fanden mich meine Leute auf einem Stapel Paletten, blutig geschlagen, mit einem blauen Auge und einer richtigen Gehirnerschütterung. Dabei hatte ich noch Glück gehabt, dass ich in der Nacht nicht über die Pier ins Wasser gerollt war.

Es ging zu wie im Wilden Westen. Auch die Gesetzeshüter neigten gelegentlich dazu, alle Regeln fahren zu lassen. Je wilder und verrückter die Leute sich benahmen, desto gemeiner und grausamer reagierten die Cops. Ein Freund von mir saß mal in einer Kneipe, als es zu einer Schlägerei kam. Die Polizisten verfrachteten ihn in ihren Streifenwagen und fuhren einen Hügel weiter, wo sie ihm eine ordentliche Abreibung verpassten. Das war ihnen lieber, als Formulare auszufüllen und einen Bericht zu schreiben.

Akutan war vielleicht nicht ganz so wild wie Dutch Harbor, aber dafür galten Gesetze und Regeln dort noch weniger. Auf der gesamten Insel gab es nur einen einzigen Polizisten. Mark Peterson war mal einen Abend zum Billardspielen im Roadhouse. Der Cop von Akutan saß auf einem Barstuhl und nippte an seinem Dosenbier. Mark gewann sein Spiel, und der Typ, den er geschlagen hatte, war so sauer, dass er Mark eine der Kugeln hinterherwarf. Sie zischte haarscharf an seinem Kopf vorbei. Mark schnappte sich den Kerl und verabreichte ihm draußen im Schnee eine Tracht Prügel. Als er wieder reinkam, saß der Polizist immer noch seelenruhig an der Bar. Er guckte nur kurz hoch.

»Hast du ihn erwischt?«

»Ja, und wie.«

»Gut so«, sagte der Cop. Und dann spendierte er den Männern von der *Northwestern* eine Runde. Ausgleichende Gerechtigkeit auf Akutan. Wie Peterson später hörte, ist der Typ, den er vermöbelt hatte, zurück aufs Schiff gegangen, um seine Knarre zu holen. Die Angelegenheit hätte hässlich ausgehen können.

Schön auch die Geschichte, wo der Gesetzeshüter gleich eine komplette Crew einbuchtete, weil sie randaliert hatte. Die Männer landeten allesamt in einer Zelle, die allerdings nur aus klapprigen Holzwänden bestand. Am nächsten Morgen sagten sie sich: »Wir müssen hier raus. Wir sollten längst draußen beim Fischen sein.« Also bauten sie sich in einer Reihe auf wie Footballspieler vor ihrem Quarterback – und rammten eine Wand ihrer Zelle einfach um. Sie rannten runter zur Pier und sprangen auf ihr Schiff. Der Polizist kam ihnen schreiend und zeternd hinterhergelaufen. Aber da war es schon zu spät, die Übeltäter hatten bereits abgelegt. Der Kapitän meldete sich später per Funk bei dem Cop und versicherte ihm: »Ich bring sie dir zurück, wenn wir fertig sind.« Und er hielt Wort. Als der Fang abgeliefert war, übergab er die Männer wieder den Gesetzeshütern – und die Übeltäter saßen ihre Zeit ab.

Bei allem Wildwest-Gehabe und aller großzügigen Auslegung der Gesetze konnten wir auch erste Ansätze erkennen, wie die Regierung künftig für Ordnung in unserer Industrie sorgen wollte. So ziemlich jeder Fischer hat schon mal vor dem offiziellen Beginn der Fangsaison einen Pot ausgelegt, als ersten Test sozusagen, wie die Saison werden würde. Wir nannten das »Prospecting« – wie die Goldsucher wollten wir schon mal forschen, wo die ertragreichen Goldadern lagen. Auch ich habe das schon dreimal so gemacht, obwohl es natürlich illegal ist. Aber es geht eben darum, gleich an der richtigen Stelle loszulegen, sobald der offizielle Startschuss gefallen ist. Um diese Praxis abzustellen, begann die Fischereibehörde in Alaska, vor der Saison auf den Schiffen alle Tanks zu inspizieren, um sicherzugehen, dass sie wirklich komplett leer waren und keiner schon die ersten Krabben gefangen hatte. Sie waren sehr gründlich dabei; die Inspektoren kamen nicht nur in Dutch Harbor an Bord, sondern an allen Stützpunkten der Krabbenfischerei, auch in King Cove, Sand Point und St. Paul. Die Behörde schickte sogar Flugzeuge los, um die Fischer aus der Luft zu überwachen. Sie setzte hochauflösende Kameras ein, um auch aus großer Entfernung zu beobachten und zu dokumentieren, was wir taten. Die Kameras waren so gut, dass man damit dreihundert Meter über einem Schiff Bilder machen konnte, auf denen man später erkennen konnte, welche Zigarettenmarke du an Deck geraucht hast. Wenn die Fischereibehörde ein Schiff entdeckte, das gegen Gesetze verstieß, schritt sie nicht sofort ein, sondern ließ die Crew weiterfischen. Wenn der Kahn dann Krabben im Wert von 100 000 Dollar gefangen hatte, wurde die Strafe auf genau diesen Betrag festgesetzt: 100 000 Dollar. Auch bei einer anderen Regel verhängten die Gesetzeshüter drakonische Strafen: Wenn ein Schiff in den Hafen einlief, zählten die Kontrolleure erst nach, wie viele Krabben die Fischer gefangen hatten.

Dann nahmen sie eine Zufallsprobe von hundert Tieren – wenn nur zwei oder drei kleiner waren als vorgeschrieben, wurde die Crew verknackt und musste eine schmerzhafte Strafe zahlen. Trotzdem waren auch die Behörden nicht gänzlich immun, wenn es um das Vermögen ging, das unsereins verdienen konnte. Einmal brauchte ich dringend einen Termin bei der Küstenwache wegen irgendeiner Prüfung, doch der zuständige Mann vom Amt erklärte mir, dass erst in der Woche darauf wieder etwas frei sei. Nur konnte ich so lange nicht warten, ich musste innerhalb der nächsten drei Tage wieder bei meinem Schiff in Alaska sein. Also knallte ich ihm am nächsten Tag eine Kiste mit frisch gefangenen Krabben auf den Tisch. Ich bekam noch am selben Tag einen Termin.

Wir flogen damals immer mit Reeve Aleutian Airways. Zum Ende der Saison gab es jedes Mal ein regelrechtes Wettrennen um die letzten Plätze in den Maschinen. Alkohol war an Bord strengstens verboten, aber jeder Fischer hatte einen Flachmann in der Jackentasche. Was sollte in der Luft schon passieren? Wenn sie dich erwischten, nahmen sie dir die Flasche eben ab. Manche Fischer sorgten sogar für diesen Fall vor und schmuggelten gleich zwei Flachmänner ins Flugzeug, sicherheitshalber. Wir schleppten außerdem oft kistenweise lebende Krabben mit nach Hause, und manchmal ließen wir die Biester in der Kabine herumkrabbeln, um die Stewardessen zu ärgern.

Ungefähr zu dieser Zeit wurde mir klar, dass viele meiner Freunde von der Highschool auf Fachhochschulen oder sogar zur Uni gingen. Ich überlegte ernsthaft, ob ich das nicht ebenfalls tun sollte, und fragte meinen Vater, was er davon hielt.

»Spinnst du?«, war seine Antwort. »Du machst doch schon richtig Kohle bei uns.«

Achtzehn war ich damals und ich wohnte noch zu Hause. Also ging ich wenigstens mal mit einem Kumpel mit, an einem normalen Tag am College. Ich spazierte überall herum und setzte mich in die Lehrveranstaltungen.

»Wir sollten eine Party machen«, sagte mein Kumpel.

Wir trommelten ein paar Leute zusammen und fielen bei mir zu Hause ein. Meine Eltern waren nicht in der Stadt und wir richteten ein ziemliches Chaos an. Es dauerte nicht lange, bis meine Eltern davon hörten. Es war mein erster und letzter Tag an einem College.

Also blieb ich beim Fischen, es wurde mein Beruf. Mein grundsätzliches Problem in diesem Job war allerdings, dass ich mich nie darauf verlassen wollte, dass die nächste Saison so gut werden würde wie die letzte. Für mich war es jedenfalls nie selbstverständlich, dass es immer gut weitergehen würde. Vielleicht war ich einfach paranoid, aber das Ergebnis war, dass wir jedes Jahr härter und länger arbeiteten als alle anderen Crews. Normalerweise war für die meisten Fischer nach dem Krabbenfang im Herbst erst einmal Schluss. Nur wer eine richtig miese Saison hatte, machte sich die Mühe, im Winter gleich auch noch bei den Adak-Krabben sein Glück zu versuchen. Im Herbst kreuzten an die zweihundertfünfzig Schiffe in der Beringsee, danach blieben selten mehr als siebzig Schiffe draußen. Die meisten Crews scheuten die weite Anfahrt in den Westen. Wir fuhren trotzdem hin. Dasselbe nach der Opiesaison 1986: Alle waren fertig und wollten nur noch nach Hause. Nur wir dampften hoch nach St. Matthew, um noch einmal nach den Blaukrabben zu sehen. Ein sehr lukrativer Umweg, denn wir hatten kaum Konkurrenz und bekamen einen sehr anständigen Preis für unseren Fang. In den Jahren danach waren manchmal bis zu hundertsiebzig Schiffe vor St. Matthew – ein Riesensprung gegenüber den Vorjahren, und das machte sich natürlich bei den Erträgen bemerkbar. Also blieben wieder mehr Schiffe im Hafen. Nur wir waren immer da. Und im Rückblick muss ich sagen, dass ich mächtig stolz darauf bin.

Viele Leute kapieren leider nicht, dass wir nicht dauernd das große Geld machen. Es war nie so, dass wir einfach ein paar Wochen über die Beringsee geschippert und mit Reichtümern beladen nach Hause zurückgekehrt sind. Wir sind jedes Jahr rausgefahren, wir haben jedes

Jahr zehn oder elf Monate lang gefischt, wir haben jede verdammte Krabbensaison geschuftet. Egal ob es ein mageres Jahr war oder ein gutes – wir haben uns immer wieder reingehängt, als wäre es unsere letzte Gelegenheit, Krabben zu fangen. Und das ist der Schlüssel zum Erfolg. Wer auf das schnelle Geld aus ist, hält das nicht durch. Für Glücksritter ist die Krabbenfischerei das falsche Geschäft. Nur wer beständig ackert, wird auch belohnt.

Wenn es gut läuft, schwimmen alle im Geld, das stimmt schon, und deshalb ist es natürlich kein Wunder, dass unser Job auch Typen anzieht, die denken, sie könnten mal so eben absahnen und dann weiterziehen. Klar ist das Geld eine Motivation, doch bei mir ist es immer mehr als das. Für mich ist die Fischerei etwas, das von Generation zu Generation weitergegeben wird. Ich habe es von meinem Vater gelernt, der es von seinem Vater gelernt hat. Für mich ist der Stolz auf diese Tradition noch wichtiger als das Geld.

Unser Vater hat Erstaunliches geleistet, doch er hat es nicht aus eigener Kraft geschafft. Als er nach Seattle übersiedelte, war der Weg schon von anderen norwegischen Auswanderern bereitet, die im Laufe von hundert Jahren eine Gemeinde aufgebaut hatten. Ballard war im Prinzip ihre eigene Stadt, und als mein Vater 1958 ankam, gab es außerhalb Norwegens wahrscheinlich keinen Ort, der so norwegisch war wie Ballard.

Man gab den Norwegern den Spitznamen »Squareheads«, wobei allerdings nicht ganz klar ist, woher dieser Titel stammt. Die freundliche Interpretation des englischen »square« ist »anständig«. Die weniger charmante Übersetzung lautet allerdings »quadratisch, vierkantig«. Die Norweger als Klotzköpfe, nicht besonders helle, spießig.

Die zweite Generation der Einwanderer erfand ihre eigene Sprache, ein Sammelsurium englischer und skandinavischer Wörter, das wir »Ballard-Norwegisch« nannten. Die »Squareheads« waren berüchtigt für ihre Genügsamkeit und ihren Geiz. Wer in Ballard aufwuchs, kann sich bestens daran erinnern, wie man seine Nachmittage damit verbrachte, krumme Nägel wieder gerade zu kloppen, weil der Vater sie irgendwann noch einmal verwenden wollte. Selbst wenn alles gut lief, konnte man die Fischer sehen, wie sie die Ballard Avenue entlanggingen, mit dem Kleingeld in den Taschen klimpernd und nach Diesel und Fisch stinkend. »Ach, ein fürchterliches Jahr«, jammerten sie – und dann stiegen sie in ihren Cadillac und brummten davon.

Genau so ging es in Ballard zu, als mein Vater 1958 auf der Bildfläche erschien. Er hatte gerade erst die norwegische Provinz hinter sich gelassen, er war zwanzig Jahre alt – und hungrig.

Sverre und sein Freund Tormod Kristensen wanderten an den Piers auf und ab. Sie kannten sich schon seit ihrer Kindheit, sie waren zusammen in Karmøy aufgewachsen, zur Schule gegangen und beide Fischer geworden. Tormod hatte wie Sverre Verwandte in Seattle, die ihn erst einmal untergebracht hatten.

Sie liefen an der Schleuse los und folgten dem Kanal in Richtung Osten, wo die Werften lagen. Dann liefen sie die 15th Avenue entlang und querten den Kanal, um zu den Anlegern des Fischereihafens zu gelangen. Sie sprachen kaum Englisch, aber die meisten Fischer waren sowieso »Squareheads«. Trotzdem war es nicht leicht, einen Job zu finden. Denn viele der alten Fahrensleute waren schon ewig dabei und ließen nur ungern Neue in ihren Kreis. Man musste die Leute schon fast umbringen, um an einen Job zu kommen. Obwohl Sverre einen Onkel auf einem Trawler hatte, fand er keine Heuer. Also mühten sich die beiden jungen Seeleute weiter und fragten immer wieder andere Kapitäne, ob es Arbeit für sie gab. Mein Vater hat mir diese Geschichte zigmal erzählt, als ich noch klein war.

»Lass uns Brot kaufen, damit wir etwas zu beißen haben«, sagte Tormod. »Wir haben fast kein Geld mehr.«

»Na und?«, erwiderte Sverre. »Lass uns an der nächsten Ecke lieber eine Flasche Thunderbird kaufen. Uns fällt schon etwas ein.«

Thunderbird ist ein billiger Fusel, mit Zucker verstärkter Wein, der es auf einen Alkoholgehalt von 13 bis 20 Prozent bringt.

Es war zwar gerade erst Mittag, aber Tormod zuckte nur mit den Schultern und sagte: »Klar, warum nicht.« Sie hatten gerade in der Market Street ihre Flasche Wein gekauft und schlenderten wieder in Richtung Kanal, als sie zufällig den Skipper der *Western Flyer* trafen. Bei ihm waren just zwei Männer ausgestiegen, jetzt brauchte er neue Leute.

»Ich kann sofort einspringen«, sagte Sverre, und die beiden bekamen die Heuer. Unser Vater lachte noch Jahre später über diese Anekdote. »Wenn wir uns nicht die Flasche Thunderbird gekauft hätten, wäre ich nie so schnell an einen Job gekommen.« Als ich Tormod einmal fragte, ob er sich an diese Episode erinnern könne, antwortete er mit seinem typischen langen Schweigen. Dann sagte er schließlich: »Kann mich nicht erinnern, dass es so gelaufen ist.«

Aber das macht eigentlich auch nichts. Eine Saga wird vom Vater an den Sohn überliefert. Und selbst wenn mein Alter sie ein wenig ausgeschmückt hat, kann ich sie hier trotzdem erzählen.

Der Kapitän der *Western Flyer* hieß Dan Luketa, und er wurde so etwas wie Sverres Mentor, sein Held war er sowieso. Luketa hatte slowenische Wurzeln und galt unter den Fischern der Flotte in Ballard als harter Hund. Sein Bruder Paul war ein paar Jahre zuvor auf See geblieben.

Dan Luketa konnte Stümper und Faulpelze nicht ertragen und Leerlauf war ihm ein Graus. »Er war ein guter Mann, ein echter Sklaventreiber«, sagt Tormod. »Bei ihm hat man immer gutes Geld verdient.« Damals reichte noch ein Handschlag, es wurde kein Anwalt für eine Abmachung gebraucht, denn bei Luketa galt eine mündliche Verabredung so, als wäre alles notariell beglaubigt und besiegelt. Er hielt Wort, immer.

Luketa hatte dunkles Haar, mächtige Schultern und er kaute ständig auf einer Zigarre. Ohne seine dicken und schweren Brillengläser war er allerdings hilflos, und manchmal brachte er seine hübsche Frau Maxine mit an Bord, damit sie ihm zeigte, was er nicht sehen konnte. Trotz seiner miserablen Sehschärfe war er einer der besten Skipper in der Flotte, einer, der immer die großen Fänge mit nach Hause brachte. So hatte er es zu drei Schiffen gebracht: Ihm gehörten die *Sunbeam*, die *Paul L* und eben die *Western Flyer*. Luketa ging gerne mit seiner Crew einen heben und er führte Maxine zum Tanzen aus. Aber wenn einer am nächsten Morgen nicht pünktlich zur Arbeit erschien, wurde er sofort gefeuert. Regelverstöße akzeptierte er nicht, das war für ihn wie Betrug. Viele Fischer konnten ihn deshalb nicht leiden, sie fanden ihn einfach zu unnachsichtig. Aber er war eine ehrliche Haut, man wusste immer, woran man bei ihm war, er blieb immer fair. Sverre hat das sehr geschätzt, er blickte zu Luketa auf wie ein Sohn zu seinem Vater.

Sverre fing also auf der *Western Flyer* an und Tormod ging auf die *Paul L*. Mit dem Schleppnetz grasten sie die Küste ab und fingen Kabeljau, Rotbarsch, Schollen und Flundern. Außerdem zogen sie mit der Langleine Heilbutt aus dem Pazifik und gelegentlich legten sie ihr Ringwadennetz aus, um Lachse zu fangen.

Die Fischerei in Seattle war zu dieser Zeit ein raues Geschäft. Magne Nes, der Ende der Fünfzigerjahre mit Luketa und Sverre fischte, hatte vorher an der Ostküste gearbeitet. »In New Bedford ging das vergleichsweise zivilisiert zu«, sagt Magne. »Wir nahmen den Fisch ordentlich aus. Wenn er auch nur die kleinste Macke hatte, haben wir nur noch die Hälfte dafür bekommen. Also behandelten wir den Fisch immer besonders gut, nachdem wir ihn ausgeblutet und ausgenommen hatten. Hier in Ballard war Fisch doch nur wie Müll, und so gingen die Leute auch mit ihm um. In New Bedford hatten wir einen Fischereiverband, aber hier war es wirklich wie im Wilden Westen. Es gab keine Organisation, keine Regeln, nichts. Ich kann mich noch erinnern, wie wir mal einen Riesenfang gemacht hatten, es waren bestimmt fünfundzwanzig Tonnen, alles Rotbarsch. Wir haben unseren Kunden über Funk angerufen, um ihm zu melden, was wir gefangen hatten. Aber die Fische waren ihm nicht groß genug. »Nein, kaufen wir nicht«, hörten wir aus dem Funkgerät. Also kippten wir die komplette Ladung über Bord, und das war eine Menge. Der Ozean war rot von unserem Fisch. Und dann mussten wir noch mal los, um größere Fische zu fangen.«

Auch wenn Seattle der Wilde Westen war – Sverre begann Gefallen an seinem neuen Leben zu finden. In seinen Briefen an die Familie zu Hause in Norwegen prahlte er mit dem Geld, das er in Amerika verdiente. Dann lernte er Gitarre spielen und entdeckte seine Liebe zur amerikanischen Musik – besonders gerne hörte er die Country- und Rockabilly-Nummern von Johnny Cash, Hank Snow und George Jones. Sein absoluter Favorit aber war der Texaner Johnny Horton, der 1960 mit seinen »Saga Songs« die Hitparaden eroberte. Der »singende Fischer« – das war sein Markenzeichen. Kein Wunder also, dass Johnny Horton bei Sverre bleibenden Eindruck hinterließ.

Im Jahr darauf spendierte Sverre seinem Bruder Karl ein Ticket nach Amerika und sorgte dafür, dass er eine Heuer auf der *Western Flyer* bekam. Sverre konnte sich inzwischen vorstellen, für immer in Amerika zu bleiben. Der Job war genau so, wie er sich das vorgestellt hatte, und außerdem gut bezahlt. Die Musik gefiel ihm – und jetzt kam sogar sein Bruder über den großen Teich. Doch ausgerechnet in diesem Moment wurde die Liebe zu seiner neuen Heimat auf eine harte Probe gestellt: Sverre bekam einen Einberufungsbescheid – er sollte zum Militär. Er war zwar kein amerikanischer Staatsbürger, doch als legaler Einwanderer und Steuerzahler konnten sie auch ihn einziehen. »Wie Elvis Presley!«, schnaubte er. »In den besten Jahren aus der Karriere gerissen!«

Sverre grübelte lange, was er tun sollte. Es wäre für ihn ein Leichtes gewesen, der Einberufung zu entgehen, er hätte lediglich zurück nach Norwegen ziehen müssen. Aber dann hätten sie ihn später kaum wieder ins Land gelassen. Gleichzeitig war ein Teil von ihm fasziniert von der Idee, sich diesem Abenteuer zu stellen – so wie es der Held seiner Jugend getan hatte, Shetlands Larsen. Er fragte Luketa, was er tun sollte.

»Was für eine Frage! Es ist deine patriotische Pflicht«, erwiderte Luketa, »wenn du ein echter Amerikaner sein willst.«

Luketa machte Sverre außerdem klar, dass seinem Antrag auf Einbürgerung schneller stattgegeben würde, wenn er zum Militär ginge. Und die Staatsbürgerschaft war Voraussetzung, wenn er auf einem amerikanischen Schiff Kapitän werden wollte.

»Wenn du jetzt das Richtige tust«, sagte Luketa, »verspreche ich dir, dass du deinen Job wiederbekommst, wenn du deinen Dienst abgeleistet hast.«

Also wurde Sverre eingezogen. Nach der Grundausbildung schickten sie ihn für zwei Jahre nach Berlin. Für einen, der seine Kindheit unter deutscher Besetzung erlebt hatte, war das eine echte Genugtuung. Denn jetzt steckte er in der Uniform des Besatzers.

I m Herbst 1987 machten wir das Schiff klar für die Fahrt nach Dutch Harbor und die nächste Krabbensaison. Tormod war der Skipper auf diesem Törn, zur Crew gehörten außer mir Brad Parker, Pete Evanson und Mark Peterson. Wir brachten das Schiff durch die Schleusen und machten draußen noch einmal in der Shilshole Marina fest. Shilshole ist eigentlich ein Jachthafen und wird von Fischern nur selten benutzt. Aber wir wollten alle schon auf dem Schiff schlafen, damit wir am nächsten Morgen früh loskonnten – gen Norden, nach Alaska.

Ich hatte ein ordentliches Selbstvertrauen damals, ich fühlte mich fast schon unbesiegbar. Denn ich verdiente so viel, dass ich mir endlich die Corvette kaufen konnte, die ich immer schon im Auge hatte. Baujahr 1982, mitternachtsblau. In der Kiste jagte ich mit hundertfünfzig Sachen über die Straßen von Edmonds. Keine sechs Monate nach dem Kauf forderte mich mein Kumpel Leif zu einem Rennen heraus – ich in der Corvette, er in seinem Trans Am. In einer scharfen Kurve verlor ich die Kontrolle über die Karre. Erst knallte ich über den Bordstein, dann bügelte ich einen Maschendrahtzaun um und stürzte einen sieben

Meter tiefen Abhang hinunter. Der Wagen schleuderte herum und krachte rückwärts mit solcher Wucht auf den Boden, dass alle vier Räder aus ihrer Aufhängung brachen. Leif guckte von oben über die Kante und rief: »Du hast verloren!« Ich kletterte aus dem Wrack – und hatte nicht mal eine einzige Schramme abbekommen. Ich war so daran gewöhnt, Risiken einzugehen, bei der Arbeit wie mit den Autos, dass ich nicht einen Gedanken daran verschwendete, dass es auch mal schiefgehen könnte.

In der Herbstnacht, als wir in der Shilshole Marina lagen, hatte ein Krabbenfänger namens *Nordfjord* neben uns festgemacht. Das Schiff war gut vierzig Meter lang und gerade mal acht Jahre alt. Es gehörte dem Isländer Agust Gudjonsson, der etwa zur selben Zeit wie mein Vater nach Seattle gekommen war. Skipper auf dem Schiff war sein achtundzwanzigjähriger Sohn Gudjonroy, den alle einfach nur Roy nannten. Roy und seine Frau erwarteten ihr erstes Baby, es waren nur noch ein paar Monate bis zur Geburt.

Unsere Crews hatten in den Tagen zuvor viel Zeit miteinander verbracht – beide Mannschaften schleppten Ausrüstung an Bord, kauften noch Proviant ein. Die Leute auf der *Nordfjord* waren alle sehr jung, so wie wir. Der Älteste an Bord war ein Typ aus Island, vierzig Jahre alt, aber die anderen waren noch in den Zwanzigern oder gerade eben dreißig.

Zusammen gingen wir durch die Schleuse und machten direkt dahinter in der Marina fest. Wir mit der *Northwestern* am Anleger A, sie mit der *Nordfjord* direkt neben uns, sodass sie jedes Mal über unser Schiff turnen mussten, wenn sie an Land wollten. Auch die *Nordfjord* wollte hoch nach Alaska, und wir hatten uns vorgenommen, die siebentägige Anreise bis zum Unimak Pass im Konvoi zu fahren.

Die *Nordfjord* war gerade noch zur Überholung im Trockendock gewesen und in einem sehr guten Zustand. Sie hatte alles an Ausrüstung an Bord, was man in der Beringsee brauchte, ein wirklich seetüchtiges Schiff. Sie hatte zusätzliche Generatoren an Bord, Reserve-

Funkgeräte, Rauchsensoren im Maschinenraum und das Beste, was an Feuerlöschgerät auf dem Markt zu haben war. Zur Ausstattung gehörten Rettungsinseln, Überlebensanzüge für jeden in der Crew und außerdem Seenotbaken, so genannte EPIRBs. Die Geräte werden manuell ausgelöst, wenn *Die Abkürzung **EPIRB** steht für Emergency Position Indicating Radio Beacon.* das Schiff sinkt und über Funk kein Mayday mehr abgesetzt werden kann. Die EPIRBS senden ihr Signal an geostationäre und polumlaufende Satelliten, die den Notruf dann an die Küstenwache weiterfunken. Die Retter wissen so genau, wann das Notsignal abgesetzt wurde und von wem – und sie haben die exakte GPS-Position, wo sie mit der Suche beginnen sollen.

An dem Abend genehmigten wir uns alle ein paar Drinks in der Bar der Marina. Ich kann mich noch sehr gut daran erinnern, weil meine Eltern am selben Abend an den Tischen direkt gegenüber mit Tormod beim Essen saßen. Ich war ein paar Monate zuvor einundzwanzig geworden und durfte endlich offiziell Alkohol trinken, aber es fühlte sich trotzdem komisch an, dass meine Mutter mir dabei zusehen konnte. Sie starrte ständig rüber zu mir, als würde sie meine Drinks zählen und insgeheim denken: *Sollte der nicht längst in der Koje liegen?* Ich beschloss, sie einfach komplett zu ignorieren.

Wir saßen also da und quatschten dummes Zeug, wie wir es immer taten. Rechneten uns gegenseitig vor, wie viel Geld wir auf der nächsten Tour verdienen würden und was wir uns nachher von der Knete kaufen wollten. Ich mochte diese Typen, alle. Wir hatten viel Spaß zusammen, wie wir da hockten und uns gegenseitig Geschichten erzählten. Schließlich verzogen wir uns auf die Schiffe und krochen in unsere Kojen.

Am nächsten Morgen warfen wir die Maschinen an. Auf der *Nordfjord* lief alles tipptopp, nur die *Northwestern* machte plötzlich Zicken. Tormod und Pete stiegen in den Maschinenraum runter, um zu sehen, was los war, aber sie konnten nichts ausrichten; wir mussten einen Techniker rufen, und das konnte alles noch eine Weile dauern.

Roy und seine Crew wurden unruhig, wir hatten ja bereits eine Nacht in Shilshole gelegen, sie wollten los.

»Dann sehen wir euch in Alaska«, rief Roy uns zu. Sie holten ihre Leinen ein und dampften auf den Puget Sound raus. Wir dachten, dass wir sie in Dutch Harbor wiedersehen würden. Es dauerte tatsächlich den ganzen Tag, bis unser Schiff repariert war. Zwölf Stunden später riefen wir die *Nordfjord* über Funk an und sagten Bescheid, dass auch wir jetzt unterwegs waren.

Ein paar Nächte später geriet die *Nordfjord* nördlich von Vancouver Island in schweres Wetter, kurz und heftig, mit einem Seegang von gut sieben Metern, aber das war schnell wieder vorbei. Am 18. September meldete sich Roy per Funk bei seinem Bruder und sagte ihm, dass der Wetterbericht ihnen gute Bedingungen für die Fahrt über den Golf von Alaska versprach. Nur wenige Stunden später, nachts um zwei Uhr, fing die Küstenwache auf Kodiak einen panischen Notruf auf.

»Mayday, Mayday, Mayday!«, brüllte der Skipper außer Atem ins Funkgerät. »Hier ist das Fischereifahrzeug *Nordfjord*. Mayday, Mayday, Mayday!«

Das war alles. Es gelang der Küstenwache nicht, noch einmal Verbindung zu dem Havaristen aufzunehmen. Eine Suchaktion wurde sofort eingeleitet. Zwei Tage lang fuhr die Küstenwache mit Unterstützung eines kanadischen Aufklärungsflugzeugs im Zickzack das Suchgebiet westlich von Vancouver Island ab, von wo die letzte Positionsmeldung der *Nordfjord* stammte. Die Retter fanden Ölfässer, Matratzen und eine hölzerne Leiter, aber sie konnten die Fundstücke nicht eindeutig dem vermissten Schiff zuordnen. Wieder zwei Tage später stieß ein Fischer auf eine Markierungsboje von der *Nordfjord*, aber sonst gab es keine weitere Spur. Das Schiff war offenbar so schnell gesunken, dass der Crew nicht einmal genug Zeit blieb, die EPIRBs zu aktivieren. Das 1,5 Millionen Dollar teure Schiff mit seiner perfekten Ausrüstung und den fünf Männern an Bord war einfach verschwunden.

Die Sache hat mich lange gequält. Denn diese Typen waren meine
Freunde geworden. Und soweit ich weiß, waren wir die Letzten, die
sie lebend gesehen hatten. Ich konnte den Gedanken nicht abschütteln,
dass wir für sie da gewesen wären, wenn wir nur mit ihnen zusammen
gefahren wären. Wir hätten an ihrer Seite sein sollen, als sie den Golf
überquerten, wir hätten helfen können.

Wie mein Vater bin auch ich nie regelmäßig in die Kirche gegangen, was auch nicht wirklich machbar ist, wenn man die meiste Zeit
des Jahres auf See verbringt. Aber ich bin trotzdem ein gläubiger
Mensch. Die Macht des Ozeans zeigt mir immer wieder aufs Neue,
wie klein mein Platz im Universum ist und dass wir auch bei allergröß-
ter Anstrengung unser Schicksal kaum je selbst bestimmen können.
Mein Job zwingt mich dazu, mich mit dem Tod auseinanderzusetzen.
Natürlich stelle ich mir die Frage, warum der eine Mann heil nach
Hause kommt und der andere auf See bleibt. Doch die Antwort auf
diese Frage zu finden, übersteigt das Vermögen eines einfachen Sterb-
lichen. Was ich tun kann, ist beten. Für meine eigene Sicherheit, für
die meiner Familie und meiner Crew.

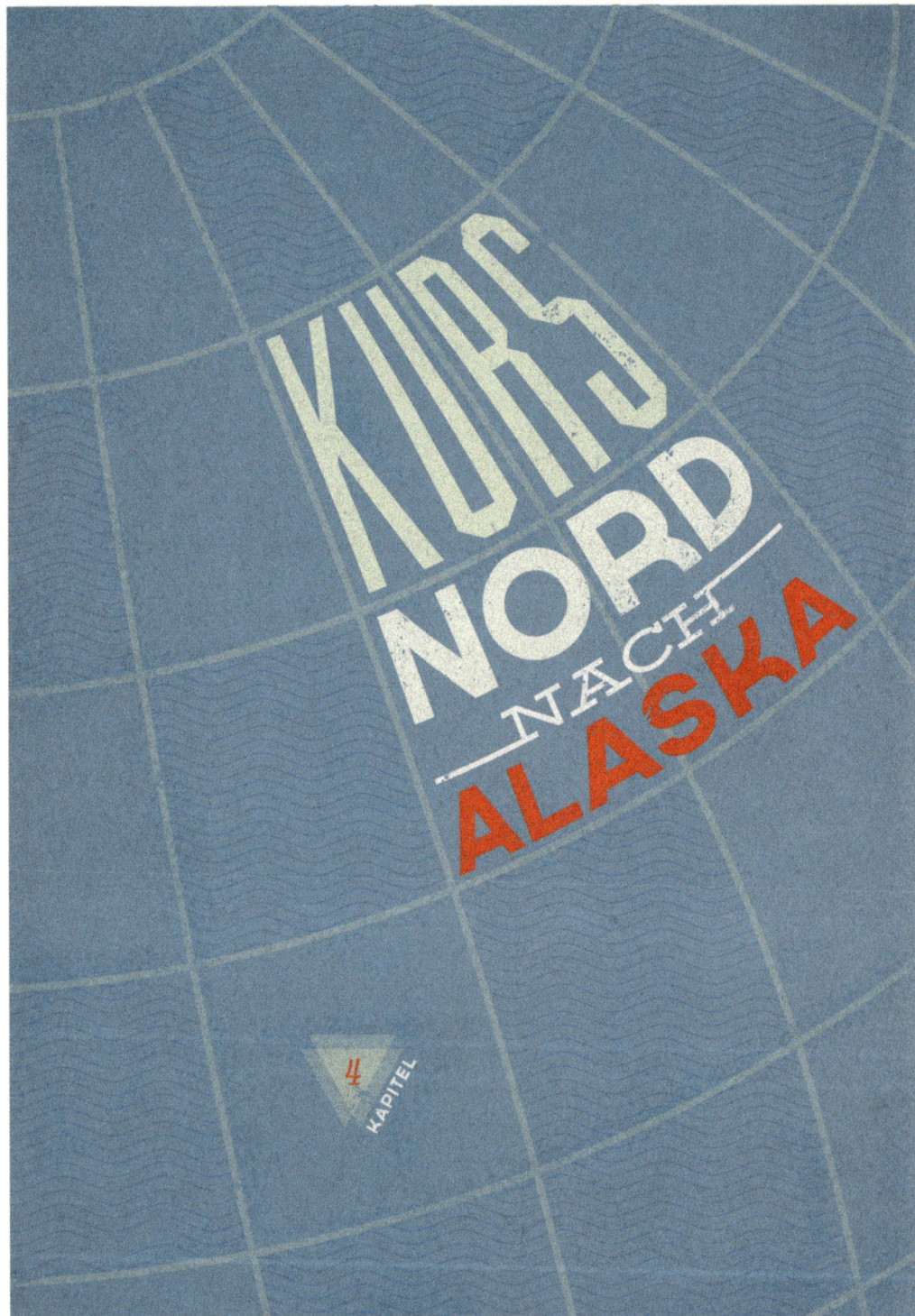

KURS
NORD
NACH
ALASKA

4 KAPITEL

Klatschnass, die Hosen steif gefroren, hievte Sverre den schweren Gummischlauch zu Krist rüber. »Jetzt!«, brüllte er. Krist steckte den Schlauch durch die Luke zum Maschinenraum und ließ das Löschwasser von oben auf das Feuer prasseln. Auch das brachte nichts, aber einen anderen Plan hatten sie leider nicht. Plötzlich hörte Sverre ein seltsames Geräusch, das von der Brücke zu kommen schien, es klang wie splitterndes Glas. Die Hitze ließ die Fensterscheiben bersten! Sverre ging in Deckung und hielt die Arme schützend über den Kopf, aber der befürchtete Glashagel blieb aus, er war unverletzt. Er schaute wieder nach oben. Die Morgendämmerung breitete sich über der See aus, das Schiff war nicht mehr nur dunkle Silhouette, Sverre hatte zum ersten Mal an diesem Tag klare Sicht. Es waren nicht die Fenster, die zersprungen waren, sondern Eiszapfen, die sich vom Dach der Brücke gelöst hatten. Aber warum ausgerechnet jetzt? Vom Wind? Vielleicht war die Lufttemperatur mit Tagesanbruch unmerklich gestiegen. Aber das war wohl ein klarer Fall von Wunschdenken. Es stellte sich heraus, dass die Eiszapfen herabgefallen waren, weil das Schiff sich aufheizte. Der brennende Rumpf leitete die Hitze weiter. Schon verlor der nächste Eiszapfen seinen Halt und krachte splitternd aufs Deck.

Sverre und seine Crew kämpften weiter, und es gelang ihnen sogar, das Feuer halbwegs in Schach zu halten. Zumindest explodierte der Kahn nicht und die Flammen hatten es noch nicht bis an Deck geschafft. Trotzdem dämmerte es dem Kapitän, dass er diese Schlacht nicht gewinnen konnte. Jedes Mal wenn sie eine neue Lüftungsklappe oder Luke öffneten, schlugen ihnen sofort die Flammen entgegen. Der Vorteil, den sie gewannen, indem sie Löschwasser in den Maschinenraum kippten, wurde sofort wieder zunichte gemacht vom Sauerstoff, der gleichzeitig durch die Öffnung strömte und das gierige Feuer nur weiter anfachte.

Kapitän Sverre setzte immer noch keinen Notruf ab. Natürlich war er sich der Gefahr bewusst, aber er wollte sich einfach noch nicht damit abfinden, dass er dabei war, sein Schiff zu verlieren. Jede Minute, die er damit verbrachte, auf der Brücke das Funkgerät anzuschmeißen, war eine Minute, die er im Kampf gegen das Feuer verlor. Also schufteten sie weiter, in ihren klatschnassen, dünnen Klamotten. Der eisige arktische Wind ließ sie erbärmlich frieren – und gleichzeitig schwitzten sie, weil das Adrenalin der Angst sie zu verzweifelten Anstrengungen aufputschte. Öliger schwarzer Qualm stieg von ihrem Schiff auf und wirbelte in dunklen Schleiern mit dem Sturmwind davon. Unter Deck köchelte tonnenweise Diesel in den Tanks. So weit war das Feuer nicht gekommen. Noch nicht.

Vielleicht sollten sie das Feuer doch direkter bekämpfen – und den Schlauch die Treppen runter und zum Maschinenraum schleppen. Ein Selbstmordkommando, aber was blieb ihnen noch übrig? Kapitän Sverre schickte Magne und Krist zur Kombüse runter, um herauszufinden, ob man noch zur Maschine durchkam. Doch keine Chance: In der Kombüse stand das Wasser schon kniehoch und der Qualm war so dick, dass die Männer hustend und keuchend wieder nach oben flüchteten. Da war absolut kein Durchkommen. Jetzt war ihnen nicht nur der Weg zum Maschinenraum versperrt, sie hatten außerdem die letzte Gelegenheit verpasst, sich mit warmen Klamotten und Regenzeug einzudecken oder Proviant aus der Kombüse zu besorgen.

Der Kapitän konnte die Hitze durch die dünnen Sohlen seiner Schuhe spüren, so heiß waren die Planken schon. Das Feuer wütete und breitete sich weiter aus. Weil er nicht wirklich sehen konnte, was unter Deck los war, hatte er nur eine ungefähre Ahnung, was brannte und wo. Vielleicht nagten die Flammen schon an den Planken, auf denen sie standen. Wenn sie nachgaben und einer der Männer in das Inferno darunter stürzte, war er nicht mehr zu retten.

Die Lage war aussichtslos. Noch ein paar Minuten und der Qualm würde die Brücke erobern – und damit wäre für den Kapitän die letzte Chance verloren, ein Mayday zu funken.

»Halt den Schlauch!«, brüllte er Leif ins Ohr.

Sverre kletterte die Leiter zum Oberdeck hoch und stieß die Tür zur Brücke auf. Dicker Rauch quoll aus der Kombüse, aber er bekam noch Luft und konnte sich orientieren. Drei Schritte und er riss den Hörer des Funkgeräts aus der Halterung. »Mayday! Mayday!«, schrie er. »Hier ist die *FV Foremost*! Mayday!« Aber es kam keine Antwort. Es war überhaupt nichts zu hören, kein Piepen, kein Rauschen, nichts. Sverres Blick folgte der Schnur vom Hörer zum Funkgerät. Kein Lämpchen an, kein Saft. Er drückte den Netzschalter, wieder nichts. Tot. Er sah zu den Bildschirmen und Armaturen am Fahrstand rüber, auch sie alle tot. Es gab keinen Strom mehr – und damit auch keine Hoffnung, einen Notruf abzusetzen. Kapitän Sverre und seine Leute waren jetzt ganz alleine da draußen, und die Lage war ernst. Der arktische Sturm fachte das Feuer auf ihrem Holzkahn immer weiter an, während er steuerlos in den zehn Meter hohen Wellen taumelte.

Meine Saga erzählt von drei Brüdern. Es ist unsere Geschichte und die unseres Vaters, und sie ist eng verbunden mit der Biografie seines Bruders Karl. Denn so wie unser Vater nach Amerika kam, siedelte auch Karl über, weil er ein neues Leben anfangen wollte. Kurz vor seiner Einberufung zum Militär hatte Sverre noch alles organisiert, was für die offizielle Einreise nötig war. Am

7. Juli 1961 flog Karl Johan Hansen von Kopenhagen über Reykjavík und Los Angeles nach Seattle. Sverre war auf See, deshalb sollte sein Onkel Jorgen den Einwanderer vom Flughafen abholen, aber als Karl im Terminal stand, war von Jorgen nichts zu sehen. Also nahm sich Karl ein Taxi und drückte dem Fahrer einen Zettel mit der Adresse in die Hand. Denn er sprach wirklich kaum ein Wort Englisch bei seiner Ankunft, noch weniger jedenfalls als Sverre.

Als er endlich am Haus seines Onkels ankam, spielten die Kinder draußen im Garten. Es stellte sich heraus, dass Jorgen im Stau stecken geblieben war. Um den verpatzten Empfang wiedergutzumachen, kutschierte er Karl in einer großen Stadtrundfahrt durch Seattle. Es ging über so viele Hügel und Brücken, dass Karl bald vollkommen die Orientierung verloren hatte. Schließlich hielten sie am Wasser und Jorgen zeigte auf eine Reihe verkommener Spelunken, vor denen sich das Volk nur so drängelte – der Smoke Shop, die Ballard Tavern und Malmen's.

»Das ist Ballard Avenue«, sagte Jorgen, »Nur damit du weißt, wo du besser nicht hingehst.«

»Oh«, sagte Karl, der den Besoffenen nachschaute, wie sie über die gepflasterte Straße stolperten. »Und warum soll ich da nicht hin?«

»Nun, da gehen die Fischer hin, wenn sie sich so richtig volllaufen lassen wollen.«

Karl war gerade erst neunzehn und damit noch nicht alt genug, um im Bundesstaat Washington legal Alkohol trinken zu dürfen. Onkel Jorgen fuhr ihn wieder nach Hause, wo Karl verkündete, dass er noch einen kleinen Spaziergang machen wolle. Auf der Third Avenue winkte er nach einem Taxi.

»Ballard Avenue«, sagte er dem Fahrer.

Nur wenige Monate zuvor hatte er sich noch in Karmøy abgestrampelt, um irgendwie über die Runden zu kommen. Zwei Jahre in Folge war er mit seinem Vater zum Heringsfang vor Island rausgefahren. In der ersten Saison hatten sie es mit einem Ringwadennetz versucht, im zweiten Jahr dann mit Treibnetzen. Sigurd war ein wahrer Meisterfischer geworden, wie sein Vater. Aber die Fänge blieben mager und sie brachten nur wenig Geld mit nach Hause. Was für ein elender Job, dachte sich Karl und heuerte als Koch in der Handelsschifffahrt an. Als er mit achtzehn wieder einmal auf Karmøy vorbeikam, fand er gleich den nächsten Job als Koch – auf dem Schleppnetz-Trawler *Havbell*.

Die *Havbell* – was man vielleicht am besten mit »Meeresschönheit« übersetzen kann – lag in einem kleinen Fischerkaff namens Skudeneshavn. Als Karl an einem schönen Sommertag dort ankam, stand erst einmal eine große Reparatur an. Die Besitzer hatten das Schiff vor Kurzem günstig erworben und mussten es noch gründlich überholen. Bevor es richtig losgehen konnte, sollte die Maschine ausgetauscht werden; ein Job, der ein paar Tage in Anspruch nehmen würde. Die anderen Männer wollten an Land schlafen, aber weil der Kahn so bequeme Bänke in der Kombüse hatte, schlug Karl vor, dass er doch an Bord schlafen könne.

»Bist du sicher, dass du dir das antun willst?«

»Klar, warum nicht?«

»Na gut. Aber du bist dir wirklich sicher?«

Also schlief er an Bord. Am nächsten Morgen erschien der Rest der Crew wieder zur Arbeit. »Hast du irgendwas gehört oder bemerkt?«, wollten sie gleich von ihm wissen.

»Nö, nix.«

»Nichts gesehen? Gar nichts?«

»Wirklich nicht.«

Erst jetzt rückten sie mit der Wahrheit raus. Es ging nämlich das Gerücht, dass es auf dem Schiff spukte. Karl war sozusagen ihr Versuchskaninchen, mit ihm wollten sie testen, ob es tatsächlich ein Gespenst auf der *Havbell* gab. Als sie später in schwerem Wetter nach Dänemark und Schweden dampften, um ihre neuen Netze abzuholen, behauptete ein Mann steif und fest, er habe eine Gestalt an Deck gesehen. Bis ans Ende seiner Tage erzählte er diese Schauergeschichte. Karl war überzeugt, dass der Mann sich das im Getöse des Sturms nur eingebildet hatte.

Weihnachten 1960 kam dann doch das Pech an Bord. Das Schiff und seine Crew von sechs Mann rundeten gerade eine Landspitze, auf der ein Leuchtturm stand, als die *Havbell* auf Grund lief. Es war eisig kalt, der Seegang mörderisch, der Wind heulte sein Klagelied und das Schiff lag mit Schlagseite auf einem Felsen. Der einzige Weg, seine Crew zu retten, war es wohl, sich zum Leuchtturm durchzuschlagen, dachte sich der Kapitän. Aber das Ufer schien zu weit weg, um einfach rüberzuschwimmen. Vielleicht hatten sie eine bessere Chance, wenn sie zuerst auf den Felsen kletterten, auf dem die *Havbell* festsaß? Der Bruder des Skippers wollte es versuchen. Er band sich eine Leine um den Bauch, turnte über die Reling und kletterte auf den Felsen. Zwei Mann folgten ihm. Der Rest der Crew saß zähneklappernd in der Kälte an Deck und starrte in die Dunkelheit. Doch sie konnten nicht erkennen, was mit den drei Männern geschehen war. »Es war so finster wie in einem Grab«, sagte Karl später. Er hatte schon einen Fuß auf der Reling, um den schief liegenden Kahn so schnell wie möglich verlassen zu können. Aber dann hörte er die Vorhut in der Dunkelheit brüllen: »Wir frieren uns hier zu Tode!«

Einer der älteren Fischer gab Karl ein Zeichen, sich wieder hinzusetzen.

»Warte«, sagte er. »Immer mit der Ruhe.«

Genau in diesem Augenblick klatschte eine große Welle auf den Felsen. Jetzt waren die Männer dort nass bis auf die Knochen. Sie wussten, dass ihnen nur noch wenig Zeit blieb, das Ufer zu erreichen, bevor sie wirklich erfrieren würden. Der Bruder des Skippers sprang in das schwarze Wasser und schwamm. Alle anderen hielten gespannt den Atem an und warteten auf ein Lebenszeichen. Dann hörten sie ihn rufen. Er hatte es geschafft. Schnell sprang auch der zweite Mann ins

Wasser, auch er gelangte sicher an Land. Der dritte Mann war schon etwas älter und traute sich nicht zu springen. Er saß auf dem Felsen und klammerte sich fest. Der Bruder des Kapitäns kletterte inzwischen die Felsen am Ufer hoch und stand vor dem Leuchtturm. »Der Typ bewegte sich wie eine Katze«, sagte Karl. Und der Leuchtturmwärter konnte es nicht fassen, wie dieser Kerl mitten im Sturm vor seiner Tür gelandet war.

Wind und Brandung rauschten so laut, dass die Männer sich nur brüllend verständigen konnten. Dann war plötzlich vom dritten Mann auf dem Felsen gar nichts mehr zu hören. Weg, verschwunden.

Die *Havbell* begann jetzt, unter der Wucht der Wellen auseinanderzubrechen. Immer wieder hämmerten die Brecher gegen den Rumpf. *Ich sollte jetzt in die Rettungsinsel steigen*, dachte Karl. Sie hatten das Rettungsfloß ausgebracht und am Bug festgebunden. Doch auf dem Weg aufs Vorschiff wurde er von einer Welle erfasst und mitgerissen. Karl schaffte es irgendwie, sich am Mast festzukrallen, während der Brecher über Deck rauschte. Er merkte noch, wie sich jemand – er konnte nicht erkennen, wer es war – an ihn klammerte. Als das Wasser abgelaufen war und er wieder Halt unter den Füßen hatte, rannte Karl weiter nach vorn, aber die Rettungsinsel war nicht mehr da, die Wellen hatten sie mitgerissen. Jetzt wurde es wirklich eng.

Aber dann hörte er die Männer vom Ufer brüllen. Sie hatten beim Leuchtturm Hilfe geholt und feuerten mit einem Leinenschießgerät ein dünnes Seil zum Schiff rüber. Karl schnappte sich die Rettungsleine und zog sie an Bord. Am Ende der dünnen Leine hing ein dickes Seil mit einem Rettungssitz.

»Du zuerst«, sagten die Männer zu Karl.

Er stieg in den Sitz und schnallte sich fest.

»Kann losgehen!«, brüllte er, und die Männer am Ufer begannen zu ziehen. Sie zerrten ihn durchs eisige Wasser, dass ihm die Luft wegblieb, er hustete und strampelte, um an der Oberfläche zu bleiben, aber schließlich hatte er es geschafft. Nach ihm wurden auch die anderen beiden Männer in Sicherheit gebracht. Ein paar Stunden später war von ihrem Schiff nur noch der zerschlagene Rumpf übrig. Der Aufbau wurde von den Brechern weggerissen. Die Leiche des Ertrunkenen tauchte erst zwei Monate später wieder auf, sie wurde einige Meilen weiter nördlich angespült. Die Rettungsinsel, in die Karl beinahe gestiegen wäre, wurde überhaupt nicht wieder gefunden. Karl konnte verdammt froh sein, dass er dieses Drama überlebt hatte.

Nur brauchte er jetzt natürlich einen neuen Job. Kurze Zeit danach erschien Sverre auf der Bildfläche, ein kurzer Besuch in der alten Heimat, und erzählte von seinem schönen neuen Leben in Seattle. Karl war schnell überzeugt. Er flog nach Amerika, um wie sein Bruder auf der *Western Flyer* anzuheuern. Und so landete er auf der Ballard Avenue.

Karl fühlte sich sofort wie zu Hause, und es kamen auch immer mehr Leute von Karmøy dazu. Außer Sverre und Karl versuchten auch John Jakobsen und Magne Berg ihr Glück in Seattle, außerdem Magne Nes, Krist Leknes, Pete Haugen, Leif Hagen, Arnie Haugen, Sigmund Andreasson, Gunnleiv Loklingholm, Borge Mannes und Tormod Kristensen, um nur ein paar von ihnen zu nennen. Die Jungs von Karmøy waren allesamt drahtig und stark, konnten ordentlich Bier und Schnaps vertragen und qualmten wie die Schlote. Bei der Arbeit trugen sie fast so etwas wie eine Uniform – Levi's-Jeans und weiße T-Shirts. Doch wenn sie abends in die Stadt gingen, putzen sie sich richtig heraus. Dunkler Anzug war ein Muss, dazu weiße Hemden und schmale, schwarze Krawatten, das blonde Haar zu einem coolen Entenschwanz gekämmt. Sie sahen alle aus wie der junge Marlon Brando – einmal abgesehen von den Wollpullis, die gelegentlich zu sehen waren. Selbst gestrickt natürlich, mit Schneeflocken oder Rentieren verziert.

»Diese Leute von Karmøy sind schon ein spezielles Völkchen«, sagt John Sjong, ein erfolgreicher Skipper, der ebenfalls aus Norwegen stammt. »Gute Männer, und sie arbeiten wirklich hart. Ich hatte eigentlich immer Fischer von Karmøy bei mir auf dem Schiff. Manchmal war ich sogar der Einzige an Bord, der aus einer anderen Ecke Norwegens kam. Nur wenn sie saufen, können sie richtig fies werden …«

Damals gab es siebzehn Kneipen auf der Ballard Avenue und außerdem noch drei so genannte Cocktail-Bars. Der Zug durch die Gemeinde begann normalerweise in der Ballard Tavern, einer verrauchten, verkommenen Spelunke, die von einem alten Norweger namens Ingmar Boe geführt wurde. Inky, wie ihn alle nannten, war an der Universität von Oregon mal der Star-Quarterback und spielte später sogar als Profi für die Seattle Bombers, bis ein Beinbruch, der nicht wieder ganz gerichtet werden konnte, seine Karriere beendete.

Freitags und samstags war Tanz bei Inky. Das Gesetz verlangte, dass bei solchen Veranstaltungen immer ein Polizist dabei war. Er heuerte Cops als Türsteher an, die in Ballard Streife fuhren. Wie alle Polizisten in der Stadt waren auch diese Türsteher besonders nachsichtig, wenn sie es mit Fischern zu tun hatten. Sie kannten ja jeden von ihnen persönlich. Karl zum Beispiel war eigentlich noch viel zu jung, um in der Spelunke Alkohol zu bestellen, aber das kümmerte die Türsteher nicht. »Geh gleich nach hinten durch, wo du nicht so auffällst«, sagte der Cop nur. Viele der Mädels, die abends zu Inky kamen, waren Arbeiterinnen bei Boeing. Sie genehmigten sich ein paar Drinks und tobten sich auf der Tanzfläche aus, bevor sie nach Hause abzogen.

Sonntag war Ruhetag bei Inky, und die Jungs meldeten sich freiwillig als Putz- und Räumkommando. Aber das bedeutete nur, dass sie sich regelmäßig Gratisbiere zapften, wenn Inky gerade mal nicht hinguckte. Er ließ sie auch anschreiben und löste ihre Lohnschecks ein. »Aber nur, wenn ihr euer Geld auch bei mir ausgebt!«, verlangte er, was Sverre und Karl gerne versprachen. In der Ballard Tavern gab es allerdings nur Bier, deshalb spielten sie Inky regelmäßig vor, dass sie genug gehabt hatten – und zogen dann weiter zum Vasa, wo auch Hochprozentiger ausgeschenkt wurde.

»Bei mir borgt ihr euch das Geld«, beschwerte sich Inky prompt, »und dann geht ihr rüber und versauft es bei einem anderen.«

»Inky war für uns wie ein Vater«, sagt Magne Nes. Einmal war Sverre so besoffen, dass er es alleine nicht mehr nach Hause schaffte. Inky quartierte seine Tochter aufs Sofa im Wohnzimmer um und packte Sverre in das Bett des Mädchens. Als dieser am nächsten morgen aufwachte, wusste er nicht, wie ihm geschah: Er war im Bett von Puppen umzingelt.

Ein anderes Mal wurde Inky nachts um zwei Uhr aus dem Bett geklingelt. Ein Anruf von Sverre. »Ich muss mir Geld leihen«, sagte er.

»Wofür?«, fragte Inky.

»Für meine Kaution«, sagte Sverre. »Das hier ist der eine Anruf, den die Cops mich machen lassen.« Dann erklärte er, dass man ihn wegen einer Kneipenschlägerei eingebuchtet hatte. Die Kaution war auf fünfundsiebzig Dollar festgesetzt worden.

»Oh, und wo du schon mal dran bist – hier ist noch jemand, der dich dringend sprechen möchte.«

Sverre reichte den Telefonhörer an Karl weiter, der ihn dann an die anderen drei Jungs von Karmøy weitergab. Sie waren zusammen in einer Zelle gelandet. Inky zahlte die Kaution, für alle fünf.

Per Gesetz durften damals nur Restaurants Hochprozentigen ausschenken. Bei Malmen's servierten sie hinten das feine Essen – und die Cocktails vorne in der Bar. Im Smoke Shop standen die Whiskeys im separaten »Bernstein-Zimmer«, und der Vasa Sea Grill schenkte die Schnäpse in seinem »Veranda-Zimmer« aus.

Das Vasa lag fast direkt neben der Ballard Tavern, genau drei Türen weiter, und da drängte sich das Jungvolk, wenn es etwas Härteres trinken wollte. Das »Veranda-Zimmer« im Vasa war verqualmt und laut; hier hockten vor allem Seeleute und Fischer, die schon ein wenig älter waren. Die meisten von ihnen kamen aus Skandinavien, viele hatten sich in den heruntergekommenen Pensionen der Ballard Avenue einquartiert – im Princess Hotel, im Sunset und im Starlight. Die Heilbuttsaison dauerte damals sechs Monate, und für den Rest des Jahres mieteten sich viele Fischer in einer dieser Absteigen ein und verbrachten ihre Zeit in den Bars der unmittelbaren Nachbarschaft. Die alten Salzbuckel lösten ihre Lohnschecks bei Malmen's ein und konnten dann so lange anschreiben lassen, bis das Geld versoffen war. Die Kundschaft bestand fast nur aus Männern, denn Frauen war es in den Sechzigern noch nicht erlaubt, an der Theke zu sitzen oder mit einem Drink in der Hand von einem Tisch zum anderen zu laufen – die Bestimmung war ein seltsames Relikt aus der Ära der Prohibition.

Mit der Ballard Tavern und den benachbarten Restaurants waren die jungen Fischer jedenfalls bestens versorgt. Es gab für sie eigentlich keinen Grund, das Viertel an der Salmon Bay überhaupt je zu verlassen.

Eine Weile arbeitete Karl auf der *Louie G* mit Jackie Ray zusammen. Ray war ein harter Hund von der Ostküste, der bei einem Unfall eine Hand verloren hatte und seither einen Haken als Prothese trug. Die Hand war beim Aufwickeln des Netzes in die Winde geraten und einfach abgerissen worden. Ray saß oft und gerne im Smoke Shop, wo er sich einen Spaß daraus machte, die anderen Männer mit seinem gesunden Arm zum Armdrücken herauszufordern. Zum Glück gewann er meistens, denn wenn er mal verlor oder einen anderen Grund fand, dich nicht zu mögen, ging er mit dem Haken auf dich los. Und das Ding war scharf, damit konnte er einem glatt die Nase abschneiden.

Einmal fragte ihn Karl nach dem obligatorischen Kräftemessen: »Warum nimmst du nicht mal den anderen Arm?« Ihm war schon klar, dass Jackie nach einer derartigen Stichelei sofort zum Gegenschlag ausholen würde – deshalb packte er den Haken auf dem Tisch blitzschnell, bevor sein Gegner reagieren konnte. Jackie lachte, aber man konnte den Hass in seinen Augen sehen. Er war ein gefährlicher Mann.

Jahre später übernahm Jackie Ray als Skipper die *Western Flyer*. Sie war zu diesem Zeitpunkt zwar bereits für den Krabbenfang umgerüstet, aber eine hydraulische Rampe zum Ausbringen der Pots hatte das alte Schiff nicht. Ray half seinen Leuten, die schweren Reusen über die Reling ins Wasser zu hieven. Bis zu dem Tag, als sich seine Hakenhand in den Maschen verfing und er samt Pot über Bord gezogen wurde. Seine Männer fädelten die Leine durch den Umlenkblock und auf die Winde, so schnell sie konnten, um ihren Skipper wieder rauszuholen. Aber nur seine Stahlklaue und das dazugehörige Gurtzeug kamen wieder an die Oberfläche. Seine Leiche wurde nie gefunden. Seither hält sich hartnäckig das Gerücht, dass seine Leute vielleicht ein wenig nachgeholfen haben.

Sverre war nicht mit an Bord, als das Schicksal auf dem neuen Trawler von Onkel Jorgen zuschlug. Eine der Stahltrossen auf der *Guide*, mit der die vollen Netze an Bord gehievt wurden, war nicht in Ordnung. Doch anstatt das Seil komplett zu erneuern, hatte der vorige Besitzer nur alte Stücke neu zusammengespleißt. Am Tag der Tragödie waren sie draußen auf dem Puget Sound und erwischten einen schweren Brocken mit dem Schleppnetz, wahrscheinlich einen großen Stein. Sie holten das Netz an den Kurrleinen ein, bis es an die Oberfläche kam. Wie üblich hängten sie das schwere Netz über eine Umlenkrolle an den Haken, um den Fang an Deck auszukippen – er hing nun mit dem gesamten Gewicht an der maroden Trosse. Die Winden ächzten und kreischten unter der Belastung, das Stahlseil summte wie immer. Doch dann ein Knall – und die Trosse war gebrochen. Das lose Ende peitschte über Deck und erwischte Jorgen am Kopf. Er stürzte, wahrscheinlich bewusstlos, und verhedderte sich in den Maschen des Netzes, das jetzt – von der Trosse befreit – wieder in die Tiefe sauste. Jorgen konnte sich nicht mehr befreien und wurde von Bord gerissen. Auch seine Leiche hat man nie gefunden.

Jorgens Witwe und seine Kinder zogen zurück nach Karmøy. Karl war jetzt allein in Seattle und wartete auf die Rückkehr seines Bruders.

Das Beste an der Arbeit auf einem Krabbenfänger sind die Leute, auf die man dabei trifft. Meine Familie stellt allerdings auch sehr hohe Ansprüche an die Männer, die wir anheuern. Man kann natürlich jeden nehmen, der auf der Pier steht und einen Job sucht, aber das machen wir eigentlich nie. Gelegentlich habe ich es trotzdem versucht, und es ist jedes Mal schiefgegangen. Einmal habe ich einen Barkeeper angeheuert, der mir zwei Jahre lang in den Ohren lag, dass er so gerne einen Job bei uns an Bord hätte. Doch nach zwei Tagen auf See mussten wir umkehren und ihn wieder an Land absetzen, so sehr hat er es gehasst. Ich mache ihm keinen Vorwurf – nicht jeder ist für unsere Arbeit gemacht.

Wir müssen unseren Leuten blind vertrauen können. Wenn es hart auf hart kommt, kann das eine Frage von Leben oder Tod sein. Wenn ich jemanden brauche, habe ich meistens schon eine Idee, wer in Frage kommt. Wir müssen jemanden gut kennen, bevor wir ihn anheuern, und er sollte die besten Referenzen mitbringen. Zur aktuellen Crew der *Northwestern* gehören außer meinen Brüdern und mir drei Jungs, die zu den Besten gehören, was die Arbeit an Deck betrifft: Matt Bradley, Nick Mavar Junior und Jake Anderson.

Matt Bradley ist bei uns im Viertel aufgewachsen und seit der Mittelstufe Edgars bester Kumpel. Als Edgar mal eine Weile nicht Fischer werden wollte, hat ihm Matt seine erste richtige Anstellung in einem Restaurant besorgt. Edgar hat sich später für den Gefallen revanchieren können und Matt unserem Vater empfohlen. Anfangs gab es vor allem Aushilfsjobs für ihn, wenn wir Gerät zu reparieren hatten oder die Reusen für die nächste Fahrt vorbereiten mussten. An unserer Schule hatten die meisten Kids Eltern, die ordentlich verdienten. Auch unserem Vater ging es finanziell so gut, dass wir keinen Mangel kannten. Matt hingegen kam von der anderen Seite der Stadt, und in seiner Familie gab es immer irgendwelchen Ärger. »Ich bin in einem Loch mit zwei Schlafzimmern groß geworden«, sagt er. »Das war eine richtig ärmliche Hütte.« Wie Edgar konnte auch Matt nichts mit dem Unterricht an der Highschool anfangen und hat den Abschluss nicht gemacht. Doch mein Vater hatte immer ein Faible für Außenseiter und auch Matt schnell in sein Herz geschlossen. Erst habe ich Matt noch eine Heuer auf einem anderen Krabbenfänger vermittelt, doch wenig später holten wir ihn auf die *Northwestern*. Inzwischen fährt er seit fünfzehn Jahren mit uns, er ist einer der standhaftesten und loyalsten Seeleute in der Geschichte des Schiffs.

Klar, es hat auch mal Streit gegeben und Prügel, das volle Programm. Matt hat viele Jahre lang immer gutes Geld bei uns verdient, aber jedes Mal innerhalb weniger Wochen nach Zahltag alles verjubelt – für Drogen, Mädchen, Hotelzimmer. Während der Rest der Crew schon in das zweite oder dritte Haus investierte, lebte Matt immer noch in seinem alten Camper. Ich habe ein paarmal versucht, ein besseres System für ihn zu finden. Zum Beispiel indem ich ihm nur ein paar hundert Dollar pro Woche auszahlte und den Rest seiner Heuer auf einem Konto anlegte. Doch Matt wollte die 20 000 Dollar immer in einem Batzen. Und dieser Batzen verschwand dann jedes Mal ziemlich schnell. Gelegentlich hat er auch seinen Flug nach Alaska verpasst und wir mussten zwei Tage warten, bis er endlich nachgekommen war. Einmal ist er überhaupt nicht zur Fangsaison erschienen. Als er dann wieder ankam, um sich einen Vorschuss zu holen, war ich das Theater endgültig leid.

»Du siehst ganz schön fertig aus«, sagte ich.

»Alles bestens.«

»Wie willst du das dieses Mal besser hinkriegen mit der Kohle?«

»Ich komm schon zurecht.«

»Du wirst dich umbringen damit, und ich bin dann auch noch verantwortlich dafür«, schimpfte ich. »Mir kommt es inzwischen so vor, als würde ich mit diesen Lohnschecks dein Todesurteil unterschreiben.«

Und so schmiss ich ihn raus – allerdings nicht ohne vorher einen anderen Job für ihn zu besorgen. Achtzehn Monate später rief er mich wieder an, da war er bereits seit acht Monaten clean. Er fragte, ob er wieder auf der *Northwestern* anheuern könne, und ich war froh, ihn wiederzuhaben. Er kannte das Schiff so gut und er schuftete so hart –

wenn er an Bord war, lief einfach alles besser. »Meine Stiefel waren eine Nummer zu groß für die Typen, die mich ersetzen sollten«, sagt er gerne. Seither ist er wieder fest an Bord, und neulich haben wir sogar den fünften Jahrestag seines Entzugs gefeiert.

Der Älteste bei uns an Bord ist Nick Mavar Junior, der aus einer Familie stammt, in der sie stolz darauf sind, Fischer zu sein. Er ist genauso alt wie ich – und wie ich auch das Kind von Einwanderern. Seine Mutter kommt aus Irland, der Vater aus Kroatien. Nick ist in Anacortes aufgewachsen, einem kleinen Hafen im Bundesstaat Washington, wo sich viele Fischer kroatischer Herkunft niedergelassen haben. 1983 war ein schlimmes Jahr für Anacortes, vierzehn Mann kamen um, als zwei Trawler vor Dutch Harbor verloren gingen, die *Americus* und die *Altair*. Es war die größte Katastrophe in der Geschichte der Krabbenfischerei und Nick verlor einige seiner engsten Freunde, die er seit der Zeit auf der Highschool kannte. Trotzdem heuerte er noch im selben Jahr auf einem Krabbenfänger an. »So ist das eben in der Fischerei«, sagt er. »Unfälle gibt es immer wieder. Berufsrisiko.« Er stellte allerdings schnell fest, dass ihm die Krabben nicht lagen, und nach nur einer Saison entschied er sich, doch bei der Lachsfischerei zu bleiben. 1988 kaufte er sich sogar sein eigenes Boot. Ein paar Jahre später fuhr er dann plötzlich doch wieder auf einem Krabbenfänger mit, auf der *Lady Ann*, einem der profitabelsten Schiffe der gesamten Flotte. Und seither ist er nicht mehr davon losgekommen. Vor sieben Jahren kündigte bei uns einer der Decksleute, unmittelbar vor dem Start der Kabeljausaison, wir brauchten dringend einen Ersatzmann, und da schlug Matt Bradley vor, dass wir Nick anheuern sollten. Gesagt, getan – und seither fährt er mit uns auf der *Northwestern*. Einen zuverlässigeren Mann kann man sich kaum vorstellen.

In Nicks Familie fanden wir jedenfalls noch einen weiteren guten Mann. Als wir vor ein paar Jahren nach einem Greenhorn suchten, das wir anlernen konnten, schlug Nick den Neffen eines Bruders vor, Jake Anderson. Wie seine Onkel stammt auch Jake aus Anacortes. Er war in der ersten Klasse, als die *Americus* und die *Altair* sanken, und kann sich noch genau an die Kinder erinnern, die bei dem Unglück ihre Väter verloren. Der ganze Ort weinte um diese Männer. Doch Jake wollte trotzdem zur See fahren. »In Anacortes wirst du entweder Fischer oder du arbeitest in der Raffinerie«, sagt er. Wie Nick begann auch Jake seine Karriere als Fischer an der Bristol Bay beim Lachsfang.

Als er 1999 seinen Abschluss an der Highschool machte, hatte er allerdings erst einmal andere Dinge im Kopf als die Fischerei. Er hatte es als Skateboarder fast bis zum Profi gebracht, wurde von Sponsoren unterstützt und von den Fachmagazinen beobachtet. Seine Spezialität waren spektakuläre Sprünge. Beim Snowboarden hatte er gelernt, wie man eine Landung aus einer Höhe von zehn Metern und mehr sicher steht. 1999 stellte er einen neuen Rekord auf, als er eine Treppe mit einundzwanzig Stufen mit seinem Skateboard übersprang. Unmittelbar danach hatte er bei einem Hüpfer über gerade einmal neun Stufen weniger Glück und brach sich das Fußgelenk. Der Heilungsprozess dauerte eine Ewigkeit. Als er endlich wieder auf dem Brett stand, hatten ihn seine Kumpel weit abgehängt – eine große Enttäuschung. »Ich habe mich da in meinen Frust richtig reingesteigert«, sagt er heute.

Das war der Moment, als er begann, sich ernsthaft mit der Fischerei zu befassen. Nach fünf Lehrjahren auf einem Treibnetz-Trawler heuerte er auf Kodiak bei einem Kabeljaufischer an. Leider verdiente er kaum Geld dabei; der Skipper nutzte Jakes Unerfahrenheit aus und zahlte ihm nur einen Hungerlohn. Sein Onkel Brian riet ihm schließlich, den Job hinzuschmeißen, und das tat er dann auch. Später arbeitete er auf einem Krabbenfänger, und zu diesem Zeitpunkt machte ihm Edgar das Angebot, auf der *Northwestern* mitzufahren.

Wir mochten ihn auf Anhieb. Er war ein großartiger Kollege, er hatte genau die Einstellung, die man braucht für den Job. Nach dem Kabeljaufang holten wir ihn gleich ein zweites Mal, für die Opiesaison – und inzwischen fährt er schon das dritte Jahr auf der *Northwestern*. Wir nennen ihn trotzdem weiterhin Greenhorn oder einfach nur

»der Junge«, auch wenn er schon längst als vollwertiges Crewmitglied mit einem vollen Anteil am Gewinn beteiligt ist. Er gehört zur Familie. Langfristig möchte er selbst einmal als Skipper auf der Brücke stehen. Ich denke, er hat alles, was man dazu braucht. Er wird seinen Weg gehen.

Damit ist unsere Crew also komplett: Edgar, Norman, Matt, Nick und Jake. Ich rede die ganze Zeit schon davon, was passiert, wenn wir auf See sind, doch der Leser wird das alles erst richtig verstehen, wenn er eine Ahnung davon hat, wie ein Krabbenfänger funktioniert. Die Erklärung hole ich jetzt nach.

Wenn wir mit der *Northwestern* auslaufen, stapeln sich an Deck bis zu zweihundert Krabben-Pots. Der Begriff stammt noch aus der Zeit, als die Dinger nicht viel größer waren als ein Topf – eine kleine, runde Reuse, häufig aus Korb geflochten, die ein Fischer bequem alleine ausbringen und wieder einholen konnte. Die Krabben-Pots von heute sind eher eine Art Käfig. Große Kästen, zwei Meter breit und zwei Meter hoch bei einer Tiefe von einem Meter. Leer wiegen diese Apparate immerhin zwischen 350 und 420 Kilogramm, denn der Rahmen besteht aus Stahlstangen, die an den Ecken zusammengeschweißt sind; das Ganze wird mit einem Nylonnetz bezogen. Die Öffnung in den Maschen ist so konstruiert, dass die Krabben zwar reinkönnen, aber nicht wieder raus.

Der erste Schritt im Arbeitsablauf ist es, die Pots auszubringen, was bedeutet, die schweren Reusen über Bord zu kippen. Auf unserem Schiff machen wir es so, dass jeder jeden Job an Deck macht und wir uns regelmäßig abwechseln. Damit der Ablauf leichter nachvollziehbar ist, schildere ich ihn jetzt aber so, als würde ein Mann immer eine bestimmte Aufgabe erledigen. Es geht also damit los, dass Nick auf die Pots klettert, die in drei Lagen an Deck gestapelt sind. Wenn man noch das Freibord des Schiffs dazurechnet, liegt die obere Kante des Stapels immerhin fünfzehn Meter über dem Wasser. Wir nennen Nick deshalb auch unseren »Stapelmann«. Seine Aufgabe ist es, die Pots loszumachen und an den Kran zu hängen – und zwar immer nur einen auf einmal. Denn wenn sich das Schiff im Seegang auf die Seite legt, kippt jede Reuse, die nicht festgelascht ist, sofort über Bord. Er arbeitet in exponierter Position auf den Stapeln, keiner ist dem Wind so ausgesetzt wie er, und da oben sind die Rollbewegungen des Schiffs noch krasser zu spüren. Er lebt jedenfalls mit einem deutlich größeren Risiko, über Bord zu gehen, als seine Kumpel an Deck. Deshalb ist der Stapelmann auch der Einzige bei uns, der immer eine Schwimmweste trägt.

Edgar hat seine Position auf dem Oberdeck hinter der Brücke bezogen. Von dort hat er die beste Übersicht, wenn er den Kran bedient. Nick hängt also den Pot, der als Nächstes ins Wasser soll, in den Kranhaken ein. Edgar hievt ihn hoch und befördert ihn von seiner Position im Stapel zu unserem »Pot Launcher«, einem Stahlgestell mit einem hydraulischen Kippmechanismus, das in einem 45-Grad-Winkel zur Reling steht. Matt und Jake helfen dabei, den schweren Kasten in die Führungsschienen des Pot Launchers zu dirigieren, und haken den Kran aus. Edgar schwenkt den Kran zurück zum Stapelmann, der schon den nächsten Pot vorbereitet.

Jake und Matt öffnen derweil die Klappe des Käfigs, die eine gesamte Seite des Kastens einnimmt. Dann krabbelt Jake rein in das Ding, um den Köder anzubringen. Das ist tatsächlich der ekligste Job, den wir an Bord zu vergeben haben, und deshalb kriegt ihn traditionell immer das Greenhorn. Als Köder nehmen wir einen übel riechenden Brei, normalerweise klein geschnippelter Hering, den wir in einen Nylonsack füllen. Außerdem hängen wir noch einen kompletten Kabeljau in den Käfig. Jake liegt rücklings auf dem Boden des Pots und knotet den Köder an eine der Stahlstangen über seinem Kopf. Wenn dieser Part erledigt ist, kriecht Jake wieder raus. Matt schließt die Klappe, Jake sichert sie mit einem Bändel.

Währenddessen hat sich Matt die Markierungsboje und die zwei sorgfältig aufgeschossenen Leinen gegriffen, die wir immer in den Kä-

figen aufbewahren, wenn sie an Deck stehen. Beide Seile sind dreiund-
dreißig Faden lang, also jeweils etwa sechzig Meter. Eine Leine wird
an die Pots geknotet, sie besteht aus einer schwimm-
fähigen Polyesterfaser, damit sie sich nicht irgendwo
am Boden verheddert. Die zweite Leine wird mit der
ersten verbunden und an die Markierungsbojen geknotet. Für das obere Ende nehmen wir eine schwere
Nylonfaser – damit sie sinkt und keine überschüssige
Leine an der Oberfläche treibt, wo sie in unseren
Propeller geraten könnte. Matt legt beide Leinen so an Deck aus, dass
sie sich nicht an den Geräten an Deck verfangen können.

*Ein **Faden** war ursprünglich die Spannweite der Arme eines ausgewachsenen Mannes. Später hat sich sechs Fuß als Standardmaß durchgesetzt. Die englische Bezeichnung ist »Fathom«, deshalb wird die Einheit mit »fm« abgekürzt: 1 fm = 1,8288 m.*

Jetzt kann das Ding ins Wasser. Den Job erledigt Norman, der
vom Deck hinter der Brücke auch den hydraulischen Kippmechanismus der Startrampe für die Krabbenkäfige bedient. Ein Knopfdruck,
und das ganze Gestell wird so weit angehoben, dass der Pot über die
Reling ins Wasser rutschen kann. Letzter Schritt der Arbeitsabfolge:
Matt und Jake werfen Markierungsbojen und die Leinen hinterher.

Dieser Moment ist tatsächlich der gefährlichste im gesamten Prozess: Wenn der Stahlkäfig über Bord ist, rauscht er mit Schwung ab in
die Tiefe und zieht die Leine hinter sich her. Wenn jemand an Deck
sich jetzt in dieser Leine verheddert oder versehentlich in eine Bucht tritt, zieht sich so eine Schlaufe
unter dem Gewicht des sinkenden Pots blitzschnell
zu – und reißt den Mann im nächsten Augenblick
über Bord. Der Mann hat dann nur noch eine Minu-
te zu leben, und seine einzige Hoffnung ist es, sich selbst rechtzeitig
loszuschneiden. Doch das funktioniert eigentlich nur in der Theorie,
denn wahrscheinlicher ist, dass er sich in dem Moment, wo er über
Deck und Reling gerissen wird, so schwer verletzt und das Bewusstsein
verliert, dass er unter Wasser gar nicht mehr reagieren kann.

*»**Bucht**« ist der seemännische Ausdruck für einen Kringel in der Leine. Damit ein Seil sich beim Werfen nicht ver-knäult, wird es vorher in gleichmäßige Buchten gelegt.*

So bringen wir also unsere Krabbenfallen aus: Köder anbringen.
Pot über Bord. Und gleich der nächste. Wir legen sie einen nach dem

anderen aus, wie an einer Schnur, auch wenn sie nicht miteinander verbunden sind. Sie müssen nur möglichst auf einer Linie liegen, damit wir sie wieder einsammeln können, ohne lange suchen und den Kurs ändern zu müssen. Wir brauchen in der Regel etwa achtzig Sekunden für einen Käfig, das heißt, dass wir für eine Reihe von dreißig Reusen um die vierzig Minuten benötigen. Je nachdem wie das Wetter mitspielt oder wie groß die Abstände zwischen den Reihen sind, dauert es zwischen acht und vierzehn Stunden, alle zweihundert Käfige auszusetzen. Dabei müssen wir immer genau wissen, wie tief das Wasser ist. Wenn das Wasser auch nur einen Meter tiefer ist, als unsere Leine reicht, zieht die schwere Krabbenfalle die Boje einfach unter Wasser und wir finden sie nie wieder. Ein kostspieliger Fehler.

Wenn alle Pots auf dem Meeresgrund sind, lassen wir sie eine Weile liegen. Idealerweise werden die Krabben von unserem Köder sofort angezogen und klettern in die Falle. Die Öffnung ist immer genau so groß wie die Spezies, die wir fangen wollen. Die Biester krabbeln also durch die Öffnung, fallen auf den Boden des Käfigs – und kommen nicht mehr heraus. Ein paar Nylonmaschen im Netz werden allerdings immer durch Baumwollgarn ersetzt – als Notausstieg für den Fall, dass wir unsere Falle nicht wiederfinden. Dann verrottet der Baumwollfaden, das Netz reißt auf und die Krabben können raus. Das Ganze ist eine Erfindung der Jagd- und Fischereibehörde und wurde in den frühen Neunzigerjahren eingeführt. Die Fischer waren anfangs gar nicht begeistert von der Idee, weil sie bei der Vorbereitung der Käfige mehr Arbeit erfordert. Aber dieser zusätzliche Arbeitsschritt ist natürlich sehr sinnvoll – schon allein deshalb, weil er uns bewusst macht, dass wir mit unseren Ressourcen umsichtig wirtschaften müssen. Letztendlich profitiert die gesamte Flotte von gesunden Krabbenbeständen, das haben wir in dieser Debatte gelernt.

Die Fallen bleiben eine ganze Weile unten, ein paar Stunden auf jeden Fall, manchmal sogar ein paar Tage. Wir holen den einen oder anderen Pot probeweise hoch, um zu prüfen, ob wir ein gutes Jagdrevier erwischt haben. Wenn bei diesem Test schon nach wenigen Stunden die ersten Krabben in der Falle sind, wird es ein guter Fang.

Dann beginnt die eigentliche Maloche: Wir müssen die Fallen wieder einsammeln und an Bord hieven. Ich habe auf meiner elektronischen Seekarte markiert, wo wir sie versenkt haben, damit wir eine ungefähre Ahnung haben, wo wir suchen müssen. Aber die GPS-Koordinaten zu kennen, heißt noch lange nicht, dass wir die Markierungsbojen auf Anhieb finden, wenn wir nachts auf der Position ankommen – oder im Schneesturm, wenn das Schiff mit sieben Meter hohen Wellen kämpft. Also manövriere ich so vorsichtig wie möglich und suche die Wellenkämme ab, wenn es sein muss, sogar mit dem Fernrohr. Nur damit das klar ist: Die Fallen sind in keiner Weise mit dem Schiff verbunden. Wir müssen die Bojen finden, das ist der einzige Weg, die Fallen wieder an Bord zu bekommen. Also schleiche ich mit langsamer Fahrt voran und suche. Wenn ich die Bojen nicht erwische, muss ich umdrehen und noch einmal von vorne anfangen.

Sobald ich sie gesichtet habe, bringe ich unser Schiff näher heran, und zwar so, dass die Bojen an unserer Steuerbordseite liegen. Das klingt leichter, als es ist: Ich muss meinen vierzig Meter langen Kahn direkt neben zwei Bojen zum Stehen bringen, die nicht größer sind als Strandbälle. In schwerem Wetter muss ich dabei höllisch aufpassen, dass mich keine große Welle von der Seite erwischt.

Wenn wir unser Bojenpaar ansteuern, schnappt sich Matt seinen Wurfhaken. Das Ding ist aus Stahl und hat drei Spitzen. Es ist etwa sechzig Zentimeter lang und wiegt an die drei Kilo. Während wir mit minimaler Fahrt an der Boje vorbeidampfen, muss Matt seinen Haken so werfen, dass er genau zwischen den Bojen hindurchflutscht – als würde er einen Faden durch ein Nadelöhr stecken. Wenn er auch nur einen Zentimeter danebenwirft oder die Boje direkt trifft und der Haken abprallt, muss er ihn so schnell wie möglich für einen erneuten Versuch einholen, denn das Schiff läuft ja weiter und an unseren Pots vorbei. Sobald er seine Haken erfolgreich eingefädelt hat, zieht er an der Leine und bringt die Bojen an die Reling.

Als Nächstes müssen wir die Fallen vom Grund hochziehen. Die Aufgabe erledigt unsere hydraulische Winsch. Matt legt die Leine, die Boje und Käfig verbindet, über die Winde, Edgar drückt auf den Knopf, und die hundertzwanzig Meter lange Leine surrt an Deck. Auch das ist ein heikler Moment im Arbeitsprozess – wenn sich plötzlich überall die lose Leine kringelt. Sollte jetzt die Winde streiken oder brechen, fällt der Käfig zurück ins Wasser – und dann besteht wieder das Risiko, dass sich jemand in der ausrauschenden Leine verheddert und über Bord geht. Also müssen wir die Leine direkt aufwickeln. Als mein Vater angefangen hat mit der Krabbenfischerei, wurde das noch per Hand erledigt. Sowie die Leine von der Winde kam, musste ein Mann sie sofort in ordentliche Buchten legen. Heute haben wir eine Maschine dafür, die von außen aussieht wie ein großes Ölfass. Wir müssen die Leine nur einmal in den Apparat einfädeln, dann erledigt er alles Weitere automatisch.

Wenn der letzte Meter Seil eingeholt ist, hängt die Krabbenfalle direkt unter der Winde und schlägt an Steuerbord gegen den Rumpf. Jetzt ist wieder Edgar dran: Die Winsch kann den Pot nur bis an die Reling ziehen, nicht aber darüberheben. Auch für diesen Job haben wir eine Maschine – einen Hydraulikarm mit einem Haken an seinem Ende. Jake beugt sich über die Reling und befestigt den Haken am Stahlrahmen des Käfigs. Mit dem Hydraulikarm hievt Edgar den Kasten an Deck. Wenn viele Krabben drin sind, kann das Ding bis zu einer Tonne schwer sein. Es baumelt dann am Haken, während das Schiff in den Wellen bockt. Das ist ungefähr so, als müsste man bei einem Erdbeben einen Bagger lenken.

Um die Krabbenfalle über die Reling und auf die Startrampe zu bugsieren, beugen sich Nick und Jake jetzt weit nach vorne und greifen den Stahlrahmen. Auch das ist wieder eine potenziell gefährliche Situation, und zwar in doppelter Hinsicht: Wenn der schwere Kasten unerwartet in die falsche Richtung schwingt, kann er die Männer zu Tode quetschen. Außerdem besteht natürlich die Gefahr, dass sie ihren Halt verlieren, wenn das Schiff im Seegang ausgerechnet dann nach Steuerbord krängt, wenn sie sich nach vorne lehnen. Als wir die *Northwestern* vor zwei Jahren zur Überholung in die Werft brachten, haben wir die Reling etwa dreißig Zentimeter höhergelegt, um solchen Unfällen vorzubeugen.

Schließlich liegt der Kasten aber auf der Laderampe an der Reling, wo er hingehört. Damit er bei der nächsten Schiffsbewegung nicht wieder abhaut, sichern wir ihn mit zwei Stahlklammern, die wir »dogs« nennen.

Nächster Schritt: Wir holen die Krabben aus ihrer Falle. Wir schieben den Sortiertisch direkt unter die Öffnung des Käfigs und heben ihn mit dem Kippmechanismus unserer Laderampe so weit an, dass die Krabben herauspurzeln und in einem großen Haufen auf unserem Tisch landen.

Wenn wir an derselben Stelle weiterfischen wollen, hängen wir gleich eine neue Portion Köderfisch in den Kasten und lassen ihn wieder ins Wasser rutschen. Wollen wir aber zu anderen Fischgründen weiter, holen wir die Reste des alten Köders raus, verstauen Leinen und Bojen im Käfig und bringen ihn mit dem Kran weiter nach achtern, wo wir unser »Leergut« stapeln.

Dann werden die Krabben sortiert. Hundert Königskrabben in einem Kasten – das schafft man einmal im Leben, wenn man Glück hat. Wenn wir mit jeder Falle im Schnitt fünfzig Krabben fangen, ist das immer noch phänomenal. Auch bei dreißig Krabben pro Pot können wir uns nicht beschweren. Dann macht die ganze Fischerei richtig Spaß. Bei Opies sieht das allerdings ein wenig anders aus. Weil die deutlich kleiner sind, muss man viel mehr davon fangen. Bei Opies sind fünfzig Exemplare ein miserabler Ertrag. Da müssen es im Schnitt mindestens hundert oder zweihundert Krabben sein, und wenn es richtig gut läuft, dann sind auch schon mal Kästen dabei, aus denen wir siebenhundert oder gar tausend Tiere holen. Und damit ist nicht gemeint, wie viele wir an Bord ziehen, sondern was wir tatsächlich behalten.

Worauf wir es abgesehen haben, sind die großen männlichen Krabben, nur sind leider nicht immer nur solche Exemplare dabei. Alle Weibchen müssen wieder zurück ins Wasser. Und bei den Männchen wird die Größe des Panzers gemessen. Bei Königskrabben muss er mindestens einen Durchmesser von etwa fünfzehn Zentimetern haben, bei Opies liegt die untere Grenze bei gut elf Zentimetern. Was zu klein ist, landet wie die Weibchen wieder im Wasser. Der legale Fang rutscht durch Luken im Arbeitsdeck in die Transporttanks. Die Männer am Sortiertisch zählen genau mit, wie viele Krabben der vorgeschriebenen Mindestgröße durch ihre Hände gegangen sind. Wenn der Tisch leer ist, rechnen sie ihre Ergebnisse zusammen und melden dem Kapitän über die Gegensprechanlage, was insgesamt im Kasten war.

Manchmal herrscht unter den Männern ein regelrechter Wettkampf, wer am schnellsten ist beim Sortieren der Krabben. Natürlich kann man nicht jedes Mal ganz vorne liegen, aber die meisten Typen haben immerhin den Ehrgeiz, nicht der Langsamste am Tisch zu sein. Deshalb sieht das ziemlich hektisch aus, ein einziges Gewühl von Händen und Krabben, alles wahnsinnig fix. Wenn wir einen guten Lauf haben und viele Krabben fangen, ist es genau dieser Moment am Sortiertisch, der bei allen für beste Laune sorgt. Denn jeder weiß, dass er bares Geld verdient mit jeder Krabbe, die wir nach Hause bringen.

Die *Northwestern* hat drei große Tanks, in denen wir unseren Fang transportieren – einen ganz vorne, einen in der Mitte und noch einen achtern; unsere Ladekapazität beträgt fast hundert Tonnen. Ein System von Pumpen sorgt dafür, dass stets frisches Seewasser in den Tanks zirkuliert, weil unsere Ware lebendig an ihrem Bestimmungsort abgeliefert werden soll. Meistens fahren wir mit leeren Tanks zum Fischen los, nur wenn das Wetter richtig heftig wird, nehmen wir Wasser auf, um extra Ballast an Bord zu haben. Dann müssen wir unsere Tanks allerdings auch gleich bis an den Rand füllen, denn was man auf einem Schiff nicht haben will, sind Flüssigkeiten, die bei jeder Bewegung hin- und herschwappen wie der Kaffee in der Tasse auf der Brücke. Diese Kraft, auf den Maßstab der *Northwestern* übertragen, kann ein Schiff zum Kentern bringen. Für die Leute an Deck stellen die Tanks allerdings noch in anderer Hinsicht eine Gefahr dar: Wer in die offenen Luken tritt und stürzt, kann sich ein Bein brechen – bevor er in das drei Grad kalte Wasser fällt.

Käfige vorbereiten und über Bord, volle Kästen wieder raus, den Fang sortieren und in die Tanks – so geht das rund um die Uhr; der Prozess wiederholt sich viele hundert Mal, bis die Tanks randvoll sind. Wenn wir an die 100 000 Kilogramm Königskrabben gefangen haben, bekommen wir dafür zwischen 600 000 und eine Million Dollar. Das hängt davon ab, was der Großhandel zu zahlen bereit ist und was der Markt gerade hergibt. Dieselbe Menge Opies bringt uns etwa 300 000 Dollar.

Wenn wir das Geld in der Tasche haben, ziehen wir davon erst einmal die Kosten für die Fahrt ab: Treibstoff, Köder, Hafengebühren, Flugtickets für die Crew. Der größte Posten in der Abrechnung ist dabei immer der Sprit. Je länger die Saison dauert, desto höher ist unser Verbrauch. Während der Fangzeit für die Königskrabben verbrennen wir in der Regel an die 94 Tonnen Diesel, das macht bei einem Preis von 79 Cent pro Liter rund 75 Riesen. Wir versuchen selbstverständlich, so wenig Diesel wie möglich zu verbrauchen, aber manchmal rechnet es sich leider, mehr Treibstoff zu verbrennen, um weniger dafür zu bezahlen. Wenn Diesel in Seattle 25 Cent weniger pro Liter kostet als in Alaska, dann rentiert es sich für uns, die zwei Wochen Umweg in Kauf zu nehmen.

Aber nehmen wir einmal an, weil sich das einfacher rechnet, dass wir für eine Ladung Krabben eine glatte Million Dollar bekommen. Unsere Gesamtkosten belaufen sich auf rund 300 000 Dollar. Die restlichen 700 000 werden an die Crew und die Eigner ausgezahlt. Der

Anteil der Mannschaft liegt bei 40 bis 43 Prozent, jeder Mann an Deck bekommt zwischen fünf und sieben Prozent. Normalerweise verdienen unsere Leute während der Königskrabbensaison, die einen Monat dauert, an die 50 000 Dollar, und noch einmal fünfzig Riesen in der Opiesaison, für die wir allerdings zwei Monate lang unterwegs sind. Was nach Bezahlung der Crew übrig bleibt, gehört gewissermaßen dem Schiff und seinen Eignern – und damit Norman, Edgar und mir zu gleichen Teilen. Nur müssen wir auch noch für die Wartung des Schiffs aufkommen, und die geht ordentlich ins Geld. 2008 etwa haben wir 800 000 Dollar für die Überholung der Maschine ausgegeben. Sie kommt inzwischen in die Jahre, aber sie läuft fast wie neu.

Auf der *Northwestern* zahlen wir unserer Crew einen deutlich höheren Anteil aus als andere Eigner auf ihren Schiffen. Das hat schon unser Vater so gehalten und wir folgen seinem Beispiel aus Überzeugung. Wir wollen die besten Leute haben – und wir wollen, dass sie bei uns bleiben. Deshalb muss es sich für sie lohnen. Die Crew soll spüren, dass sich jede Anstrengung auf unserem Schiff auszahlt. Am liebsten wäre uns, wenn sie bis ans Ende ihrer Tage bei uns mitfahren. Und deshalb behandeln wir sie grundsätzlich so, dass sie wiederkommen. Denn wenn wir jede Saison mit denselben Leuten fischen, macht das die ganze Sache automatisch sicherer. Jedes Schiff hat seine Eigenheiten. Wir kennen es in- und auswendig – und je öfter die Crew mit uns fährt, desto besser lernt auch sie die *Northwestern* kennen. Mehr Fluktuation in der Mannschaft bedeutet immer, dass der Einzelne sich weniger gut auskennt mit den Geräten und unseren Arbeitsabläufen. Und dann haben wir mehr Unfälle, das lässt sich nicht verhindern.

Als ich mit der Krabbenfischerei anfing, hatten mein Vater und Karl ihren Weg als Skipper bereits gemacht. Nicht so leicht, da mitzuhalten, aber andererseits konnten sie mir Türen öffnen, die für viele andere verschlossen blieben. Wie haben sie es geschafft, in Alaska Fuß zu fassen? Die Geschichte will ich hier erzählen.

Von 1961 bis 1963, während Karl von Seattle aus zum Fischen rausfuhr, war mein Vater in Deutschland stationiert. Er hat nie viel erzählt über diese Zeit, und niemand in der Familie weiß Genaueres über dieses Kapitel in seiner Biografie. Wir wissen, dass er Panzer gefahren ist – jedenfalls gibt es ein Foto, das ihn in einer Panzer-Einstiegsluke zeigt. Auf dem Kopf trägt er eine Fellmütze, so wie man sie von den Russen kennt, mit Klappen über den Ohren. Wir wissen auch, dass er während dieser Zeit lernte, Gitarre zu spielen. Belegt ist außerdem, dass er kurz vor Weihnachten 1962 einen Brief an Karl schrieb und ihn um zweihundert Dollar bat, damit er zum Fest seine Familie in Norwegen besuchen konnte. Karl arbeitete damals auf einem Heilbutt-Trawler und verdiente etwa tausend Dollar im Monat, gar nicht mal schlecht. Er schickte Sverre fünfhundert.

Er verbrachte die Festtage also nicht in einer Kaserne auf deutschem Boden, sondern kaufte sich eine Fahrkarte nach Karmøy. Er machte ganz schön was her, als er nach Jahren in der Fremde mit seiner amerikanischen Uniform zu Hause auftauchte. Er brachte seiner Mutter einen Blaupunkt-Schallplattenspieler mit und einen ganzen Stapel Scheiben von Hank Snow. Die Nachbarn können sich heute noch daran erinnern, wie sie bei schönem Wetter die Fenster ihres Wohnzimmers weit aufriss und die Musik bis auf den Strand zu hören war: »I've been everywhere, man.«

Als Sverre eines Abends zum Tanzen in den Ort ging, waren ein paar Typen aus dem Nachbarort auf Streit aus. Sverre zog seine Uniformjacke aus, ging mit ihnen raus vor die Tür – und gab ihnen ein paar aufs Maul. Er muss in seiner Uniform ziemlich schneidig gewirkt haben, jedenfalls hinterließ er bei einer Fischerstochter namens Snefryd Jakobsen bleibenden Eindruck. Sverre machte ihr den Hof und wenig später einen Heiratsantrag. Onkel Karl sagt es so: Wenn er Sverre damals nicht die fünfhundert Dollar geschickt hätte, wäre der niemals unserer Mutter begegnet – und es hätte uns nie gegeben.

Nach dem Ende seiner Zeit beim Militär kehrte Sverre nach Seattle zurück. Er musste jetzt schnell genug Geld verdienen, damit er seine Verlobte nach Amerika holen konnte. Er ging zum Fischereihafen und fragte sich nach Dan Luketa durch. Er sagte seinem alten Boss, dass er in der Heimat ein Mädchen gefunden habe und ihr so schnell wie möglich die Überfahrt bezahlen wolle. Was er jetzt brauchte, war ein gutes Schiff.

»Wir sind leider voll«, sagte Dan Luketa. Einen zusätzlichen Mann mitzunehmen, würde bedeuten, dass alle einen kleineren Anteil bekämen, wenn es an das Verteilen der Einnahmen ging. Kein Wunder, dass die Crew sich nicht gerade begeistert zeigte. Doch Luketa hatte Sverre versprochen, dass er seinen Job nach der Zeit beim Militär wiederhaben könne. Und er hielt Wort.

»Jungs, wir fahren dieses Mal mit einem Mann extra«, verkündete er. Seine Mannschaft protestierte, aber Luketa war nicht mehr umzustimmen. Sverre hat ihm das nie vergessen – der Skipper war ein echter Ehrenmann.

Er verdiente nicht schlecht bei Luketa, aber große Sprünge konnte er mit seiner Heuer nicht machen. Sverre hätte sich gerne ein Auto gekauft, aber die Bank wollte ihm keinen Kredit einräumen. Seit Jorgen nicht mehr da war, teilte er sich mit Karl eine Wohnung im Keller eines norwegischen Paars, bei den Helgevaards, ganz in der Nähe der Third Avenue in Ballard. Karl hatte immerhin ein Auto, den alten Ford, den ihm seine Tante überlassen hatte. Einmal, nach einer langen Nacht im Malmen's, wollten Karl, Sverre und ein paar ihrer Kumpel noch zu einer Party fahren. Der Wagen stand hinter der Kneipe. Karl ließ die Karre an und die anderen quetschten sich alle mit rein. Er wollte eine kleine Show abziehen und bog mit Schwung auf die Ballard Avenue ein. Dann gab er richtig Gas – zu viel, wie sich herausstellte. Karl verlor die Kontrolle über seinen Ford, streifte vier parkende Autos und krachte dann in einen kleinen Volkswagen. Der Käfer wurde einmal um die eigene Achse geschleudert und landete auf dem Bürgersteig. Ein Fall für die Polizei, doch die kannten die Jungs aus Karmøy inzwischen schon ganz gut. »Macht bloß, dass ihr wegkommt«, sagten die Cops.

Karl zahlte für den Schaden, den er angerichtet hatte, und kam ohne großen Ärger aus der Sache raus. Einer der Polizisten verkaufte Karl sogar seinen alten Chevy, als Ersatz für den demolierten Ford.

Die Brüder waren sehr ehrgeizig. Während Sverre seinen Wehrdienst leistete, hatte Karl sich einen Ruf als der beste junge Schleppnetzfischer der Flotte in Seattle gemacht. Keiner war mit den Händen so schnell, wenn Netze zu reparieren waren, hieß es. Im Alter von sechsundzwanzig Jahren machten sie ihn bereits zum Kapitän, er war der jüngste Skipper im ganzen Nordwesten. Auf seiner ersten Fahrt mit der *West Ness* unter seinem Kommando brachte Karl seine Crew bis an die kanadische Grenze, an die Hecate Strait. Er war noch ein wenig unsicher, wie er vorgehen sollte, bis er ein Schiff sichtete, das er kannte. Es war die *Tordensjold* des alten Carl Servold, ein Freund. Karl funkte ihn per UKW an.

»Wie läuft es hier? Fängst du was?«

»Ja, Fisch ist gut hier.«

»Auf welcher Tiefe?«

Der alte Fuchs war sparsam mit seinen Antworten, doch Karl feuerte weiter seine Fragen ab: Wie stark geht die Tide hier? Wie lange lässt du das Netz unten? Und so weiter, bis es Servold schließlich zu bunt wurde.

»Du stellst zu viele Fragen, junger Mann.«

Karl hängte den Hörer auf und machte sich an die Arbeit. Er brachte sein Netz im tiefen Wasser aus, wo auch die anderen fischten. Als die Crew zum ersten Mal das Netz einholte, stieg Karl von der Brücke runter, um zu helfen. Allerdings vergaß er dabei, sein Echolot auszuschalten. Als er wieder am Ruder stand, war das Schiff in flacheres Wasser abgetrieben und das Gerät hatte ohne Pause weiter Papier ausgespuckt. Karl warf einen kurzen Blick darauf und stutzte: Das Wasser war hier noch etwa sechzig Meter tief – und überall waren die typischen Tupfen zu sehen, die Fisch im Echolot hinterlässt. *Mann, ist das ein Haufen Fisch!* Sofort kämmte Karl mit seinem Schleppnetz das flache Wasser ab, stundenlang kreuzte er hin und her, bis er rund zwanzig Tonnen Fisch an Bord hatte – Schnapper, Barsch und Seezunge. Er versuchte es gleich noch einmal. Und wieder: Bingo! Am nächsten Morgen nahm er direkt Kurs auf seine Goldader und füllte erneut seine Netze. Sein Schiff konnte an die hundert Tonnen laden. Wenn das so weiterging, waren sie binnen drei Tagen randvoll. Jetzt wurden auch die anderen Trawler-Kapitäne neugierig. Als Erster meldete sich Carl Servold über Funk.

»Was zum Teufel machst du da drüben?«

»Ich bin am Fischen«, erwiderte Karl.

»Und fängst du was?«

»Ja, kann man sagen.«

Am dritten Morgen lief es genauso gut wie an den Tagen zuvor. Wieder meldete sich Servold. Jetzt stellte er eine Frage nach der anderen. Wie viel holst du da raus? Aus welcher Tiefe? Karl hatte hundert Tonnen Fisch an Bord, er konnte der Versuchung nicht widerstehen, eine freche Antwort zu geben: »Du stellst zu viele Fragen, Alter.«

Karl holte sein Netz ein und dampfte in Richtung Seattle los. Er hielt allerdings nicht gleich genau Kurs, sondern machte einen kleinen Umweg und fuhr dicht an den anderen Fischern vorbei. Die dachten, er hätte die Fischerei im Flachen endgültig aufgegeben und würde jetzt wieder weiter draußen bei ihnen seine Netze ausbringen. Aber er dachte gar nicht daran, auch nur einen Moment die Geschwindigkeit zu drosseln, sondern machte sich stracks auf Südkurs. Es dauerte nicht lange, bis Servold sich über UKW meldete.

»Wo zum Teufel willst du denn hin?«, wollte er wissen. Seine *Tordensjold* war deutlich kleiner als die *West Ness*, und in ihren Laderäumen war noch massenweise Platz.

»Fährst du denn nicht nach Hause, wenn du den Kahn voll hast?«, gab Karl zurück.

»Herrgott!«, fluchte der Alte. Der Anfänger hatte die gesamte Flotte vorgeführt.

Trotz solcher Erfolge kam es Sverre nicht einen Moment in den Sinn, bei Karl wegen eines Jobs anzufragen. Er war zu stolz, seinen kleinen Bruder um einen Gefallen zu bitten. Er wollte es aus eigener Kraft schaffen. Im Frühling 1963 bekam er eine Heuer auf dem Holz-kutter *Seattle*, der mit Langleinen auf Heilbuttfang ging. Als Neuling auf dem Schiff war er fürs Kochen zuständig. Im April machten sie sich zum Beginn der Saison auf nach Kodiak. Es war das erste Mal, dass Sverre den hohen Norden sah: Rauch spuckende Vulkane, strahlend weiße Gletscher und zerklüftete Berggipfel, die direkt aus dem Golf von Alaska aufzusteigen schienen. In einem Sturm suchten sie Schutz in der Bucht von Akutan. Als sie den Anker ausgebracht hatten, um in Ruhe ihre Langleinen mit neuen Ködern zu versehen, kam ein Teenager in einem kleinen Boot vom Hafen zu ihnen gerudert, er war nur ein paar Jahre jünger als Sverre. Sein Name war Charlie McGlashan und er stammte aus einer Aleutenfamilie, die sich vor einem Jahrhundert auf der Insel niedergelassen hatte. Die beiden jungen Männer freundeten sich an. In Charlies Erinnerung war Sverre »ein Draufgänger, der bei der Arbeit alles daran setzte, sich bei den älteren und erfahrenen Typen an Bord zu beweisen.« Charlies Familie gehörte der Lebensmittelladen auf Akutan und eine raue Spelunke namens Roadhouse. Sverre und Charlie wurden Freunde fürs Leben. Im Laufe der Jahre ist Charlie immer mal wieder zu Besuch nach Seattle gekommen, und Sverre hat ihn unterstützt, auch mit Geld, wann immer er Hilfe brauchte. Für Sverre wurde Akutan so etwas wie eine zweite Heimat, es war ihm viel lieber als Dutch Harbor. Er tauschte bei den Insulanern frisch gefangene Krabben gegen ihren selbst geräucherten Lachs und ihre Marmelade aus Lachsbeeren. Die Freundschaft hielt sogar über Sverres Tod hinaus – Charlie wurde für Norman, Edgar und mich wie ein Onkel. Und mein Leben als Fischer wäre wahrscheinlich anders verlaufen, wenn sich diese beiden nicht an einem Tag im Sturm vor dem Hafen von Akutan kennengelernt hätten.

Im Januar 1964 kam sie dann endlich an – Sverres Braut. Er borgte sich Karls Chevy und ging mit ihr auf eine Spazierfahrt. Bis auf den Snoqualmie Pass kurvten sie hoch, und sie stolperte auf ihren hohen Absätzen durch den Schnee. Vier Tage später heirateten sie in der Fels-der-Ewigkeit-Kirche von Ballard. Danach gab es eine Feier im Haus der Helgevaards, zu der Sverre alle Fischer eingeladen hatte, die er kannte. Er bat seinen Freund Søren Sørenson, die ganze Sause zu fotografieren, aber Søren musste zugeben, dass er noch nie in seinem Leben eine Kamera in der Hand gehabt hatte. Sverre legte den Film ein und zeigte ihm die wichtigsten Handgriffe. Søren knipste fleißig – doch wie sich später herausstellte, war der Film nicht richtig in der Spule befestigt. So gab es von der Zeremonie und der Feier nicht ein einziges Bild. Karl hatte die Hochzeit übrigens komplett verpasst. Er war in Alaska, fischen.

Das frischvermählte Paar zog in eine Wohnung an der Ecke Third Avenue und 63. Straße. Es war ein modernes Gebäude mit einer Ziegelfassade, ihr Apartment hatte eine schöne Küche und große Fenster. Tormod Kristensen und seine Frau wohnten im selben Haus. Karl richtete sich sein eigenes Zimmer ein, aber eigentlich war er nie da. Er benutzte es im Prinzip nur als Lager für seine Klamotten, wenn er auf See war.

Sverre und Luketa hatten mit dem Schleppnetz vor allem im Puget Sound gefischt und nördlich der Grenze vor der Küste von British Columbia. Doch diese Fischgründe waren jetzt erschöpft. Dan Luketa war alt geworden und er konnte kaum noch sehen, deshalb wollte er selbst nicht mehr auf Krabbenfang umlernen. Aber er war entschlossen, wenigstens seine Schiffe nach Norden zu schicken, um an dem lukrativen Geschäft mitzuverdienen, das die Krabbenfänger von Alaska für sich entdeckt hatten. Luketa rüstete seine *Western Flyer* für den Krabbenfang um und heuerte einen jungen Mann namens Howard Carlough aus Alaska als Skipper an. Carlough stammte aus Seldovia und war einer der Pioniere in den neuen Jagdgründen. Er hatte schon 1953 damit angefangen, Königskrabben, Opies und Blaukrabben aus dem Wasser zu ziehen, direkt nach seiner Zeit beim Militär. »Luketa hatte mitbekommen, wie erfolgreich ich bei den Krabben war«, erinnert sich Carlough. »Er bat mich, runter nach Süden zu kommen, und schlug mir einen Deal vor, den ich nicht ablehnen konnte.« Als Crew heuerten sie zwei erfahrene Männer an, Bill Osborne und Jim Markey. Jetzt brauchten sie nur noch einen Anfänger, der das Kochen übernahm.

»Ich kenne da einen Typen, der es machen könnte«, sagte Dan Luketa. »Ein Teufelskerl.«

Und so kam Sverre Hansen zu seinem ersten Job auf einem Krabbenfänger. Jetzt war er unterwegs nach Norden. In die Beringsee.

Lass
DEN
JUNGEN
machen

N achdem sie zwei Stunden vergeblich gegen die Flammen gekämpft hatten, dachte Sverre zum ersten Mal daran, dass er sein Schiff aufgeben musste. Es war wohl doch ein Fehler, mit der *Foremost* auf die Beringsee rauszufahren; sie war für einen Einsatz unter solchen Bedingungen einfach nicht gemacht. Jetzt zahlte er den Preis dafür, dass er sie über ihre Grenzen hinaus belastet hatte.

Das eigene Schiff zu verlassen, war immer eine furchtbare Entscheidung. Und damals hatten sie auch die Überlebensanzüge nicht an Bord, die heute das Gesetz vorschreibt. Rettungsringe gab es, mehr nicht. Sverre wusste natürlich, dass sie bei den Temperaturen, wie sie im Dezember herrschen, keine vier Minuten überleben würden. Ihre einzige Hoffnung waren die Acht-Mann-Rettungsinsel und die Beiboote, die hinter der Brücke festgelascht waren. Aber da sie keinen Notruf absetzen konnten, waren die Chancen gering, dass sie schnell geborgen werden würden. Wer sollte sie hier draußen im Sturm sehen? Niemand kannte die genaue Position der *Foremost*, und wenn sie jetzt tatsächlich absoff, würde das auch niemand mitbekommen. Bei diesem Wetter hatte der größte Teil der Flotte sowieso Schutz im Hafen von

Dutch Harbor gesucht. Ihr Rettungsfloß würde möglicherweise sogar noch weiter raus auf See getrieben werden.

Leif Hagen, der die Rettungsinsel erst vor ein paar Tagen zufällig in der Kombüse entdeckt hatte, nahm die Sache in die Hand. Er zerrte die Insel aus ihrem Versteck, schleppte sie an Deck und zog an der Reißleine. Das Rettungsfloß ploppte auf wie ein riesiger orangefarbener Donut mit einem roten Gummizelt darüber. Die Männer hievten es über die Reling und ließen es in die wilde See fallen. Nur eine einzige dünne Leine verband das Floß mit dem Schiff. Nicht gerade vertrauenswürdig, aber an diesem Seil hing jetzt ihr Leben.

Jetzt oder nie. Sverre befahl seinen Männern, auch die Beiboote klarzumachen. Sie schnitten die Sicherungsleinen durch und bugsierten die Holzboote über die Reling. Am Rumpf der Boote hingen noch die Eiszapfen, als sie ins Wasser glitten, aber sie wirkten trotzdem seetüchtiger als das Gummifloß.

Eine Explosion ließ das Schiff erzittern. Instinktiv duckten sich die Männer und hielten ihre Arme schützend über den Kopf. Kann gut sein, dass sie in diesem Moment noch einmal die liebsten Bilder vor ihrem inneren Auge gesehen haben: ein Erlebnis aus der Kindheit, die Umarmung der Mutter, ein Kuss der Frau. Im nächsten Moment würden sie in einem Flammeninferno verglühen, so muss ihnen das vorgekommen sein. Aber dann hoben sie vorsichtig die Arme – und sie waren immer noch am Leben. Auch das Schiff war noch intakt, jedenfalls schwamm es noch.

Doch da erschütterte eine weitere Explosion die *Foremost*. Das hölzerne Deck unter ihren Füßen bebte. Einmal – und dann gleich ein zweites Mal. Als ob jemand unter Deck eine Dynamitstange nach der anderen zündete.

»Das sind die Batterien!«, schrie Leif.

Die Flüssigkeit in den Zellen war ins Kochen geraten und jetzt gingen die Batterien hoch, sie waren wie Sprengsätze aus Blei, Säure und Hartplastik. *Krawumm! Wumm! Wumm!* Wieder drei Explosionen.

Wie viel Zeit blieb ihnen, bis die richtigen Bomben an Bord hochgingen – die Sauerstoffflaschen? Oder der Diesel? Wie lange noch, bis ihnen die Tanks um die Ohren flogen?

»Bloß raus hier!«, brüllte Krist.

Wie ein Stoß traf Sverre die Hitze der Explosionen. Die Männer gaben den Versuch auf, die Beiboote klarzumachen, und stürzten rüber zur Rettungsinsel. Sverre sah, wie Leif und Magne die Leine losfummelten, die das Floß am Schiff festhielt. Dann erst gab er den Befehl: »Alle Mann von Bord!«

C hris Aris ging 1988 von der Highschool ab. Er wohnte noch bei seinen Eltern und wusste nicht so recht, was er mit seinem Leben anfangen sollte. Dann saß er eines Abends in seiner Stammkneipe und kam mit einem Typen aus der Nachbarschaft ins Gespräch. Mark Peterson hieß er und war nur ein Jahr älter als Chris. Als die Kneipe zumachte, zogen alle weiter zu Marks Haus. Chris registrierte sofort, dass seine neue Bekanntschaft erstens einen Porsche fuhr und zweitens auch Eigentümer des Hauses war, in dem er wohnte. Da erzählte ihm Mark, dass er einen lukrativen Job als Krabbenfischer auf einem Schiff namens *Northwestern* hatte. Chris war fasziniert. Er hatte nicht die blasseste Ahnung, was es bedeutete, als Krabbenfischer zu arbeiten, und Alaska kannte er auch nur aus dem Fernsehen. Doch als sein neuer Kumpel ihn fragte, ob er im Sommer bei der Überholung des Schiffs helfen wollte, sagte er sofort zu.

So fing Aris bei uns an – er flickte Pots, lackierte das Schiff und erledigte die vielen anderen Jobs, die in der Pause zwischen den großen Fangreisen anstehen. »Wenn du mit uns rausfahren willst, muss das mit den Knoten aber schneller gehen«, bekam er gelegentlich zu hören. Dabei arbeitete Aris schon so schnell, wie er konnte. Dann versuchte er halt, noch schneller zu werden. Das hat mir gut gefallen. Als er an Bord kam, hatte er überhaupt keine Erfahrung mit Schiffen, aber er zeigte uns, dass er sein Bestes geben würde, alles zu lernen, was er wissen musste. »Für mich war es besonders schwierig, weil ich alle Handgriffe als Linkshänder lernen musste. Die *Northwestern* war komplett auf Rechtshänder ausgelegt«, erzählt er. »Wenn sie mir zeigten, wie ein Knoten gebunden werden sollte, musste ich mir selbst beibringen, wie ich es am besten hinbekomme.« Aris arbeitete hart und wir alle mochten ihn. Er war blond, hatte blaue Augen und einen kantigen Schädel – aber keine norwegischen Wurzeln, wie sich herausstellte. Trotzdem heuerten wir ihn für die kommende Fangsaison an.

Wir hatten uns dieses Mal vorgenommen, sehr früh nach Alaska aufzubrechen, noch vor der eigentlichen Herbstsaison, um im Westen vor Adak Island schon einmal nach Braunkrabben zu suchen. So gingen wir bereits im Juli an Bord, passierten die Schleusen von Ballard und gingen auf Kurs Nord nach Alaska. Mark Peterson hatte sich freigenommen, sonst waren außer Chris Aris und mir Pete Evanson, Brad Parker, Steiner Mannes und Edgar an Bord. Achtzehn Jahre alt war mein Bruder und er hatte gerade angefangen, den Job an Deck zu lernen. Evanson und Parker, keine dreißig Jahre alt, hießen bei uns nur »die Alten«; ich selbst war in diesem Sommer dreiundzwanzig.

Chris Aris, unser Greenhorn, lernte auf die harte Tour, was mit Seekrankheit gemeint ist. Während unserer siebentägigen Überführungsfahrt nach Alaska lag er in seiner Koje und kotzte sich die Seele aus dem Leib. Vorübergehend setzte er seine Hoffnung auf Rolaids-Magentabletten, aber die halfen auch nicht. Sie sorgten nur dafür, dass er Schaum statt Galle spuckte. Es ging ihm dreckig, und ich wusste, wie das war. Man guckt den anderen beim Essen zu und fragt sich, wie sie das bloß schaffen. Der Hunger quält einen, aber essen ist das Allerletzte, was man sich vorstellen kann. Es ist wie ein Kater, der nicht enden will.

Ich war auf der *Northwestern* schon vorher gelegentlich als Ersatzskipper eingesprungen, doch in dieser Saison stand ich als regulärer Kapitän auf der Brücke. Meinen ersten Einsatz hatte ich im Jahr davor bekommen, als Tormod sich einen längeren Urlaub genehmigte. Dass er mir vorher den ein oder anderen Handgriff beibringen sollte, rang ihm nur ein unwirsches Grummeln ab, und ich konnte das sogar verstehen. »Warum soll ich ihm meine besten Tricks zeigen, wenn er dann meinen Job kriegt?«, sagte er zu einem seiner Decksleute. Auch Mangor Ferkingstad, mein alter Lehrmeister, mochte meine Beförderung nicht einfach hinnehmen – weil er sich selbst Hoffnungen auf den Posten machte. Er zeigte das ganz offen und ging zu meinem Vater, um seinen Protest anzumelden.

»Entweder gibst du mir den Job«, sagte Mangor, »oder du lässt den Jungen machen.«

Nichts lag meinem Vater ferner zu diesem Zeitpunkt, aber nachdem Mangor es angesprochen hatte, gefiel ihm die Vorstellung immer besser. Ich war krank, Grippe, und nicht an Bord. Mein Vater kam zu mir ins Zimmer und brummte unverständlich vor sich hin.

»Was ist denn los?«, fragte ich.

»Willst du das Schiff übernehmen?«

Ich wusste gar nicht, was ich damit anfangen sollte.

»Ja klar, meinetwegen.«

»Dann übernimmst du das Schiff.«

Als ich im Flugzeug nach Norden saß, dachte ich noch, er würde mit mir rausfahren und mir zeigen, wie es geht. Dass ich gleich als Kapitän das Kommando übernehmen sollte, hatte ich jedenfalls nicht erwartet. Es war Opiliosaison. Für meinen Vater waren Opies nur ein besserer Beifang, ungenießbare Käfer, die man zurück ins Wasser schmiss, wenn sie in die Fallen gerieten, weil man keinen wertvollen Platz in den Tanks verschwenden wollte, die eigentlich für die Königskrabben reserviert waren.

Mein Vater kam nach mir in Dutch Harbor an und traf sich erst einmal mit Magne Nes. Die beiden galten unter den Fischern bereits als Veteranen des Krabbenfangs. Ich bereitete mich auf die Fahrt vor, ohne zu wissen, was auf mich zukam. Und hörte, wie Magne zu meinem Vater sagte: »Jetzt lass ihn doch in Ruhe, Sverre! Lass ihn machen, wie er es für richtig hält.« Erst in diesem Moment kapierte ich es: Mein Alter dachte ernsthaft daran, mich alleine loszuschicken. Als Kapitän auf seinem Schiff.

Es war Mai. Das Wetter zeigte sich von seiner freundlichen Seite. Walt Christensen, ein Freund meines Vaters, erschien an der Reling des Schiffs, das neben uns lag, und überreichte mir eine Kladde, in der ich die Positionen meiner Krabbenfallen notieren sollte. So mache er es auch immer. Auf dem Weg zu den Fischgründen fuhr ich ihm einfach hinterher. Als wir uns dem Rest der Flotte näherten, meldete er sich über Funk und sagte: »Jetzt musst du allein sehen, wie du zurechtkommst.«

Ich hatte meinem Vater und Tormod oft genug zugesehen und wusste, wie man navigiert und seine Pots auslegt. Jetzt musste ich mir nur noch überlegen, wo ich anfangen wollte. Und ich hatte ja ein Funkgerät, ich konnte fragen, wenn ich etwas nicht wusste. Kanal 12 war der Norweger-Kanal. Selbst wenn man nachts um drei den Hörer in die Hand nahm, erwischte man irgendwo einen »Squarehead«, mit dem man quatschen konnte. »Irgendjemand an der Funke?« Und dann meldeten sich die Norweger, die Skipper oder jemand aus ihrer Crew. Wir hielten immer Kontakt.

Die anderen wussten natürlich, dass es meine erste Fahrt als Kapitän war, und sie gaben ihr Bestes, mich zu schikanieren. Mangor war inzwischen zum Skipper aufgestiegen, auf der *Western Viking*, und er machte seine Sache gut. Ich rief ihn per Funk an und ließ mir erklären, wie man auf dem Loran Wegpunkte programmierte, denn das Gerät brauchen wir, wenn wir die Fallen, die wir ausgelegt haben, wieder einsammeln wollen. Die anderen Fischer ahnten schon, dass es mir schwerfiel, Krabben zu finden. Für mich war es ein Lernprozess und meine Crew musste es wohl oder übel ertragen. Meine ersten Reihen waren eine Katastrophe. Ich

Loran (Long Range Aid to Navigation) ist ein Funknavigationssystem. Ein Hauptsender und zwei bis fünf Nebenstationen senden zeitlich versetzt Funksignale, aus denen der Empfänger an Bord die Position berechnet. Das funktioniert zuverlässig – aber nicht so genau wie das satellitengestützte GPS. Die US-Küstenwache hat im September 2010 ihre letzten Loran-Sender außer Dienst gestellt.

schaffte es nicht, gleichmäßige Abstände einzuhalten, teilweise lagen die Fallen viel zu dicht beieinander. Dann kriegte ich ständig Abläufe durcheinander und fuhr meine Bojen über den Haufen. Außerdem entwickelte ich plötzlich Symptome von Legasthenie. Ich verdrehte die Reihenfolge meiner Pots, suchte lange vergeblich nach meiner »89«, um schließlich eine »98« zu finden.

Wenn ich dann endlich einmal Krabben aufgespürt hatte, konnte es meine Mannschaft sofort an meiner Stimme hören. Ich freute mich so sehr, dass es jeder über Funk mitbekam. »Hört sich an, als ob du einen ordentlichen Haufen Krabben gefunden hast«, meldete sich Oddvar über UKW. Von ihm, zu dem ich bestimmt seit zehn Jahren aufschaute, Lob zu hören, machte mich besonders stolz. Jetzt war ich froh, jetzt fühlte ich mich endlich wohl. Obwohl ich mir immer noch nicht vorkam wie ein richtiger Kapitän – sondern eher wie ein Anfänger, der auf der Brücke steht und mit mehr Glück als Verstand seine Krabbenreusen aus dem Wasser zieht. Ich war zu diesem Zeitpunkt gerade einmal zweiundzwanzig Jahre alt und damit wahrscheinlich der jüngste Skipper der ganzen Flotte.

Mag sein, dass manche Schiffe von Leuten geführt wurden, die noch jünger waren als ich. Aber mir kamen sie in diesem Moment alle wie alte Hasen vor, die genau wussten, was sie taten. Tatsächlich brauchte man kein Patent für diesen Job, solange die Größe des Schiffs nicht ein Maximum von 200 Bruttoregistertonnen überstieg. Die *Northwestern* rangierte knapp darunter, bei 197 Tonnen. Die Entscheidung, ob ich ein Schiff dieser Größe fahren konnte, lag allein bei der Versicherung. Und bei diesem Entschluss ging es sehr subjektiv zu. Wenn die zuständigen Manager dir den Job zutrauten, bekam das Schiff seine Police. Wenn nicht, ließen sie dich durchfallen. Später erfuhr ich, dass einer der Versicherungsleute große Zweifel hegte, ob ich das Zeug zum Kapitän hatte. Er ging sogar so weit, eine Wette darauf abzuschließen, dass ich einen gravierenden Fehler machen und meine Crew in Gefahr bringen würde. Seine Einschätzung habe ihn damals viel Geld gekostet, gestand er mir viele Jahre später – weil ich meine Lehrzeit ohne einen einzigen Zwischenfall überstanden hatte.

Tatsächlich gelang es mir bald, meinen eigenen Weg zu gehen. Ich lernte mein Schiff und meine Crew immer besser kennen, bis beide für mich wie ein verlängerter Arm waren. Weil ich anfangs unsicher war, ob ich alles richtig machte, klammerte ich mich an Zahlen. Geradezu obsessiv rechnete ich ständig alles durch. Meine Mannschaft nannte mich nur noch »Käpten Casio«, weil ich dauernd irgendwelche Zahlen in meinen Taschenrechner tippte. Wenn wir in x Minuten y Kilogramm Krabben fangen, machen wir einen Gewinn von z Dollar pro Stunde. Ich konnte es nicht fassen, als einer der Skipper verkündete, er würde einen Tag Pause machen, um den Super Bowl zu sehen. Meine Crew starrte mich erwartungsvoll an, ob ich seinem Beispiel folgen würde. Also zog ich meinen Casio aus der Tasche. Wie lange dauert so ein Football-Finale – vier Stunden?

»Also, nach meiner Berechnung verdienen wir draußen beim Fischen in vier Stunden rund zehntausend Dollar«, rechnete ich ihnen vor. »Wollt ihr so viel Geld verlieren? Denn darauf läuft es hinaus.«

A lso dampften wir im Sommer 1988 nach Norden, zu meiner ersten Fangreise als Kapitän auf der *Northwestern*. Wir waren alle erleichtert, als wir die erste Etappe hinter uns hatten und im Hafen von Akutan festmachten. Wir riefen sofort über Funk bei Charlie McGlashan an und er kam runter zur Pier, um uns willkommen zu heißen. »Charlie Chan from Akutan«, das war unser Spitzname für ihn. Es war immer schön, unterwegs ein bekanntes Gesicht zu sehen. Nach dem Abendessen lud er uns zu einem Drink im Roadhouse ein.

Akutan hat sich kaum verändert, seit mein Vater hier in den Sechzigerjahren das erste Mal gelandet ist. Trident Seafoods hat das alte Fabrikschiff im Hafen durch eine neue Anlage an Land ersetzt, die in der Hochsaison bis zu achthundert Menschen beschäftigt. Die Unterkünfte für die Fabrikarbeiter liegen im Westen der Ortschaft, der alte Kern des Dorfs im Osten wirkt, als wäre die Zeit in einem vergangenen Jahrhundert stehen geblieben. Bis heute leben gerade einmal fünfundsiebzig Menschen fest auf der Insel.

Im Vergleich zu Akutan wirkt Dutch Harbor wie eine ausgewachsene Metropole. Das Terrain der Insel ist so steil und unzugänglich, dass man auf Akutan keine Landebahn bauen konnte. Ein achtsitziges Wasserflugzeug vom Typ Grumman Goose ist die einzige Verbindung nach Dutch – aber nur wenn das Wetter mitspielt. Trotzdem bevorzugen meine Brüder und ich Akutan als Basis, wenn wir fischen, weil es hier nichts anderes gibt als die Arbeit. Wir können uns auf das Wesentliche konzentrieren. Wenn ich arbeite, dann möchte ich so viel schaffen wie möglich, ohne dass mir jemand reinredet. In Dutch Harbor aber sorgen die Kneipen und die vielen Leute immer dafür, dass irgendetwas dazwischenkommt. Wenn wir von Akutan aus operieren, gehen wir eben nicht so oft in die Kneipen. Andererseits übertreiben wir es dann jedes Mal, wenn wir in Dutch Harbor festmachen.

Als wir mit Charlie beim Essen saßen, berichtete er uns von einer dramatischen Begebenheit, die wir nur knapp verpasst hatten. Am Abend zuvor waren im Roadhouse zwei Fabrikarbeiter aneinandergeraten. Der Streit endete damit, dass einer der beiden ein Messer zückte und den anderen erstach. Während Charlie die Geschichte erzählte, sah unser Greenhorn Aris mich an, und ich ahnte, was er dachte: *Worauf habe ich mich da bloß eingelassen?* Rückblickend muss ich eingestehen, dass der Mord möglicherweise ein Omen war, dass uns noch mehr Ärger bevorstand.

Von Akutan nahmen wir Kurs auf Adak, das ungefähr vierhundert Seemeilen weiter westlich lag. Die erste Aufgabe für Aris war, die Behälter für den Köder zu befüllen. Als Greenhorn bekam er noch keinen Anteil am Ertrag der Reise, sondern für jeden Tag pauschal hundert Dollar. Natürlich wurde er von allen schikaniert und herumkommandiert, wie das bei Anfängern Brauch ist. »Komm jetzt! Schneller! Hier rüber! Dorthin!« So ging das den ganzen Tag. Einmal kam ich in die Kombüse runter, als die Crew gerade fünf Minuten Pause machte. Aris saß zusammengesunken am Tisch, das Gesicht in den Händen.

»Und?«, fragte ich ihn. »Wie gefällt dir die Krabbenfischerei?«

»Es ist die Hölle auf Erden«, erwiderte er.

Ich lachte. »Okay, fünf Minuten sind rum!«

Leider geriet unser Abstecher nach Adak zum absoluten Desaster, und zwar von Beginn an. Anstatt wie üblich die Fallen einzeln auszubringen, experimentierten wir mit einem neuen Verfahren, bei dem alle Reusen an einer langen Leine hängen. Wir hatten das Schiff extra dafür mit einer besonders starken Winde ausgerüstet. Als wir nun diese lange Leine mit den Fallen vor Adak ausbrachten, zeigte mein Echolot hundertzwanzig Faden Wassertiefe, also rund zweihundert Meter. Der Meeresgrund war hier sehr uneben, alles Gestein vulkanischen Ursprungs. Leider zeigte mir der Tiefenmesser in diesem Augenblick ein doppeltes Echo an – das Meer war an dieser Stelle tatsächlich vierhundert Faden tief, über siebenhundert Meter. Und das bedeutete, dass ich meine Pots gerade in einer Tiefe versenkt hatte, wo ich sie nicht mehr bergen konnte. In diesem Moment war ich einfach nur noch ratlos, mein Magen krampfte sich zusammen, ich kam mir vor, als hätte mir jemand einen gewaltigen Tritt versetzt. Da lagen jetzt Krabbenfallen im Wert von rund 50 000 Dollar am Meeresboden. Ich war erledigt – aus, vorbei. Ich ging runter, um meiner Crew zu beichten, was passiert war. Sie starrten mich wütend an. Sie wussten auch nicht, wie wir die Pots wieder heraufbekamen; sie waren es leid, für einen Anfänger von einem Kapitän arbeiten zu müssen.

Ich hatte mein ganzes bisheriges Leben darauf hingearbeitet, als Kapitän auf der Brücke der *Northwestern* zu stehen. Endlich bot sich die Chance, aus dem Schatten meines Vaters herauszutreten und zu beweisen, dass ich das Zeug dazu hatte, einen Krabbenfänger zu führen. Und kaum war ich das erste Mal unterwegs, da richtete ich ein solches Chaos an, dass mir nichts anderes übrig blieb, als meinen Stolz hinunterzuschlucken und ausgerechnet den Mann anzurufen, bei dem es mir am peinlichsten war – meinen Alten. Es war eine klare Nacht, per Funk konnte ich ihn direkt zu Hause in Seattle erreichen.

»Du hast *was* getan?« Mein Vater hatte natürlich genau gehört, was ich erklärt hatte, auch über Funk war das gut zu verstehen. Aber es war so ein Tick von ihm: Wenn man Mist gebaut hatte, bestand er darauf, dass man es gleich noch mal wiederholte. Er wollte einen richtig leiden sehen.

»Ich hab die Pots in einer Tiefe von vierhundert Faden versenkt.«

»*Vierhundert Faden?*«

»Ja.«

»*Wie viel* Faden tief?«

»Vier. Null. Null.«

»Du kannst doch in vierhundert Faden Tiefe nicht fischen, Dummie«, sagte er, und es sollte wohl wie ein Scherz klingen.

»Das weiß ich selbst, Dad.«

»In einer Tiefe von vierhundert Faden gibt es doch überhaupt keine Krabben. Und wie willst du jetzt die Fallen wieder rauskriegen?«

»Jaja.«

»Du kannst in *fünfzig* Faden Tiefe fischen, vielleicht auch noch bei *hundert* Faden. Aber *vierhundert* Faden geht einfach nicht, *niemals*.«

Ich starrte auf den Hörer des Funkgeräts. *Was du nicht sagst, Alter.*

Wir versuchten es schließlich mit einer langen Schleppleine, an deren Ende wir einen schweren Haken befestigt hatten. Wir wussten ja ungefähr, wo wir die Fallen ausgebracht hatten. Stundenlang kreuzten wir auf und ab und zogen unseren Haken über den Meeresgrund. Ich war schwer genervt. Alle an Bord waren schwer genervt. Wir konnten förmlich spüren, wie das Geld aus unseren Taschen rieselte, und wir fingen nicht eine einzige verflixte Krabbe dabei.

Schließlich ein Schrei, unsere Nylonleine spannte sich, wir hatten unsere Pots gefunden. Vorsichtig holten wir die Leine ein. Unglücklicherweise hatten wir unsere lange Reihe Krabbenfallen ziemlich genau in der Mitte erwischt. Als die Ladung an die Oberfläche kam, hatten wir es mit einem fürchterlichen Gewirr zu tun: Die Käfige hingen beiderseits des Hakens, hatten sich teilweise verkeilt und verdreht. Es sah ungefähr so aus, als hätten wir einen Güterzug in der Mitte geschnappt und in die Höhe gezogen. Nach einem Kraftakt von neun Stunden hatten wir es geschafft, das Chaos zu entwirren, und die meisten der zwanzig Pots waren wieder an Deck. Einige konnten wir nicht retten, wir mussten ihre Leinen kappen, um überhaupt weiterarbeiten zu können. Und damit waren wir mit dieser Reise bereits tief in den Miesen. Wir schuldeten meinem Vater das Geld für die verlorenen Fallen – es würde am Schluss von unserem Anteil abgezogen werden.

Endlich ging es los mit dem Fischen. Wir brachten unsere Fallen zwei Inseln weiter westlich aus, vor Tanaga Island. Die See war ruhig, aber dichter Nebel erschwerte die Arbeit, und es waren außer uns nur wenige Boote unterwegs. Wir konnten kaum sehen, was wir machten. Als der letzte Pot unten war, trieb eine Menge loser Leinen neben dem Schiff. Ich fragte die Leute an Deck über den Lautsprecher: »Alles klar?« Sie gaben mir ein Zeichen: *Kann losgehen.* Also nahm ich langsam Fahrt auf. Doch der Propeller saugte sofort die Leine an und wickelte die Nylonfaser blitzschnell um die Propellerwelle, bis alles bombenfest saß und die Hauptmaschine abwürgte. Ich wusste gleich, dass wir ein echtes Problem hatten. Denn bei Zug auf der Leine und Reibung an der Welle heizt sich das Nylonmaterial so sehr auf, dass es zu einem soliden Klumpen zusammenschmilzt.

Jetzt trieben wir mit unserem Kahn manövrierunfähig auf See. Ohne Maschine und ohne den Funken einer Idee, wie wir unsere Schiffsschraube wieder frei bekommen sollten. Mir gelang es, per Funk einen Trawler zu erreichen, der uns in die Tanaga Bay schleppte. Einen Mechaniker gab es da nicht, nicht einmal einen richtigen Ort, aber wenigstens konnten wir in einer geschützten Bucht unseren Anker werfen, bis uns ein Ausweg aus diesem Schlamassel eingefallen war. Erst mal saßen wir ein paar Tage fest. Unser Greenhorn Chris Aris feierte seinen einundzwanzigsten Geburtstag, während wir auf Reede lagen. Schließlich musste ich doch wieder meinen Vater anrufen.

»Du hast *was* getan?«

»Hab eine Leine in den Propeller bekommen.«

»Ach, Dummie«, sagte er und lachte. »Da hast du natürlich sofort die Hauptmaschine abgewürgt.«

»Schon klar, Dad.«

»Warum bist du denn überhaupt über die Leine gefahren?«

Ja, ja, ja. Ich legte auf und verdrehte genervt die Augen.

Schließlich tüftelte ich zusammen mit der Crew eine Art Plan aus, wie wir den Propeller befreien konnten. Von einem Boot in der Nähe borgten wir uns einen Neoprenanzug und eine Tauchflasche. Keiner von uns wusste, wie man taucht, aber Brad Parker meldete sich freiwillig, es als Erster zu versuchen. Das Wasser schien uns eisig kalt – und der Neoprenanzug nicht dick genug, um unseren Mann warm zu halten. Aber auch dafür hatten wir eine Lösung, die wir einmal in dem Spielfilm *Flucht von Alcatraz* mit Clint Eastwood gesehen hatten. Parker zog sich bis auf die Unterhose aus, wir schmierten ihn erst dick mit Butter ein und wickelten ihn danach in Frischhaltefolie. Wir lachten uns kaputt dabei: Es kam uns vor, als würden wir einen riesigen Appetithappen einpacken, um ihn in den Kühlschrank zu legen. Brad schlüpfte in seine Thermowäsche und zwängte sich in den Neoprenanzug. Er hievte die Tauchflasche auf seinen Rücken und schnallte sich einen Gurt um, in den er ein Messer steckte. Der Inhalt der Flasche sollte für fünfundvierzig Minuten reichen, was uns lange genug schien, den Job unter Wasser zu erledigen. Wir hoben ihn mit dem Kran über die Reling und ließen ihn langsam ins Wasser runter.

Wir hatten damals keine Ahnung, wie so ein Neoprenanzug funktioniert. Die Idee ist eigentlich, dass der Körper den dünnen Wasserfilm zwischen Haut und dem isolierenden Neopren aufwärmt. Nur hatten wir mit der Plastikfolie dafür gesorgt, dass dieser Austausch nicht funktionierte – das Wasser blieb eisig kalt. Brad ließ den Kranhaken los und schwamm ein paar Züge in Richtung Heck. Mehr schaffte er nicht. Das Eiswasser versetzte ihm einen regelrechten Schock, und die ganze Verpackung war für ihn so beklemmend, dass er unverrichteter Dinge wieder zum Kran zurückstrampelte. Wir holten Brad an Deck, pellten die verschiedenen Schichten seiner Montur ab und wickelten ihn warm und trocken ein.

»Das war echt ätzend«, schimpfte er. Wir mussten uns also einen Plan B einfallen lassen.

Eine Stunde später schaute sich irgendjemand die Tauchflasche noch einmal näher an. Im Chaos nach Brads Schwimmversuchen hatten wir nicht darauf geachtet, ob das Ventil wieder verschlossen war. Jetzt war der Tank leer. Erneut verging ein Tag. Keine Luft zum Tauchen. Kein Motor. Keine Krabben. Und kein Geld. Aber dann hatten wir eine neue Idee: Konnte unser Taucher nicht die Luft aus dem Kompressor atmen, der bei uns im Maschinenraum stand? Ich fragte bei den Leuten nach, die uns die Tauchflasche geliehen hatten.

»Hm, besonders gut ist die Luft aber nicht«, sagten sie.

Aber wir sahen keine andere Möglichkeit. Dieses Mal zog ich den Neoprenanzug an – ohne Butter und Plastikfolie. Wir rollten dreißig Meter Schlauch vom Kompressor ab, steckten ihn oben in meinen Schnorchel und dichteten die Verbindung mit Klebeband ab. Sie ließen mich mit dem Kran in unser Beiboot runter und von da ließ ich mich ins Wasser plumpsen. Es war eiskalt. Doch mir blieb keine Zeit, lange darüber nachzudenken. Ich tauchte sofort runter und sah mir den Schaden aus der Nähe an. Die Leine, bestimmt hundert Faden lang, war ein einziger großer Knäuel, es sah aus wie ein chaotisch zusammengestecktes Vogelnest. Ich hackte mit meinem Messer drauflos. Die Luft aus dem Kompressor schmeckte nach Öl, so wie Luft im Maschinenraum eben riecht. Ich hing an unserem Propeller tief unter dem Boot und es kam mir vor, als ob das Boot ständig auf und ab stampfen würde. Dabei war das Wasser in der Bucht fast spiegelglatt. Mir wurde klar, dass ich möglicherweise ein bisschen high war von den Abgasen

oben: Mein Vater mit Edgar, Norman und mir an Bord der stählernen Foremost, 1973. (Foto: Familie Hansen)

rechts: Mit Edgar (hinten) und Norman (rechts) beim Fischen auf dem See. (Foto: Familie Hansen)

aus dem Kompressor in meiner Atemluft. Den Knäuel hatte ich beseitigt, jetzt ging es an den Klumpen, der sich direkt an der Welle gebildet hatte. Wieder säbelte ich mit meinem Messer los. Es dauerte ewig, aber es gelang mir tatsächlich, das Ding komplett zu beseitigen. Ich strampelte zurück an die Oberfläche und ließ mich per Kran aus dem Wasser ziehen. Ich zitterte wie verrückt und meine Hände waren blau von der Kälte, aber ich genoss es einfach, wieder an Deck zu sitzen.

»Hat mal jemand 'ne Zigarette?«, fragte ich. Dann warfen wir die Maschine an und dampften wieder raus auf die offene See.

Auf dieser Reise lernten wir, dass Fischen nicht dasselbe ist wie Fangen. Wir zogen reihenweise leere Fallen an Bord. Es war fürchterlich. Wir schufteten rund um die Uhr. Völlig erschöpft saßen wir morgens beim Frühstück zusammen. Wir tranken noch eine Tasse Kaffee und rauchten eine Zigarette, die paar Minuten gönnten wir uns. Ich stützte meinen Kopf nur kurz auf dem Tisch auf – und war sofort weg. Auch die anderen schliefen schon im Sitzen. Als sie zwischendurch aufwachten, krabbelten sie unter dem Tisch durch und verschwanden in ihre Kojen. Ich kam erst sechs Stunden später wieder zu mir, allein am Tisch in der Kombüse, das Gesicht in einem Teller mit den Resten vom Rührei.

In der folgenden Nacht arbeiteten wir im Schein der Natriumdampflampen durch. Wir malochten wie im Wahn, um die verlorene Zeit wieder aufzuholen. Steiner Mannes war einer meiner Decksleute, er war zwar erst achtzehn Jahre alt, aber alles andere als ein Greenhorn. Er wusste genau, was er an Bord zu tun hatte. Als wir die Käfige über Bord hievten, kickte er ein Seil mit dem Fuß aus dem Weg. Er dachte natürlich, dass auf der Leine noch kein Zug war, aber da irrte er sich. Blitzschnell zog sich eine Schlaufe um seinen Stiefel zusammen. Als er begriff, was passierte, war es schon zu spät. Bevor er reagieren konnte, riss ihn die Leine von den Füßen. Die aneinandergekoppelten Pots gingen achtern über Bord und rauschten in die Tiefe. Das Gewicht zerrte ihn über Deck, als wäre er an die Stoßstange eines Autos gefesselt und würde über den Asphalt geschleift. Er rutschte auf dem Rücken in Richtung Heck, wo nur noch die einen Meter hohe Schanz zwischen ihm und dem sicheren Tod lag. Das Deck war komplett leer, keine Krabbenfallen mehr im Weg, was bedeutete, dass er noch knapp dreißig Meter hatte, bevor es über Bord ging. Ihm blieben nur wenige Sekunden.

Brad Parker sprintete geistesgegenwärtig zur Reling und hackte mit seinem Messer auf die ausrauschende Leine ein, aber er kriegte das Ding nicht durch. Steiner schleuderte aufs Heck zu, es waren nur noch Sekundenbruchteile bis zur unvermeidbaren Katastrophe. Er würde mit Wucht gegen das Hindernis prallen, sich möglicherweise beim Aufprall die Beine brechen und dann in die Tiefe gerissen werden.

Aber er schaffte es tatsächlich, sich mit letzter Kraft gegen den Stahl der Schanz zu stemmen. Die Leine spannte sich – und riss ihm wundersamerweise nur den Schuh vom Fuß. Sein Stiefel verschwand mit dem Seil über Bord, und er saß barfuß und atemlos an Deck. Dass er diesen Ritt überlebt hatte! Er konnte es selbst kaum fassen. Parkers Messer war komplett ruiniert von den Schlägen auf den Stahl der Reling.

Steiner war noch einmal davongekommen, und das hatte er einem unglaublichen Glück zu verdanken. So nah dran, einen Mann zu verlieren, waren wir auf der *Northwestern* noch nie. Aber auch ich lernte meine Lektion aus diesem Zwischenfall. Ich hatte beim Ausbringen der Pots zu sehr aufs Tempo gedrückt. Die Katastrophe blieb uns erspart, aber diese Reise gilt bei uns seither als die schlimmste, die wir je erlebt hatten. »Ich kann mich nur erinnern, dass ich daran eigentlich nicht mehr erinnert werden wollte«, sagt Edgar über meine erste Fahrt als Kapitän, »weil das ohne Frage die beschissenste Tour aller Zeiten war.«

Bis wir schließlich unseren mageren Fang an Braunkrabben ablieferten, hatten wir so viel Diesel verbrannt, Köder vergeudet und Ausrüstung ruiniert, dass wir keinen Cent daran verdienten. Im Gegenteil, wir schuldeten dem Eigner – meinem Vater – sogar noch Geld. Die

Frau von der Fischerei- und Jagdbehörde, die unser Logbuch kontrollierte, konnte es nicht fassen, dass wir Tausende Pots ausgebracht und wieder eingeholt und kaum etwas für unsere Mühe vorzuweisen hatten. Ich versuchte zu erklären, was uns passiert war, aber sie glaubte mir kein Wort. Der Einzige, der auf dieser Reise überhaupt etwas verdient hatte, war unser Greenhorn Chris Aris, denn der bekam ja keine Anteile am Gewinn, sondern eine garantierte Heuer von hundert Dollar am Tag ausgezahlt. Der Rest von uns ging komplett leer aus.

In Adak habe ich auf die harte Tour gelernt, dass es nicht reicht, ein gutes Schiff und eine Spitzenmannschaft zu haben. Denn das ist noch lange keine Garantie, dass man auch nur eine einzige Krabbe fängt. Was Tormod einmal gesagt hat, stimmt zu hundert Prozent: »Es kommt nicht darauf an, wie viele Fallen du aus dem Wasser ziehst, sondern wie viele Krabben drin sind.« Wenn man also einen erstklassigen Vorarbeiter an Deck hat und eine eingespielte Crew, muss sich der Kapitän idealerweise überhaupt nicht mehr auf das Fischen konzentrieren. Sein Job ist es vielmehr, die Krabben zu finden. Inzwischen habe ich kapiert, wie das funktioniert.

Die meisten Fischer verlassen sich bei der Suche auf den computergestützten »Fishfinder«, ein spezielles Echolot, das die Luftbläschen in den Kiemen der Fische erkennt. Ein Bildschirm auf der Brücke zeigt dem Skipper, wo sich Kabeljau, Seezunge oder Seelachs tummeln, und er weiß genau, wo er seine Netze ausbringen muss. Das System funktioniert beim Krabbenfang leider nicht, weil der Organismus der Krabben Sauerstoff anders aufnimmt und verarbeitet und sie deshalb auf einem Fishfinder nicht zu erkennen sind. Wir können nie mit Sicherheit sagen, ob hundert Meter unter unserem Schiff auch nur eine einzige Krabbe krabbelt. Trotz all der modernen Technik und der geballten Erfahrung der Kapitäne bleibt uns nichts anderes übrig, als einen großen Käfig auf dem Meeresgrund abzustellen und darauf zu warten, dass die Krabben hineinklettern. Es stimmt schon, dass es vom Arbeitsablauf her einfacher ist, einen Pot im Wasser zu versenken als ein Treibnetz auszulegen oder ein Schleppnetz mit seinem komplizierten Geschirr zu managen. Dafür ist es eine größere Herausforderung, die Beute überhaupt aufzuspüren. Das hat etwas von Glücksspiel – und deshalb gefällt es mir so gut.

»Früher oder später findet auch die blinde Sau eine Eichel«, sagt Bart Eaton, einer von den sehr erfolgreichen Krabbenfängern. »Man braucht auch kein Genie zu sein für dieses Geschäft. Wenn du einen Pot rausholst und er ist voll, hast du die richtige Stelle gefunden. Wenn das Ding leer ist, eben nicht. Also sammelst du deinen Kram ein und fährst weiter.«

Diese Regel hilft besonders Anfängern oder Leuten, die nur gelegentlich fischen. Wenn man sich aber vorgenommen hat, die nächsten dreißig oder sogar fünfzig Jahre in diesem Geschäft Erfolg zu haben, dann braucht man ein besseres System. Krabben zu finden, verlangt nach einer optimalen Kombination von Erfahrung, Wissenschaft und Instinkt. Cleverness im Umgang mit der Konkurrenz gehört auch dazu – und natürlich Glück. Denn egal wie lange man schon dabei ist und wie genau man die Bestände untersucht und analysiert, es bleibt zu einem Teil doch immer ein Rätselraten. Wenn erst einmal das Gerät erfunden ist, mit dem sich die Krabben am Meeresgrund entdecken lassen, bedeutet das den Abschied vom traditionellen Krabbenfang, wie wir ihn betreiben. Uns braucht man dann jedenfalls nicht mehr. Was wir über die Jahre an Wissen etwa über die Migration der Krabben zusammengetragen haben, steckt dann alles in einem Computer.

B evor wir zu den technischen Details der Jagd kommen, sollten wir einen Blick auf unsere Beute werfen. Wir sprechen zwar vom »Fischen«, wenn wir Krabben fangen, aber unsere Beute hat mit Fischen nur den Lebensraum gemein. Die Krabbe ist eher mit den Spinnen verwandt, mit Skorpionen, Käfern oder Tausendfüßlern als mit Fischen wie dem Lachs oder den essbaren Muscheln. Krabben sind, wissenschaftlich gesehen, Arthropoden, auch Gliederfüßer genannt. Im Tierreich gehören sie zum Stamm der Wirbellosen. Halt geben ihnen nicht Wirbelsäule und Knochenskelett, sondern ein fester Panzer – wie bei Insekten oder Spinnen. Zur engeren Verwandtschaft unserer Krabben zählen die anderen Vertreter des Unterstamms Krustentiere: Hummer, Garnelen, Langusten. Malacostraca oder Höhere Krebse heißen diese Kreaturen. Interessant für uns ist noch mal eine Untergruppe davon, nämlich die Decapoden oder Zehnfüßer, und da speziell alles, was zu den Brachyura gehört, den Kurzschwanzkrebsen. Diese Sorte wird dann noch einmal in 93 Familien unterteilt, die insgesamt 6793 Spezies von Krabben versammeln. Manche leben im Meer, andere in Süßwasser. Alle Krabbenarten gehen auf acht Beinen und haben ein Paar symmetrische Klauen, mit denen sie ihre Beute fangen, halten und zerdrücken. Hoch im Norden, an den Küsten von Russland und Alaska, stellen die Fischer der Schneekrabbe nach, die in Japan wie in den USA als Delikatesse gilt. Zwei Hauptarten gibt es bei den Schneekrabben – Tanner oder Opilio. In den Fischgeschäften machen sie da allerdings keinen Unterschied – beide werden als »Schneekrabbe« verkauft.

Die Krabben, die ich am liebsten fange, zählen aus der Sicht des Wissenschaftlers gar nicht zu den eigentlichen Krabben. Königskrabben gehören nicht zur Untergruppe der Kurzschwanzkrebse oder echten Krabben, sondern noch einmal in eine eigene Kategorie, die bei den Spezialisten »Mittelkrebs« heißt. Wichtigster Unterschied zu den echten Krabben: Auch die Königskrabben haben zehn Beine, gehören also zu den Decapoden, aber nur acht Beine sind voll funktionsfähig. Drei Beinpaare benutzt die Königskrabbe zum Laufen, dazu kommen die beiden Scheren. Das fünfte Beinpaar ist sehr klein, fast verkümmert, und liegt unter dem Panzer versteckt am Körper an. Königskrabben werden deutlich größer als ihre »echten« Verwandten. Die Spannweite der Beine kann bis zu 2,50 Meter messen, große Exemplare bringen an die zehn Kilogramm auf die Waage. Anders als bei den

»echten Krabben« haben die Königskrabben eine Schere, die nur darauf spezialisiert ist, das Futter aufzugabeln, während die andere Killerschere dazu dient, die Beute zu erledigen.

Vierzig verschiedene Spezies gibt es bei den Königskrabben, befischt werden im Prinzip nur drei: Rote, Blaue und Braune. Am bekanntesten ist die Rote Königskrabbe mit dem wissenschaftlichen Namen *Paralithodes camtschaticus*. Der erste Teil des Namens bedeutet »zum Kämpfen« und bezieht sich auf die außergewöhnlich stark ausgeprägten Scheren; der zweite Teil steht für ihre Herkunft – sie kommt ursprünglich von der Küste der sibirischen Halbinsel Kamtschatka. Charakteristisch für die »Roten« sind außerdem die Stacheln, sie haben eine rote oder weiße Spitze. Ihr Fleisch ist zartrosa. Wir fangen sie von Dutch Harbor aus, in der Bristol Bay oder in der Beringsee. Die Fangsaison fällt in den Herbst. Blaue Königskrabben – *Paralithodes platypus* – fangen wir in der nördlichen Beringsee, in den Gewässern vor St. Matthew oder bei den Pribilof-Inseln. Sie sind der Roten Königskrabbe sehr ähnlich und werden im Laden auch meist unter demselben Namen verkauft. Die Stacheln der Blauen haben schwarze Spitzen und ihr Fleisch ist eine Spur rötlicher, aber sonst sind sie von ähnlicher Statur und Größe. Wenn ich Krabben fange, sind mir die »Blauen« am liebsten, vor allem weil es dabei im Sommer hoch in den Norden geht. Und weil ich meine erste Fangsaison überhaupt mit den Blauen Königskrabben begonnen habe.

Die Braune Königskrabbe wird auch die Goldene genannt, aber trotz des grandiosen Namens ist sie die kleinste der Königinnen aus Alaska und bei der Kundschaft weniger populär. Ihr Farbton reicht von orange bis braun.

Königskrabben leben am Meeresgrund und halten sich von den Küsten fern. Den größten Teil des Jahres verbringen sie sogar in einer Wassertiefe von mehreren hundert Metern. Erst im Winter wandern sie in flachere Gefilde. In einer Tiefe von gut fünfzig Metern häuten und paaren sie sich, und hier legen die Weibchen auch ihre Eier. Bei

ihren Wanderungen legen die Krabben teilweise mehr als hundert Seemeilen zurück.

Die Krabbe muss sich häuten, weil sie wächst. Der alte Panzer
passt nicht mehr und wird abgestoßen; darunter kommt der neue, noch
weiche Panzer zum Vorschein, der dann innerhalb eines Jahres aushär-
tet. Nur in diesem Stadium der Häutung können sich die Krabben
fortpflanzen. Das Männchen greift das Weibchen und befruchtet mit
seinem Zeugungsorgan – Gonopodium genannt – zwischen 50 000
und 500 000 Eier des Weibchens. Ich bin kein Wissenschaftler und
muss leider zugeben, dass ich nicht ganz verstanden habe, wie sie das
bewerkstelligen.

Das Weibchen trägt die Eier unter dem Schwanz auf der Bauch-
platte, und zwar elf Monate lang, bis zur nächsten Häutung, wenn sie
aus dem tiefen Wasser wieder ins Flache kommt. Dort werden dann
Millionen von Eiern abgelegt, aus denen so genannte Zoea-Larven
schlüpfen, die wie winzige Garnelen aussehen. Die Larve treibt mit der
Strömung und frisst Plankton – sofern sie nicht selbst von größeren
Kreaturen gefressen wird. Das kleine Geschöpf wächst und häutet sich
viermal, bevor es als Krabbe zu erkennen ist. Um sich vor Räubern zu
schützen, tun sich die Jungtiere im Alter von zwei bis vier Jahren in
großen Schwärmen zusammen. Tausende und Abertausende Krabben
klammern sich aneinander und rollen wie ein großer Ball über den
Meeresgrund.

Nach vier Jahren sind sie bereit, allein zurechtzukommen, doch
dann sind sie immer noch sehr klein. Ihr Panzer misst in diesem Stadium etwa sieben bis acht Zentimeter in der Breite. In diesem Alter
schließen sie sich der Migration der erwachsenen Tiere aus der Tiefe zu
den Paarungsgründen an. Sie tun in dieser Phase nichts anderes als
fressen und wachsen. Ausgewachsene Königskrabben sind Allesfresser
und vertilgen, was ihnen in den Weg kommt: Algen, Würmer, Muscheln, Seesterne, Seeigel, andere Krabben und natürlich Aas wie den
Köder in unseren Käfigen. Ausgewachsen haben sie, vom Menschen

einmal abgesehen, keine Feinde. Jungtiere stehen auf dem Speiseplan größerer Raubfische wie Heilbutt oder Kabeljau. Wenn sie diese kritische Zeit überstanden haben und nicht gleich in den nächsten Pot klettern, können Königskrabben bis zu zwanzig Jahre alt werden.

Auch erwachsene Tiere bilden manchmal große Schwärme, die Tausende Krabben zählen. Wie eine riesige Kugel »rollen« sie so über den Grund. Man muss sich das einmal bildlich vorstellen: Ein solcher Schwarm bedeckt eine Fläche, die so groß ist wie mehrere Football-Felder – alle klammern sich irgendwie aneinander fest, es ist ein irres Gewimmel von Beinen und Klauen. Tausende Tonnen Panzer wirbeln wie in einem Rausch durchs Meer. Ein Phänomen, für das die Wissenschaft noch keine Erklärung gefunden hat.

Wir würden unsere Fallen am liebsten immer genau im Zentrum dieses gewaltigen Krabben-Knäuels platzieren. Und dazu braucht es genau die Faktoren, die ich oben schon aufgezählt habe: Erfahrung, wissenschaftliche Erkenntnisse, eine Portion Gerissenheit, Instinkt – und Glück. Schauen wir uns die Sache mit der Erfahrung einmal genauer an.

Ich laufe mit meinem Schiff erst einmal Positionen an, an denen ich früher schon erfolgreich war. Mein Vater und Tormod haben genau Buch geführt, wo sie wie viele Krabben gefangen haben. Ich führe diese Tradition fort – und notiere jedes noch so kleine Detail mit Bleistift in meiner Kladde: die genaue Zahl der gefangenen Krabben für jeden einzelnen Pot – und immer auch die Koordinaten, wo wir ihn ausgelegt haben. Zusammen haben wir einen Datensatz von mehr als einer Millionen Krabbenfallen, wir können mit großer Genauigkeit sagen, wo die Krabben waren. Ob sie dann beim nächsten Mal auch da sein werden, ist eine andere Frage. Aber wir haben eine gute Ausgangsbasis.

Wir wissen, dass es die Krabben im Winter in die flacheren Gewässer zieht, aber die entsprechenden Seegebiete der Beringsee sind Hunderttausende Quadratmeilen groß, da ist eine Prognose, wo sie zu finden sein werden, immer schwer. Hier hilft uns die Wissenschaft –

auch wenn die Forscher das so nicht sagen würden. Wir gucken uns an, was sie über die Strömungen geschrieben haben, über Plankton, das Wetter, die Wassertemperatur, die Geschichte der Krabbenmigration. Diese Daten vergleichen wir mit unseren Aufzeichnungen – und treffen dann unsere Entscheidung, wo wir mit der Suche anfangen wollen.

Dabei ist es immer wichtig, clever und flexibel zu reagieren, und das meine ich mit der Portion Gerissenheit, die man braucht. Ich höre nebenbei immer auf den Funkverkehr. Wenn man gelernt hat, die Kommentare der anderen Skipper zu interpretieren, können einen auch diese Informationen zu ertragreichen Jagdgründen führen. Um die Funkerei hat sich ein regelrechter Kult entwickelt, da wird gebluft wie beim Pokern. Jedes Wort, das über Funk gesprochen wird, ist gelogen. Wenn ich Krabben gefunden habe, will ich selbstverständlich nicht, dass die anderen Skipper das mitbekommen und ihre Pots gleich in meiner Nachbarschaft ausbringen. Finde ich keine Krabben, und der andere am Funkgerät auch nicht, möchte ich ihn in seinem Glauben lassen, dass ich massenweise Krabben raushole, nur um ihn zu verunsichern. Er beginnt dann zu grübeln, wo ich stecke und was er falsch macht. Manche Schiffe arbeiten im Tandem mit einem zweiten Trawler. Wenn der eine auf ergiebige Jagdgründe gestoßen ist, will er das seinen Kumpel wissen lassen – ohne dem Rest der Flotte die Position zu verraten. Also sprechen sie in einem Code, der die Zahl der Krabben und die Koordinaten so verfremdet, dass nur der Partner kapiert, was Sache ist. Bevor so ein Tandem ausläuft, verabreden die Skipper einen Buchstabencode für bestimmte Längen- und Breitengrade. Wenn der eine Krabben entdeckt hat, funkt er dem anderen eine Position zu, die außer ihnen niemand deuten kann: »Bei Bravo Tango beißen sie.«

Aber man lernt, in den Lügen der anderen zu lesen. Wenn ein Skipper dauernd auf Sendung ist und dann plötzlich verstummt, darf man davon ausgehen, dass er auf ergiebige Vorkommen gestoßen ist. Oder dass sein Frust so groß ist, dass er lieber gar nichts mehr sagt. Es kommt auf den Typ Skipper an. Auch das ist ein Grund, warum fünfundzwanzig Jahre Erfahrung zählen in diesem Geschäft. Je besser man die Figuren kennt, desto eher kann man einschätzen, ob einer blufft oder lügt, etwas zu verbergen hat oder zur Abwechslung sogar die Wahrheit funkt. Auch wenn wir einfach nur so quatschen, um die Zeit totzuschlagen, kann ich riechen, wenn sie mich belügen. Ich weiß sofort, dass sie etwas zu verbergen haben. Ich erkenne, was sich hinter ihren Lügen versteckt. Das gehört leider zum Geschäft. Jeder Skipper muss lernen, wie er die Botschaften seiner Konkurrenten entschlüsselt. Wenn ein Neuling hier ankommt, behandeln die anderen ihn wie einen Pingpongball. Er bekommt so viele falsche Hinweise und Ratschläge, dass er anfängt, an seinem Verstand zu zweifeln.

In einer solchen Lage muss man sich auf seinen Instinkt verlassen können, das ist der nächste wichtige Punkt auf meiner Liste. Manchmal hat man eben dieses Bauchgefühl, dass man genau an der richtigen Stelle ist. Auch wenn es überhaupt nicht zu den bisherigen Mustern passt und allen Regeln der Logik widerspricht, muss man diesem Gefühl folgen, wenn man die Krabben finden will. Es kommt natürlich vor, dass man seiner inneren Stimme folgt – und schlimm danebenliegt. Wenn dein Instinkt nicht funktioniert, wirst du es in diesem Job nicht lange aushalten.

Womit wir beim letzten wichtigen Faktor wären: Glück. Gelegentlich kippst du deine Pots über Bord und sie landen auf einem Riesenhaufen von Krabben, Tausende Biester, ein Berg von Biomasse. Du hast dir das nicht erarbeitet, du hast es nicht verdient – aber in diesem Augenblick scheint einfach das Glück auf dein Schiff. Weil solche Glücksfälle für uns so wichtig sind, steigern wir uns in die seltsamsten Formen des Aberglaubens hinein. Ich zum Beispiel lasse mich durch Regeln und Gebote leiten, die ich von meinem Großvater gelernt habe. So sind Koffer auf der *Northwestern* verboten. Hufeisen als Glücksbringer gehen auf einem Schiff ebenfalls gar nicht. Bananen sind tabu. Und ich lasse es niemals zu, dass einer davon redet, wie erfolgreich unsere Saison wird, bevor wir losfahren.

Dazu kommen meine persönlichen Glücksbringer, ohne die eine Reise in meinem Universum nicht zum Erfolg führen kann. Es geht einfach nicht, ohne dass wir auf dem Weg raus auf die Beringsee bei Charlie McGlashan Halt gemacht haben. Und es wäre schön, wenn vor jeder Ausfahrt ein Priester an Bord kommen könnte, um ein Gebet zu sprechen. Dann muss einer in der Crew einem Hering den Kopf abbeißen, das bringt immer Glück. Und ich brauche eine bestimmte Sorte Bleistift mit einem Radiergummi am anderen Ende. Ohne diese Bleistifte fahre ich nicht raus, und ich umwickle die Radiergummis zusätzlich mit Isolierband, damit sie bloß nicht verloren gehen. Wenn ich das vor dem Auslaufen nicht erledigt habe, raste ich aus. Und Post-its müssen immer mit, noch so ein Ding, auf das ich unter keinen Umständen verzichten kann. Je älter man wird, desto mehr achtet man auf diese kleinen, scheinbar unwichtigen Details, und wenn sie nicht stimmen, drehst du durch. Es wird zur fixen Idee. Du wendest dein Schiff und fährst noch mal zurück, nur um den richtigen Bleistift zu besorgen. Total verrückt – ich weiß.

So komme ich also zu meiner Entscheidung, wo ich die Fallen auslege. Die nächste Frage ist, wie ich das tun will. Ein Krabbenfänger ist im Prinzip ein schwimmendes Fließband und arbeitet am effizientesten, wenn sich alle Prozesse vorhersehbar wiederholen. Das bedeutet in der Praxis, dass ich die Pots in einer geraden Linie ausbringe, in der Regel dreißig Stück hintereinander. Ich versuche es einzurichten, dass die Abstände zwischen den einzelnen Kästen gleich groß sind, damit wir für die Bearbeitung immer gleich viel Zeit haben, wenn wir sie wieder raufholen. Der Zeitraum, den wir benötigen, um von einer Position zur nächsten zu fahren, muss also genau so abgemessen sein, dass wir einen Pot an Deck hieven, den Fang sortieren und den leeren Kasten verstauen können.

Die Fallen in einer geraden Linie auslegen ist leichter gesagt als getan. Wenn die Wellen zehn Meter hoch sind und der Wind mit Sturmstärke weht, lässt sich das Schiff kaum exakt auf Kurs halten. Außerdem muss ich bereits beim Ausbringen der Pots überlegen, wie das Wetter sein wird, wenn ich sie wieder einsammeln möchte. Wenn ich im Wetterbericht höre, dass innerhalb der nächsten sechsunddreißig Stunden mit Sturm aus Nord zu rechnen ist, werde ich versuchen, meine Krabbenfallen in Nord-Süd-Richtung auszulegen, damit ich meinen Bug in die Wellen halten kann, wenn wir die Pots an Deck holen. Würde ich sie stattdessen auf einer Ost-West-Achse auslegen, müssten wir mit den schweren Apparaten auf einem Kurs quer zur See hantieren. Und das würde die Crew einem viel höheren Risiko aussetzen, von einer seitlich überkommenden Welle erwischt und über Bord gespült zu werden. Erschwert wird das Ganze noch durch die Richtung und die Stärke der Gezeiten – auch die muss ich bei meiner Rechnung berücksichtigen.

Ich werde oft gefragt, worin denn der Vorteil besteht, die Brücke weit vorne auf dem Schiff zu haben und nicht achtern. Für beide Varianten lassen sich gute Gründe anführen. Wenn der Aufbau mit der Brücke hinten platziert ist, hat der Skipper seine Crew immer im Blick und er ist der Wucht der Wellen nicht direkt ausgesetzt. Wenn er bei schwerem Wetter in die Wellen hält, muss er sich keine Sorgen machen, dass ihm ein Brecher die Scheiben einschlägt. Und die Unterkünfte sind bei einem solchen Schiffstyp in der Regel bequemer, weil es einfach mehr Platz gibt.

Außerdem kann man bei diesen Schiffen zwei Maschinen – und eben auch zwei Propeller – einbauen, wodurch sie sich besser manövrieren lassen. Wenn man eine Maschine vorwärts und die andere rückwärts laufen lässt, dreht so ein Schiff schneller als unsere *Northwestern*. Wenn ich mit meinem einzelnen Propeller hart Steuerbord oder hart Backbord legen will, brauche ich viel mehr Schwung – und mein Wendekreis ist trotzdem deutlich größer.

Aber die Brücke hinten zu haben, hat auch seine Nachteile. Zum einen kann der Skipper kaum noch sehen, wohin er fährt, wenn die Pots vor seiner Nase an Deck gestapelt sind. Und zum anderen bietet es der Crew einen wichtigen Schutz vor Wind und Wellen, wenn der Aufbau vorne steht. Ohne diesen Wellenbrecher besteht für die Männer bei ihrer Arbeit eine viel größere Gefahr, dass sie von einer überkommenden See über das Deck oder sogar von Bord geschleudert werden.

Das größte Handicap einer Brücke wie auf der *Northwestern* ist allerdings der Seeschlag. Wenn ein richtiger Kaventsmann die Brücke trifft, kann er alle Scheiben einschlagen. Das Wasser hat eine solche Wucht, dass es gelegentlich das stählerne Vordach über der Brücke trifft und es einfach nach oben umklappt – wie den Schirm einer Baseball-Kappe. Wir nennen das den »Beringsee-Salut«.

Ein weiteres Problem ist sicherlich, dass ich mich jedes Mal umdrehen muss, wenn ich sehen will, was gerade an Deck passiert. Trotzdem überwiegen meiner Ansicht nach die Vorteile einer Brücke auf dem Vorschiff. Meine Sicht nach vorn ist unverbaut und die Crew arbeitet sicher im Schutz der Aufbauten. Außerdem kann ich auf der *Northwestern* mehr Pots an Deck stapeln als bei einem vergleichbaren Schiff, das die Aufbauten hinten hat.

Wenn wir unsere Pots auslegen, muss ich auf der Brücke eine Reihe von Dingen gleichzeitig im Auge behalten. Dass ich das Schiff immer gerade in die Wellen steuere zum Beispiel. Und wenn ich einen besonders großen Brecher sehe, drücke ich auf den Knopf für das Alarmsignal, damit die Crew wenigstens noch ein paar Sekunden Vorwarnung hat, um sich ordentlich festzuhalten. Dann muss ich das Schiff auf seinem Kurs zur nächsten Markierungsboje halten und dafür sorgen, dass immer genug Fahrt im Schiff ist. Außerdem habe ich auf der Brücke eine Batterie von Monitoren; Kameras zeigen mir die Bereiche des Schiffs, die ich von der Brücke nicht einsehen kann – das Arbeitsdeck, den Maschinenraum, die Achterpiek. Wenn unsere Dieseltanks voll sind und wir bis an den Rand Krabben geladen haben, kann es schnell unangenehm werden, wenn die Achterpiek vollläuft. Deshalb behalte ich auch den hintersten Winkel unseres Schiffs immer im

Blick. Dasselbe gilt für unser Echolot. Ich muss jederzeit genau wissen, wie viel Wasser wir unter dem Kiel haben, damit wir mit unseren Pots nicht in einen Bereich kommen, der zu tief ist für unsere Leinen. Wenn die Crew einen Käfig über Bord befördert hat, trage ich seine Position sofort auf meiner elektronischen Seekarte ein. Wenn alle Kästen unten sind, sehe ich auf meinem Bildschirm präzise, wo wir sie platziert haben.

Und damit haben wir alle Faktoren zusammen, die man braucht, um Krabben zu finden. Wenn man es durchhält, jeden Punkt konsequent umzusetzen, wird man mehr fangen als der Rest der Flotte. »Highliner« nennen wir Skipper, die beständig größere Erträge einfahren als der Durchschnitt. Wer das schafft, findet automatisch auch die besten Leute, weil gute Fischer natürlich mit dem Kapitän fahren wollen, der den größten Gewinn garantiert. Man schafft es nicht jedes Jahr, unter die Highliner zu kommen. Selbst die erfahrensten Skipper mit den besten Crews brauchen immer auch das Quäntchen Glück, um an der Spitze mitmischen zu können. Drei Faktoren sind entscheidend, wenn man in der Krabbenfischerei Erfolg haben will: Man braucht Motivation, Erfahrung und Glück. Wer alle drei mitbringt, zählt zu den Highlinern. Zwei reichen immer noch für einen überdurchschnittlichen Verdienst. Wer nur einen Punkt auf der Liste erfüllt, sollte sich lieber einen anderen Job suchen.

KAPITEL
6

DUTCH

Harbour

rawumm, die nächste Explosion. Wieder schüttelte sich das **K** alte Holzschiff. Es war jetzt nur noch eine Frage von Sekunden, bis der Eimer endgültig in die Luft ging. Als Kapitän Sverre die Order »Alle Mann von Bord!« gab, da meinte er nicht: in fünf Minuten oder in sechzig Sekunden. Sondern jetzt, sofort. Alles fallen lassen, vergiss Heldentum und Würde, renn um dein Leben. Leif Hagen war der Erste an der Rettungsinsel, er warf sich einfach mit Schwung über die Reling und platschte genau auf den Eingang. Er zog das Floß näher ans Schiff und klammerte sich fest an die Reling, damit auch die anderen sicher reinspringen konnten. Dann lagen sie alle übereinander auf dem schwabbeligen Gummiboden, und das fühlte sich erst mal gar nicht wie die Rettung an. Sverre versuchte sich aufzurichten, wo er gelandet war, aber der Boden gab unter seinen Händen nach. So ungefähr musste es sein, wenn man versucht, auf einem Wasserbett Liegestütze zu machen.

Das Floß war in Luv des Schiffs festgemacht und der Sturmwind drückte es mit aller Macht gegen den hölzernen Rumpf der *Foremost*. Das Feuer hatte sich jetzt vom Maschinenraum an Deck ausgebreitet, das Achterschiff glich einem Flammenmeer. Leif schnitt die Leine durch, die das Floß mit dem Schiff verband – aber nichts geschah, es bewegte sich keinen Zentimeter, sondern hing wie festgenagelt an der Bordwand der *Foremost*. Jetzt saßen sie also mitten auf dem Ozean in einem schwabbeligen Wasserbett, das unverrückbar an einer tickenden Zeitbombe klebte. Das war ungefähr so, als würde man auf dem Highway bei hundert Sachen vorne auf der Stoßstange eines Sattelschleppers sitzen.

»Paddel raus, los!«, brüllte Sverre, und die Männer durchwühlten die Ausrüstung auf dem Boden ihres Floßes. Sie fanden nur zwei vielleicht sechzig Zentimeter lange und wenig Vertrauen einflößende Paddel, die aussahen, als gehörten sie zu einem Spielzeugboot. Leif und Magne schnappten sich die Dinger, quetschten sich unter der Abdeckung hindurch und fingen an, wie besessen in der gischtweißen See zu rühren. Krist versuchte das Floß vom Rumpf der *Foremost* abzudrücken, so gut er konnte. Sie mussten sich irgendwie am Bug vorbeihangeln, dann würde der Sturm schon dafür sorgen, dass sie loskamen von ihrem brennenden Schiff. Wenn doch bloß der Wind einen Moment nachlassen würde, dann könnten sie sich aus ihrer gefährlichen Lage befreien.

Vorsicht, was du dir wünschst, dachte Sverre noch. Und da drehte der Wind auch schon – die *Foremost* sackte nach Steuerbord und blockierte ihren Fluchtweg. Eben noch war das Floß gegen den Rumpf gedrückt worden und jetzt kam das brennende Pulverfass *ihnen* entgegen!

»Schneller!«, schrie Sverre hilflos. Er saß ohne Paddel unter dem Dach der Rettungsinsel, es blieb ihm nichts anderes übrig, als seine Leute anzufeuern. »Haut rein!«

Leif und Magne paddelten um ihr Leben. Leif spürte, wie das Blut in seinen Schläfen hämmerte, wie es in seinem ganzen Schädel wummerte. Mit ganzer Kraft und vollem Schultereinsatz riss er an dem lächerlich kleinen Paddel. Um einen besseren Hebel zu haben, hatte er das Ding weit unten gefasst – und zog seine Hand bei jedem Schlag durchs eisige Wasser. Sie waren jetzt komplett im Windschatten der

Foremost – aber der Sturm trieb das brennende Schiff schneller auf sie zu, als sie paddeln konnten. Der Kahn konnte jeden Augenblick explodieren. Und wenn sie an seiner Seite klebten wie jetzt, hätten sie genauso gut an Bord bleiben können. Das Resultat wäre jedenfalls dasselbe gewesen.

Sie versuchten auf den Bug des Dampfers zuzuhalten – und hatten zum ersten Mal Glück im Unglück. Wieder drehte der Wind, die *Foremost* schwenkte auf einen neuen Kurs und glitt qualmend an ihnen vorbei. Immer noch erschütterten kleinere Explosionen das Schiff.

Leif und Magne verstauten ihre Paddel und schnappten nach Luft, sie keuchten schwer, ihr Puls hämmerte von der Anstrengung. Aber sie waren am Leben und außer Gefahr – fürs Erste. Sie brachten den Treibanker aus, um die Driftgeschwindigkeit ihrer Rettungsinsel zu bremsen und mehr Abstand zur *Foremost* zu gewinnen. Langsam trieb das brennende Schiff weg von ihnen. Fünfzehn Meter. Dann dreißig Meter, siebzig Meter. *Mach jetzt bloß keinen Blödsinn*, sagte Sverre zu sich selbst. *Keine vorschnellen Entschlüsse, nimm dir eine Minute nach der anderen vor, dir wird schon was einfallen.*

ch bin natürlich stolz auf die Menge an Krabben, die wir im Laufe der Jahre gefangen haben, und das Geld, das wir dabei verdient haben. Trotzdem denke ich, dass es mein größter Erfolg ist, dass wir in dieser Zeit auf der *Northwestern* keinen Mann verloren haben und dass keiner unserer Leute durch eine Verletzung einen bleibenden Schaden davongetragen hat. Toi, toi, toi. Die Gefahr, dass sich jemand ernsthaft verletzt oder umkommt, ist auf einem Krabbenfänger so groß, dass es ein Fulltimejob ist, alle Sicherheitsstandards einzuhalten und zu kontrollieren. Fisch oder Krabben zu finden ist eigentlich erst Punkt Nummer zwei auf der Prioritätenliste eines Kapitäns. Der wichtigste Auftrag bleibt immer, das Schiff sicher wieder nach Hause zu bringen. Meine Bilanz sieht da auf den ersten Blick nicht schlecht aus, doch optimal ist es nicht immer gelaufen. Ein paar Mal sind wir der Katastrophe nur knapp entgangen, weshalb ich mich beim Eigenlob lieber zurückhalten möchte.

Einige dieser Geschichten werden wir niemals erzählen und lieber mit ins Grab nehmen, aber einen besonders krassen Vorfall möchte ich hier gleich beichten. Ich war damals siebenundzwanzig und wir fischten mitten im Winter Opies. Es blies mit fünfundvierzig bis fünfzig Knoten, also Windstärke neun und mehr. Die meisten anderen Fischer hatten sich in den Windschutz hinter einer Insel verkrümelt und lagen dort sicher vor Anker. Wir blieben draußen und fischten. Es war ein ziemlich mühseliges Geschäft, wir fingen deutlich weniger als die Typen, die ihre Fallen dichter unter Land ausgebracht hatten. Also trieb ich meine Leute noch mehr an, um die magere Ausbeute wieder wettzumachen. Zeit war Geld, und deshalb nahmen wir uns nicht die Zeit, das Eis wegzuschlagen, das sich auf dem Schiff gebildet hatte. Meine Leute waren sowieso schon an der Belastungsgrenze, und um das Eis zu beseitigen, hätten wir das Fischen einstellen müssen, was unseren Gewinn weiter geschmälert hätte. Wir schufteten, wir schliefen, wir standen auf und schufteten weiter. Der Eispanzer wuchs. Natürlich hätte ich längst den Befehl geben müssen, Eis zu hacken, aber ich wollte partout noch mehr Krabben fangen.

Nach ein paar Tagen war der Eispanzer auf eine Stärke von einem Meter und mehr angewachsen, vor allem auf dem Vorschiff und an der Brücke. Von den vierzehn Fenstern war mir nur das eine mit der Schleuderscheibe geblieben, alle anderen lagen unter einer dicken Schicht Eis. Es kam mir vor, als würde ich durch eine Röhre aus Eis auf die Welt gucken. Und es kam noch schlimmer. Das Schiff schleppte auf dem Vorschiff eine solche Last mit, dass es in den Wellen immer tiefer wegsackte – bis ich grünes Wasser vor der Brücke hatte. Auch das Deck hinter der Brücke versank komplett unter Wasser und der Kahn wollte gar nicht wieder hochkommen. Wenn ich jetzt nicht mit der *Northwes-*

Schleuderscheiben sind kreisrunde Glasscheiben, die von einem speziellen Rahmen eingefasst sind und von einem Elektromotor in eine sehr schnelle Rotation versetzt werden. Was auf die Scheibe trifft, egal ob Regen, Gischt, Hagel oder Schnee, wird durch die Fliehkraft nach außen geschleudert.

tern absaufen wollte, musste ich Vollgas geben und hart Ruder legen. Allerdings lag das Schiff vorne so tief, dass unser Propeller kaum noch Wasser zu fassen kriegte. Es passierte erst einmal gar nichts. Wir steckten mit dem Bug immer noch tief im Wasser. Als wir endlich nach Steuerbord drehten, erwischte uns eine Welle, sodass sich die *Northwestern* weit auf die Seite legte. Ich rechnete schon mit einer Kenterung, doch durch die Schräglage lief das Wasser vom Schiff ab und unser Kahn richtete sich langsam wieder auf. Es fühlte sich entsetzlich an, als ob wir unserem eigenen Tod in Zeitlupe zusehen würden. Doch ich schaffte es, das Schiff auf einen Kurs vor dem Wind zu bringen. Dann machten wir uns endlich daran, das Eis von Deck zu hacken, was achtzehn Stunden dauerte. Wir hatten ein Riesenglück, dass wir aus diesem Schlamassel heil rausgekommen waren. Seit diesem Zwischenfall hat die Bekämpfung von Eis an Deck für mich eine größere Priorität. Mit solchen Bedingungen ist auf der Beringsee einfach nicht zu spaßen.

In die Kategorie »Gefahren auf See« fallen auch die Kaventsmänner, denen wir auf unseren Reisen begegnet sind – Monsterwellen, die sich wie aus dem Nichts vor dem Schiff auftürmen. Einmal hatten wir gerade einen heftigen Sturm abgewettert und das Wetter sah eigentlich wieder ganz passabel aus. Wir machten uns wieder ans Fischen; alle Mann waren an Deck und sortierten Krabben, obwohl der Wind immer noch ordentlich heulte. Ich hatte das Schiff neben einer Boje aufgestoppt, damit die Crew den nächsten Pot an Bord holen konnte, als dieses Ungeheuer auftauchte: eine Wasserwand so groß wie ein Häuserblock, und es kam mir vor, als würde sie mit fünfzig Sachen auf uns zurasen. Sie knallte mit solcher Wucht aufs Schiff, dass ich schon mit eingeschlagenen Fenstern rechnete. Dann ging alles sehr schnell: Ich duckte mich instinktiv und drückte den Alarmknopf, um meiner Crew wenigstens ein Minimum an Vorwarnung zu geben – und wartete auf das Splittern der Scheiben.

Aber nichts passierte, glücklicherweise. Weil kaum noch Fahrt im Schiff war, fiel der Aufprall weniger dramatisch aus als befürchtet.

Zum einen erwischten wir die Welle genau von vorn – ich hatte den Bug ja in die See gehalten, weil wir gerade einen Krabbenkäfig an Bord holten. Und schließlich war der Kamm der Welle bereits gebrochen, die Brücke wurde nicht mehr von der ungebremsten Kraft des Kaventsmanns getroffen.

Ich kniete auf dem Boden und krabbelte erst einmal zur Tür, um mich wieder in die Senkrechte zu hangeln. Ich blickte durchs Fenster auf das Deck hinter mir – und sah nichts als Wasser, weiße Gischt von der einen Reling bis zur anderen. *Sind alle weg*, dachte ich im ersten Moment und brüllte, was meine Lungen hergaben. *Ich habe meine Brüder umgebracht, meine Crew, alle*, schoss es mir durch den Kopf. Ich öffnete die Tür, doch es rauschte immer noch Wasser übers Peildeck und ich kriegte eine eiskalte Dusche ab. Nass bis auf die Haut stand ich in der Tür und schrie mir Wut und Panik aus dem Leib.

Als ich mich wieder etwas beruhigt hatte, sah ich, wie aus dem ablaufenden Wasser Köpfe auftauchten. Erst einer, dann zwei – es waren alle noch da. Sie schüttelten sich vor Lachen. Sie hatten mein Alarmsignal gehört und waren sofort in Deckung gegangen. Bloß runter und gut festhalten – der Reflex rettete ihnen das Leben. Wenn ein Kaventsmann übers Deck fegt, bleibt einem nicht viel Zeit. Ein paar Minuten später machten wir uns wieder ans Fischen.

Ein anderes Mal dampften wir auf dem Weg in die Beringsee direkt über den Golf von Alaska. Im Prinzip ist es sicherer, dem Küstenverlauf zu folgen, doch wir wollten uns einen Tag sparen und nahmen die Abkürzung. Draußen auf dem Golf gerieten wir in einen fürchterlichen Sturm – ein wilder Ritt über die Wellen, und jeder sechste oder siebte Brecher war ein richtiges Monster. Sie kamen so regelmäßig, dass wir mitzählen und uns auf den Aufprall einstellen konnten. Wir sahen, wie sie auf uns zurasten, wie der Wellenkamm brach. Und jedes Mal wussten wir, dass wir wieder Prügel beziehen würden. Ich haute den Fahrhebel in den Leerlauf, schmiss mich hin und klammerte mich an meinen Sitz, der am Boden festgebolzt war. Ich spürte, wie das

Schiff unter dem Schlag der Welle erzitterte, dann sprang ich wieder auf, haute den Gang rein und gab wieder Gas. Wie sollten wir unter solchen Bedingungen bloß vorankommen? Der Sturm gab sein Bestes, uns daran zu hindern. Und wir waren noch weit draußen. Jeder musste Ruder gehen, wir wechselten uns regelmäßig ab. Wer am Steuer stand, musste alle paar Minuten den Aus-Schalter eines Weckers drücken, damit er nicht einpennte. Wenn der Mann am Ruder nicht rechtzeitig den Knopf drückte, rappelte der Alarm. Normalerweise stellen wir den Wecker so ein, dass er alle fünfzehn Minuten bimmelt. Aber unter diesen Umständen gingen wir auf Fünfminutenintervalle runter. Wenn jemand in dieser See im falschen Moment eindöste, würden wir sofort quer zu den Wellen geraten – und das wäre das Ende. Mark Peterson kann sich noch gut an diesen Ritt erinnern und wie er mich einmal laut schreien hörte, als wir gerade wieder in einen Kaventsmann krachten: »Fuck! Shit!« Er wusste nicht, dass ich in meiner Koje lag und im Schlaf brüllte. Einmal fiel ich sogar aus dem Bett und kletterte wieder zurück, ohne dabei aufzuwachen. *Wenn ich diesen Sturm überlebe*, hat sich Peterson in diesem Augenblick geschworen, *setze ich nie wieder einen Fuß auf einen Fischtrawler.* Wir überlebten auch dieses Unwetter – und bei der nächsten Reise war er wieder dabei. Fischen macht süchtig, da kann man jeden in unserer Crew fragen. Das ist einfach so.

Vor ein paar Jahren hatte ich die Opiefischerei eine Zeit lang richtig satt, weil wir einfach nicht genug Masse machten. Ich entschied mich, auf die Tanner-Krabbe umzusteigen. Es gab keine Begrenzung der Fangmenge, der Preis war in Ordnung und außer uns war kaum jemand draußen, um Tanner zu fangen. Wir verließen also die Opilio-Fischgründe im Westen und nahmen Kurs auf die östliche Beringsee. Die besten Vorkommen der Tanner-Krabbe lagen vor den Pribilof-Inseln. Für einen wenig erfahrenen Skipper wie mich war das ein riskantes Unterfangen: Die Anreise war weit und kostete schon ein halbes Vermögen – und das Ganze ohne Garantie, dass wir überhaupt etwas fingen. Ich ließ die *Northwestern* so schnell laufen, wie sie konnte, um Zeit und damit Geld zu sparen. Das Schiff war randvoll mit Ausrüstung, also schwer und träge. Und so krachten wir mit voller Fahrt in einen Kaventsmann. Ich war einfach zu schnell. Im nächsten Wellental schlug die *Northwestern* mit einem harten Rumms auf – und legte sich weit auf die Seite. Die Schutzwand mit dem Kran wurde eingedrückt, der Kran demolierte die Reling und riss die Tankbelüftung auf. Ein Schaden, den wir wegen der Explosionsgefahr mit dem Schweißgerät erst einmal nicht reparieren konnten. Gleichzeitig liefen unsere leeren Tanks mit Seewasser voll. Um die Schlagseite auszugleichen, die so entstand, pumpten wir Treibstoff von einem Tank in den anderen. Es blieb uns nichts übrig, als den nächsten Hafen anzulaufen. Wieder eine Lektion gelernt: Ich darf es beim Tempo nie übertreiben, egal wie eilig wir es haben. Mutter Natur ist immer stärker.

Auf einer anderen Fangreise stieg eine Monsterwelle von hinten ein. Sie rauschte über das gesamte Deck und verschluckte sogar die Aufbauten der *Northwestern*. Das Wasser hatte eine solche Kraft, dass es durch die Belüftungsrohre drückte und in unserem Bad die Decke aufplatzen ließ. Wir spülten alles einmal mit Süßwasser durch und fischten weiter. Das konnten wir reparieren, wenn die Saison vorbei war.

Auch von der Seite hat uns schon mal ein Kaventsmann erwischt. Wir wollten eigentlich gerade Kurs auf den Hafen nehmen, als diese Riesenwelle auf uns zukam. Ich drehte das Schiff ein wenig zu schnell und gab etwas zu viel Gas – und wir knallten mit so viel Schwung in das folgende Wellental, dass die *Northwestern* tief mit dem Bug eintauchte und sich platt auf die Seite legte. Ich spürte dieses komische Gefühl im Bauch, das man in der Achterbahn hat, wenn plötzlich der Sitz unter einem wegsackt oder die Fliehkräfte einen so brutal zur Seite reißen, dass man schreien möchte. Aber das Schiff richtete sich langsam wieder auf, und mir kam es so vor, als würde es dabei erleichtert nach Luft schnappen.

Ein anderes Mal fehlten nur noch ein paar Pots, wir waren fast voll. Wir hatten ausnahmsweise weit im Süden angefangen zu fischen und gleich reiche Beute gemacht. Es war die erste Tour der Saison, deshalb waren unsere Treibstofftanks noch fast voll, was allein schon genügte, um die *Northwestern* schwer und behäbig zu machen. Jetzt hatten wir aber außerdem noch drei Tanks randvoll mit Wasser und Krabben, was das Schiff noch tiefer im Wasser liegen ließ. In diesem Zustand war der Kahn kaum noch vernünftig zu manövrieren. Sein Schwerpunkt lag so tief im Wasser, dass ich mir vorkam wie in einem U-Boot kurz vor dem Tauchgang.

In der Nacht peitschte ein Sturm über uns hinweg und wir stellten die Arbeit für eine Weile ein. Auf das schwere Wetter folgte absolute Stille, die See war glatt wie gebügelt. Wir beschlossen, die letzten paar Krabbenfallen einzusammeln, um unsere gesamte Ladekapazität auszunutzen. Ich war sehr froh, dass es so gut lief, und freute mich auf die frühe Pause im Hafen. Zur Feier des Tages stellte ich auf der Brücke das Radio an und hörte Musik.

Brad Parker war unser Chief und gab bei der Arbeit immer alles. Er gehörte zu den besten in unserem Geschäft. Plötzlich sah ich aus dem Augenwinkel eine Welle auf uns zukommen, keine Gischt, nur diesen gewaltigen Berg. Kurz bevor das Monster uns erreichte, begann der Wellenkamm zu brechen. Ich drückte noch den Knopf für das Alarmsignal, aber ich war eine halbe Sekunde zu spät. Als uns das Wasser in einem Winkel von sechzig Grad traf, stand Brad direkt an der Reling. Die Woge riss ihn von den Füßen und knallte ihn gegen die Maschine, die unsere Leinen aufwickelt. Bevor er reagieren konnte, spülte das Wasser ihn weiter und schleuderte ihn auf die andere Seite vom Deck. Wir dachten alle sofort, dass er einen solchen Aufprall nicht überlebt haben konnte, und rannten rüber zu ihm. Er bewegte sich, ganz langsam. Wir standen planlos um ihn herum, wir wussten nicht, wie wir ihm helfen konnten oder ob wir ihn überhaupt nur anfassen durften.

Brad schaffte es, aus eigener Kraft und auf allen vieren bis in seine Kabine zu kriechen, wo wir ihm in seine Koje halfen und ihn festlaschten, damit er im Seegang nicht wieder herausfiel. Wir ließen den Rest der Pots am Grund und steuerten den nächsten Hafen an. Der Arzt vor Ort konnte nichts machen und schickte ihn nach Hause. Erst im Krankenhaus in Seattle stellten sie fest, dass er sich einen Wirbel angeknackst hatte.

Bis heute frage ich mich, ob ich nicht schuld daran war, dass er so schwer verletzt wurde, weil ich auf der Brücke Musik hörte, als es passierte. Wäre ich ohne die Ablenkung vielleicht die entscheidende halbe Sekunde schneller gewesen? Seit diesem Tag höre ich auf der Brücke jedenfalls keine Musik mehr, wenn wir fischen. Auch wenn es noch so gut läuft.

Doch zurück zur Geschichte von Sverre: Zuletzt hatte ich berichtet, wie er meine Mutter geheiratet und seinen ersten Job auf einem Krabbenfänger ergattert hatte. Als mein Vater und sein Bruder nach Norden fuhren, hatten sie nicht den blassesten Schimmer, was sie in der Beringsee erwartete. Sie ließen sich auf ein echtes Wagnis ein – wie damals die ersten Siedler, die im Planwagen Richtung Wilder Westen rumpelten. Es bestand durchaus die Gefahr, dass sie von ihrem Abenteuer nicht zurückkehren würden. Und dass sie auch nur einen Cent verdienen würden, war auch nicht ausgemacht. Daran müssen wir immer denken, wenn wir über unsere eigenen Erfolge reden.

Tatsächlich war Karl Johan der erste der Hansen-Brüder, der vor Alaska auf Krabbenfang ging. Nach zwei Jahren auf einem Schleppnetz-Trawler zog er im Sommer 1963 weiter nach Kodiak Island. Der Mann, mit dem er damals zusammenarbeitete, ein amerikanischer Skipper aus Tacoma, war ein verdammt guter Fischer, doch er kämpfte noch mit den Folgen einer schlimmen Tragödie, die er im Sommer zuvor erlebt hatte. Er wollte seine Familie nach Kodiak holen und sich fest auf der Insel niederlassen. Sein Schiff war ein fünfzehn Meter langer Kutter mit dem Namen *Tahiti*.

So brachte er zusätzlich zur Crew auch seine Frau und seinen Sohn auf dem Kahn mit nach Norden. In Kodiak machten sie ein paar Stunden halt. Es wehte ein höllischer Wind und die Leute warnten ihn davor, weiter nach Port Wakefield zu fahren, weil der Weg um die Landspitze unter diesen Bedingungen zu gefährlich war. Aber er dampfte trotzdem los. Er hatte keinen Ballast im Schiff, von den Möbeln einmal abgesehen, die für das neue Zuhause der Familie vorgesehen waren. Als er das Kap rundete, kenterte sein Schiff in den steilen Wellen dicht unter Land. Er griff sich seinen Sohn, schwamm mit ihm ans Ufer und setzte ihn auf einem Felsen ab. Dann kehrte er zu seinem Kutter zurück, um nach seiner Frau zu suchen, aber er konnte sie nirgends finden, sie war offenbar schon ertrunken. Als er wieder das Ufer erreichte, war auch sein Sohn verschwunden, von den Wellen fortgerissen. Er hatte beide verloren, Frau und Sohn.

Im Jahr darauf ging Karl also mit diesem Mann auf Krabbenfang und der Skipper agierte sehr nervös. Als Karl nach sechs Monaten magerer Beute im Flugzeug zurück nach Seattle saß, hatte er nicht einmal genug Geld in der Tasche, um sich ein Taxi für die Fahrt nach Hause zu leisten.

Sverre brachten die Krabben mehr Glück. Ich habe Fotos aus dieser Zeit von ihm gesehen, wie er mit Howard Carlough auf der *Western Flyer* arbeitete – im karierten Cowboyhemd mit hochgerollten Ärmeln, eine Mechanikermütze schief auf dem Kopf und ein breites Grinsen im Gesicht. Wie er da stand, sah er aus wie eine Mischung aus Norman, Edgar und mir. Sie fischten in den Gewässern der Aleuten, die gesamte Inselkette rauf und runter. In den Pioniertagen der Krabbenfischerei waren die Crews selbst dafür verantwortlich, ihren Fang am Bestimmungsort auszuladen. Einmal machte die *Western Flyer* in Akutan fest, um ihre Ladung bei der *Deep Sea* abzuliefern, die jetzt nur noch als schwimmende Fischfabrik diente. An der Pier trafen sie Sverres Freund, Charlie McGlashan.

»Willst du dir Geld verdienen und Krabben schleppen?«, fragte Sverre.

»Was zahlt ihr denn?«, gab Charlie zurück.

»Zwanzig Dollar.« Das war 1964 eine Menge Geld.

Also machte die Crew ihr Schiff fest und ging ins Roadhouse, um ein paar Biere zu trinken, während sich der junge McGlashan daran machte, die Krabben aus den Tanks der *Western Flyer* zu fischen. »Ich habe an die sechstausend Krabben ausgeladen, ganz alleine«, erinnert sich Charlie. Und damals gab es noch nicht die praktischen Standardkörbe wie heute, sondern nur große Blecheimer. In Handarbeit befüllt, wurden sie mit dem Kran auf die *Deep Sea* gehievt, wo die Krabben erst einmal in Tanks mit Seewasser zwischengelagert wurden, bevor sie geschlachtet und tiefgefroren wurden.

Gelegentlich legte die Crew der *Western Flyer* ihre Fallen direkt vor dem Hafen von Dutch Harbor aus. Natriumdampflampen hatten die Pioniere noch nicht an Bord, sie konnten nicht mehr fischen, wenn es dunkel wurde. So stand die Crew jeden Morgen um fünf Uhr auf, um mit dem ersten Tageslicht rauszufahren – und abends kam sie um sechs wieder zurück in den Hafen. Ich glaube, mein Vater hat diese Zeit geliebt, als alles noch so simpel war. Mit den technischen Innovationen, die später kamen, wurde die Arbeit zwar leichter, aber gleichzeitig zwang der zunehmende Konkurrenzdruck die Fischer, ohne echte Pause immer weiterzuschuften. Manchmal denke ich, dass es schon sehr cool gewesen sein muss ohne die Verträge, Fristen, Quoten, Regeln und Gesetze unserer Tage. Aber würde ich das Rad der Zeit zurückdrehen wollen? Nein, auf keinen Fall. Wenn ich mir überlege, wie riskant das Geschäft damals war, springe ich lieber über ein paar bürokratische Hürden. Sobald man verstanden hat, wie das System funktioniert, kann man damit sogar mehr Geld verdienen. Es macht uns nichts aus, Tag und Nacht draußen zu sein. Wer hart arbeitet, wird dafür auch belohnt. Und wenn das bedeutet, dass wir mal achtundvierzig oder sogar zweiundsiebzig Stunden lang nicht zum Schlafen kommen, dann ist das eben so.

W eil meine Mutter Snefryd niemanden in Seattle kannte und kaum Englisch sprach, flog sie zusammen mit Howard Carloughs Frau nach Dutch Harbor. Sie wollten dort den Sommer mit ihren Ehemännern verbringen. Drei Wochen lang kamen Sverre und seine junge Braut beim Piloten des Flugzeugs unter, dann zogen sie in eine kleine Hütte um, die aus Holzlatten grob zusammengezimmert war. Es war eine primitive Behausung, als Kühlschrank diente eine Holzkiste draußen vor dem Fenster. Wenn meine Mutter Milch, Käse oder Wurst auftischen wollte, musste sie sich kurz aus dem Fenster beugen, um ihre Vorräte hereinzuholen. Ein Lebensmittelgeschäft gab es nicht; was sie brauchten, mussten sie im Hotel vor Ort kaufen. Snefryd ist gelegentlich mit den Männern zum Fischen rausgefahren, doch sie wurde schnell seekrank und blieb lieber zu Hause, wenn es etwas kräftiger blies. Ihr größter Feind war allerdings die Langeweile.

Sverre hingegen hatte mehr als genug zu tun. Er arbeitete ja nicht nur an Deck der *Western Flyer*, sondern fungierte auch als Koch. Es gab einen großen Ofen auf dem Schiff, und wenn sie abends in den Hafen kamen, musste er noch das Brot backen, das sie am nächsten Morgen fürs Frühstück brauchten und als Proviant für den Tag auf See.

1964 gab es in Dutch Harbor die vielen großen Fischfabriken und Hotels noch nicht. Alaska war überhaupt erst seit fünf Jahren ein vollwertiger US-Bundesstaat und die Krabbenfischerei noch jung. Als Howard Carlough das erste Mal in Dutch Harbor einlief, bestand die Flotte aus gerade mal fünf Schiffen – zwei Kutter aus Stahl und drei Holzkähne. Ihre Ausrüstung war so vorsintflutlich wie die Radargeräte mit ihrer Reichweite von sechzehn Meilen, die sowieso nur selten zuverlässig funktionierten. Damals mussten sie sich selbst zu helfen wissen, wenn etwas an Bord nicht funktionierte, weil man nicht einfach einen Techniker anrufen konnte, der den Job erledigte. Es gab auf den Inseln weder ein Trockendock noch überhaupt einen Betrieb, der den Namen Werkstatt verdiente. Die Crews mussten mit dem zurechtkommen, was sie an Bord hatten. Mein Vater hat mir einmal von einem Schiff erzählt, das draußen bei Adak eine Dichtung an der Welle verlor und manövrierunfähig mit der Strömung driftete. Zwei andere Schiffe kamen zur Hilfe und gingen längsseits, das eine an Backbord, das andere an Steuerbord, um ein provisorisches Dock zu bauen. Dann zogen sie das Heck des Havaristen so weit aus dem Wasser, bis sie an die Propellerwelle herankamen. Eine Crew hatte ein Ersatzteil dabei, nur leider in der falschen Größe. In einem Moment seltener technischer Genialität legten sie die Dichtung in einen Topf und kochten sie drei Tage lang, bis sie weit genug war für die Propellerwelle. Das Schiff konnte seine Reise fortsetzen. Mich beeindrucken solche Geschichten bis heute – diese Kameradschaft unter den Fischern und ihr großartiges Improvisationstalent.

Fischer mussten immer eine Lösung finden, egal was ihnen unterwegs widerfuhr, weil sie meistens auf sich selbst gestellt waren. Die gruseligste Geschichte aus den Anfangstagen der Krabbenfischerei hat mir einmal Howard Carlough erzählt – ungefähr so sieht do it yourself in der Hardcorevariante aus: Ein Mann an Bord litt unter schlimmen Zahnschmerzen. Sie gossen einen Tropfen Batteriesäure in das Loch, um es zu versiegeln. Ja, richtig gelesen: Batteriesäure!

Noch ein paar Worte zu Dutch Harbor, bevor ich mit der Saga meines Vaters fortfahre: Es ist immerhin der wichtigste Schauplatz dieser Geschichte. Es braucht schon einen sehr speziellen Typus, der Dutch Harbor zu seiner Heimat erklärt. Die Einheimischen sind allesamt großartige Menschen, wie man sie sonst kaum finden wird, und sie haben in den vergangenen Jahren viel für den Ort getan. Trotzdem geht es noch immer sehr rustikal zu, für die meisten eine Nummer zu rau. Aber wir Fischer fahren da ja auch nicht aus Spaß hin, sondern weil wir einen Job zu erledigen haben. Dutch ist unser Arbeitsplatz. Ich muss allerdings zugeben, dass ich dort fast mein halbes Leben verbracht habe und mir der Ort tatsächlich ans Herz gewachsen ist.

Obwohl die Technik seit den Anfängen der Krabbenfischerei große Fortschritte gemacht hat, bleibt es ein Abenteuer, nach Dutch Harbor zu gelangen, selbst mit dem Flugzeug. Die Landung ist der heikelste Teil der Reise, mir kommt die Piste aus der Luft immer vor wie ein Zahnstocher, den man in einen Haufen Steine geworfen hat. Nur sehr kleine Maschinen können Dutch anfliegen. Oft hängen die Wolken so tief, dass der Pilot in der dicken Suppe die Landebahn nicht sehen kann. Weil das Wetter sich aber so schnell ändert auf der Insel, bleibt einem nichts anderes übrig, als hinzufliegen und auszuprobieren, ob man sicher runterkommt. Normalerweise sind die Bedingungen kurz nach Tagesanbruch am besten, was bedeutet, dass der Flieger schon in der Nacht starten muss, um den richtigen Moment abzupassen.

Wenn die Fischer mitten im Winter zur Opiliosaison von Anchorage nach Dutch fliegen wollen, müssen sie also etwa vier Stunden vor Tagesanbruch in ein zweimotoriges Propellerflugzeug steigen. Ob sie am Ende der Reise, bei der sie ordentlich durchgeschüttelt werden, tatsächlich landen können, kann ihnen niemand versprechen. Wenn das Wetter nicht mitspielt, muss der Pilot eben umkehren. Den vergeblichen Rundflug haben wir alle schon mitgemacht, und nicht nur einmal. Viele der Gestrandeten campieren dann gleich im Flughafen von Anchorage, weil sie sich für die paar Stunden Wartezeit bis zum nächsten Versuch kein teures Hotel leisten wollen.

Mein letzter Trip nach Dutch Harbor zeigt exemplarisch, womit man rechnen muss bei diesem Flug. Wenn die Türen des Flughafens morgens öffnen, stürmen Hunderte von Fischern und Fabrikarbeitern die Schalter in der Abfertigungshalle, um einen der Plätze im Flieger zu ergattern. Nur kommt es häufig vor, dass am Tag zuvor alle sechs Flüge nach Dutch wegen schlechten Wetters gestrichen werden mussten, weshalb schon ein paar Hundert Passagiere auf eine zweite Chance warten, aus Anchorage wegzukommen. Die Flüge für den nächsten Tag sind aber bereits seit Monaten ausgebucht. Auf dem Flugplan von PenAir, der einzigen Gesellschaft, die Dutch Harbor anfliegt, stehen jeden Tag sechs Flüge. Dreißig Plätze hat die Maschine – und die sind in der Regel für die nächsten zehn Tage schon komplett vergeben. So wächst der Haufen verschlafener und zerzauster Männer, die im grellen Licht der Neonröhren auf die nächste Gelegenheit warten, ihren Arbeitsplatz in der Beringsee zu erreichen. Die Abfertigungshalle zwingt zur Völkerverständigung – es warten außer weißen Amerikanern vor allem Filipinos, Mexikaner, Vietnamesen und Afrikaner.

Endlich ruft das Personal der Airline uns für den nächsten Flug auf. Die fremdländischen Namen gehen der Dame am Schalter nur schwer über die Lippen. Als mein Name an der Reihe ist und ich einchecken darf, werde ich nach meinem Gewicht gefragt. Die Vorstellung kann einen schon ein wenig nervös machen: dass es möglicherweise von ein paar Kilo mehr oder weniger abhängt, ob wir sicher fliegen. Dann öffnen sie die Tür zum Flugfeld und eisige Luft strömt herein. Draußen liegt die Temperatur sieben Grad unter null. Es ist stockfinster und ich muss mich auf meinem Weg zum Flugzeug gegen den Wind stemmen. Unter meinen Füßen knirscht der Schnee. Niemand schert sich um die Platznummern auf den Bordkarten, jeder setzt sich hin, wo er will. Alle sind ziemlich aufgekratzt, weil sie jetzt zu den Auserwählten zählen, die tatsächlich fliegen dürfen und nicht mehr in der Abfertigungshalle hocken. Die Stimmung ist ausgelassen, die Leute lachen und krakeelen durcheinander.

Der Flieger steht schon die ganze Nacht in der Kälte, und in der Kabine ist es entsprechend frostig. Die Passagiere ziehen sich ihre Kapuzen über den Kopf und stöbern in den Gepäckfächern nach Decken. Ein Typ zieht sogar seine Montur an, die er sonst auf dem Motorschlitten anhat. Wahrscheinlich ist PenAir die einzige Fluggesellschaft, deren Stewardessen bei der Arbeit einen Parka tragen, der ihnen bis über die Knie reicht. Unsere Flugbegleiterin reicht uns jetzt noch Ohrstöpsel. Schon heulen die Motoren auf. Und wir sind froh, dass es endlich losgeht.

Wir heben ab in die Dunkelheit und landen anderthalb Stunden später noch einmal in King Salmon zum Auftanken. Diese kleinen Maschinen schaffen es nicht, mit einer Tankfüllung bis nach Dutch

Harbor zu kommen. Als ich das nächste Mal aufwache, sind wir schon in Cold Bay. Hier müssen alle raus aus der Maschine. Es ist neun Uhr am Morgen, aber immer noch dunkel. Wir warten jetzt, dass es hell wird. Dann geht es weiter nach Dutch Harbor.

Aber erst einmal sitzen drei Ladungen Passagiere zusammen in dem winzigen Warteraum von Cold Bay und zittern vor Kälte. Neunzig Leute in einem Schuppen, der für dreißig Leute ausgelegt ist. Alle Bänke sind besetzt, der Rest der Leute lehnt mit dem Rücken an der Wand oder steht in der Schlange vor dem Klo. Ich gehe lieber raus und rauche eine Zigarette. Im Licht des Abfertigungsgebäudes sehe ich, wie der Wind die Schneeflocken durch die Dunkelheit wirbelt.

Um 9.30 Uhr starten wir, obwohl sich die Sichtverhältnisse mit dem Tageslicht kaum verbessert haben. Der Nebel, durch den wir fliegen, ist so dick, dass man von seinem Sitzplatz nicht weiter als bis zu den Flügelspitzen sehen kann. Um in Dutch Harbor landen zu können, brauchen wir aber mindestens drei Meilen klare Sicht. Der aktuelle Wetterbericht verspricht eine Meile. Der Pilot dreht hoch über dem Hafen geduldig seine Kreise. Gelegentlich reißt die Wolkendecke auf und ein Sonnenstrahl dringt durch das Grau, aber das ist noch nicht genug für eine Landung. Nach einer Stunde in der Warteschleife geht uns langsam der Treibstoff aus und wir kehren um nach Cold Bay. Die Stimmung unter den Passagieren kippt, sie sind genervt und sie haben Hunger. Die Stewardess verkündet, dass es an Bord leider keine Snacks mehr gebe, der Laden auf der anderen Straßenseite vor dem Warteraum aber geöffnet sei. Ein paar Leute stapfen durchs Schneegestöber los, um sich wenigstens eine Instant-Nudelsuppe aus dem Plastikbecher oder einen Mikrowellen-Burrito in den Bauch zu schlagen.

Wir vertreten uns die Füße im Schneematsch auf dem Flugfeld vor der Abfertigungshalle, bis sie uns zurück ins Flugzeug rufen. Als wir alle wieder sitzen und unsere Gurte festgeschnallt haben, eröffnet uns die Stewardess, dass wir nicht weiter nach Dutch fliegen, sondern zurück nach Anchorage. Wir haben den ganzen Tag im Flieger verbracht und stehen wieder genau da, wo wir aufgebrochen sind.

Die nächsten drei Tage stecke ich in Anchorage in einem Hotel fest. Da mein gebuchter Flug nach Dutch ausgefallen ist, muss ich jetzt auf Stand-by warten, dass ich in einem anderen Flieger mitgenommen werde. Ich schreibe meinen Namen jeden Tag wieder auf die Warteliste, aber entweder sind die Maschinen komplett voll oder sie kehren um und bringen noch mehr Passagiere zurück nach Anchorage, was die Warteliste nur weiter verlängert. Am dritten Tag stellt man mir einen Platz auf dem letzten Flug des Tages in Aussicht. Wenn man um drei Uhr nachmittags losfliege, heißt es, werde man noch vor Einbruch der Dunkelheit in Dutch landen können. Aber kurz vor dem versprochenen Start wird auch dieser Flug gestrichen. Jetzt wird es langsam eng. Es sind nur noch wenige Tage bis zum Beginn der Fangsaison.

Am vierten Tag schließlich fliegen wir bei klarem Himmel über die Eislandschaft der Aleuten und setzen kurz nach Sonnenaufgang, gegen zehn Uhr, zur Landung in Dutch Harbor an. Leichter Dunst steigt über der Iliuluk Bay auf, als der Pilot vom Norden her in Richtung Landebahn einschwenkt. Ich kann die *Northwestern* an der Pier sehen. Vor den schneebedeckten Flanken der Berge auf Unalaska gehen wir in eine scharfe Rechtskurve. Es bleibt kaum Zeit, das Flugzeug gerade auszurichten, da setzen wir schon auf. Noch ein kurzer Hüpfer, dann bremst der Pilot so hart, dass es mich nach vorne in den Gurt wirft. Mit dröhnenden Maschinen kommt das Flugzeug zum Stehen. Wir haben es geschafft.

Menschen gibt es auf den Aleuten-Inseln kaum. Während des Zweiten Weltkriegs haben die USA auf Amchitka Island sogar drei Atombomben gezündet, so einsam ist die Region. Die wenigen Siedlungen der Ureinwohner – Akutan, Atka, Nikolski und False Pass – zählen weniger als hundert Menschen, die das ganze Jahr über bleiben. Im Marinestützpunkt Adak waren einmal mehr als fünftausend Soldaten stationiert, doch inzwischen hat man die Truppenstärke auf dreihundert Mann reduziert. Unalaska und Dutch Harbor sind die bei weitem größten Orte. Wenn man beide zusammenzählt, kommt man auf fast fünftausend Einwohner.

Mit seinem geschützten Naturhafen und der Trinkwasserversorgung durch den Fluss war Unalaska schon seit Jahrhunderten ein wichtiger Handelsposten. Achthundert Meilen südöstlich von Russland gelegen und achthundert Meilen westlich von der Siedlung, die wir heute als Anchorage kennen, bildete es den idealen Zwischenstopp zwischen der Alten und der Neuen Welt. Die Ureinwohner waren allesamt Aleuten, die fast ausschließlich vom Fischfang lebten, denn die kargen Böden der Insel gaben nicht genug her zum Leben – und in den langen Wintern schon gar nicht. Das einzig Essbare, was auf diesen baumlosen Eilanden wächst, sind Gräser und Beeren.

Die Aleuten haben eine reiche maritime Geschichte, und es ist eine Ehre, Teil dieser Tradition zu sein. Russen waren 1741 die ersten Europäer, die nach Alaska aufbrachen. Die beiden Kapitäne Vitus Bering und Alexej Tschirikow segelten mit ihren Schiffen *Sankt Peter* und *Sankt Paul* von Kamtschatka aus gen Osten über das gefährliche Meer. Kurz bevor sie die amerikanische Küste erreichten, wurden die beiden Schiffe in einem Sturm getrennt. Tschirikow folgte der Festlandsküste und erkundete den Südosten Alaskas.

Dem gebürtigen Dänen Bering war weniger Glück beschieden: Auf seiner Fahrt entlang der Aleuten-Inselkette wurde er krank. Er hoffte, noch rechtzeitig den Rückweg nach Russland zu schaffen, doch er lief bei einer kleinen, unbewohnten Insel vor Kamtschatka auf Grund. Bering und achtundzwanzig seiner Männer starben wenig später an Skorbut. Die verbliebenen sechsundvierzig Mann bargen das Holz des Havaristen und zimmerten sich ein neues, etwa zwölf Meter langes Schiff, mit dem sie schließlich heil nach Russland zurückkehrten. Die Beringsee und Bering Island tragen bis heute den Namen des Mannes, der sein Leben dabei verloren hat, sie zu erkunden.

Bering und seine Crew kamen allerdings nicht bis nach Unalaska, die Ehre gebührt russischen Pelzhändlern, die dort 1759 an Land gingen. Sie vertrugen sich nicht besonders gut mit den rund eintausend einheimischen Aleuten, auf die sie dort stießen. Die Kämpfe zwischen Europäern und Ureinwohnern flackerten jahrelang immer wieder auf. Viele Menschen kamen um, viele Schiffe wurden versenkt – bis es den Russen schließlich doch gelang, die Insulaner zu unterjochen. Zehn Jahre nach ihrer Ankunft hatten sie Unalaska zu einem gutgehenden Handelsposten ausgebaut. Die russisch-orthodoxe Kirche steht noch heute, wo sie 1826 geweiht wurde – gleich um die Ecke vom Elbow Room.

Dann kamen die Emporkömmlinge aus den USA nach Norden und kauften den Russen Alaska zu einem Spottpreis von 7,2 Millionen Dollar ab. Das macht pro Hektar grob gerechnet fünf Cent – womit Dutch Harbor nach meiner Schätzung komplett nicht mehr als fünfzehn Dollar gekostet haben dürfte. Als Erstes brachten die Amerikaner Polarfüchse, mit denen sie eine profitable Zucht aufbauen wollten. Als der Goldrausch begann, war das schnell vergessen. Dutch Harbor stellte sich auf Kohle um – die Dampfer brauchten auf dem langen Weg nach Norden eine Station, wo sie ihren Brennstoffvorrat auffüllen konnten.

Nachdem Alaska 1959 offiziell als 49. Staat in die Union aufgenommen worden war, kamen die Fischer gleich scharenweise. Die Fischgründe der Beringsee waren das neue Eldorado, auch wenn sich alle einig waren, dass dieses Meer viel zu mächtig und gefährlich war für die Holzkutter, die den größten Teil der Flotte ausmachten. In den ruhigeren Gewässern des Puget Sound oder auch der Bristol Bay genügten die alten Schiffe vielleicht – aber hier im hohen Norden? So schnell wie die Krabbenfischerei wuchs, stieg auch die Zahl der Schiffe, die unter solchen Umständen kenterten und mit Mann und Maus verloren gingen. Aber auch das hat niemanden daran gehindert, sein Glück mit den Krabben zu versuchen.

D amit sind wir wieder bei der Lebensgeschichte meines Vaters. Im Sommer 1964 schloss sich Sverre Hansen den Männern an, die den Wanderungen der Krabben in Alaska folgten. Sie fingen im Juni vor Kodiak Island an und arbeiteten sich über
Chiknik, Sand Point und Dutch Harbor bis in den fernen Westen nach
Adak vor, wo sie im März oder April die Fangsaison beendeten. Dann
ging es zurück nach Seattle, um das Schiff für die nächste Reise vorzubereiten. Im Juni begann der Zyklus von vorn. (Ein Sommer in Dutch
Harbor war meiner Mutter übrigens genug, sie ist danach nie wieder
hingefahren.)

Die Industrie entwickelte sich rasant. Die US-Fischereibehörde
meldete immer neue Rekordwerte. 1964 wurden 39 Millionen Kilogramm Krabben angelandet – alle verschiedenen Arten zusammen-
gerechnet. 1965 waren es bereits 59 Millionen Kilo und im Jahr
darauf wuchs die Fangmenge auf 72 Millionen Kilogramm an. Innerhalb von nur zehn Jahren hatte sich die Menge der gefangenen
Krabben verzehnfacht. Dass nicht noch mehr gefischt wurde, lag
nicht an den Quoten oder anderen staatlichen Auflagen, sondern allein daran, wie viel Geld die Verarbeiter und Vermarkter aufbringen
konnten, um den Fischern ihre Beute abzukaufen. Wie groß ist die
Lagerkapazität? Wie schnell können die Unternehmen ihre Ware losschlagen? Das waren die Faktoren, die entschieden, wie viele Krabben gefangen wurden. »Wenn ein Händler so viele Krabben aufge-
kauft hatte, wie er glaubte, wieder absetzen zu können«, erinnert sich
Lloyd Cannon, »dann hörten alle erst einmal auf zu fischen und der
Typ machte sich auf nach Süden, um seine Ware an den Mann zu
bringen. Nicht die Dauer der Fangsaison setzte uns die Grenzen,
sondern die Kapazität der weiterverarbeitenden Unternehmen, ihr
Produkt auch zu verkaufen.«

Das Einzige, was die Krabbenfischer sonst in ihrem Eifer stoppen
konnte, waren Havarien. Bei den vielen alten Holzkähnen, die in den
Anfangsjahren auf den Gewässern Alaskas unterwegs waren, konnte

man sich nie sicher sein, ob die Fischer wieder heil in den Hafen kamen. Eine Beinahekatastrophe von der *Western Flyer* zeigt, wie riskant der Job auf der Beringsee damals war, selbst wenn die Eigner und die Crews ihr Bestes gaben, das Schiff für die harten Bedingungen im Norden fit zu machen.

Sverre, Howard Carlough und ihre Crew querten den Golf von Alaska in der *Western Flyer*, die Dan Luketa gerade erst mit einem neuen Aluminiumtank für die Krabben ausgerüstet hatte. Doch die Ingenieure hatten beim Einbau nicht bedacht, wie stark ein Holzschiff im Wellengang arbeitet, wie sehr sich die Verbände verziehen. Hunderte Meilen von der Küste entfernt bekam der neue Tank, den sie bis an den Rand mit Wasser gefüllt hatten, um mehr Ballast im Schiff zu haben, erste Risse. Tonnen von Wasser ergossen sich in den Maschinenraum.

Die *Western Flyer* rollte zwar in schwerer See, aber die Lage war eigentlich nicht kritisch. Nur ließ sich das Schiff plötzlich nicht mehr steuern, und damit war Wasser, das frei im Rumpf hin- und herschwappte, eben doch ein Problem. Manövrierunfähig konnte das Schiff in den Wellen querschlagen und sogar kentern. Ihre eigenen Pumpen waren nicht stark genug, um das Wasser schnell aus dem Maschinenraum zu befördern. Carlough funkte die Küstenwache an und berichtete von seinem Dilemma. Sofort machte sich ein Flugzeug der Küstenwache auf den Weg, um eine zusätzliche Pumpe über dem Havaristen abzuwerfen. Carlough ließ trotzdem schon einmal die Rettungsinsel klarmachen.

Aber dann kam auch schon das Flugzeug. Die Männer jubelten erleichtert. Der Flieger drehte einen Kreis über ihren Köpfen, dann warf er seine Ladung ab. Das Paket landete perfekt, mitten auf dem Deck. Carlough schickte seine Leute sofort in den Maschinenraum, um die Pumpe in Gang zu setzen. Er selbst kehrte auf die Brücke zurück und gönnte sich einen ersten Anflug von Hoffnung. Vielleicht kamen sie doch noch mit heiler Haut aus dieser Sache raus.

Doch im selben Augenblick roch er den Rauch. Da brannte doch et-was, das war der Geruch von brennendem Öl! Panikartig stürzte er den Niedergang hinunter und in die Kombüse.

Und da stand Sverre, in einer großen Qualmwolke am Herd. Erst da merkte Carlough, dass es nicht nach Feuer roch, sondern nach ge-bratenem Fleisch. Sverre drehte sich um, ein breites Grinsen im Ge-sicht, während er mit dem Bratenheber die Sirloin-Steaks in seiner gusseisernen Pfanne wendete.

»Was zum Teufel machst du denn da?«, fragte Carlough entgeistert.

»Wenn wir schon unser Schiff verlassen müssen«, erwiderte Sver-re, »dann sollten wir wenigstens etwas im Magen haben.«

Das war typisch für meinen Vater. Egal wie ernst die Lage war, egal wie aussichtslos oder gefährlich die Situation erschien, er suchte immer nach einem Weg, die Krise mit einem Witz zu überspielen. Auch das ist etwas, was meine Brüder und ich von ihm gelernt haben.

N icht alle Krabbenfänger bleiben gleich für immer dabei. Manche machen den Job ein paar Jahre – und dann ziehen sie weiter. Viele mögen sich fragen, was so ein Krabbenfi-scher anfangen soll, wenn er nicht mehr bei uns an Deck steht. So et-was für Adrenalin-Junkies vielleicht, Fallschirmspringer, Tornado-Be-obachter? Im Gegenteil, viele Fischer wechseln in stinknormale Berufe und führen ein braves, ordentliches Leben.

So wie Chris Aris zum Beispiel, der auf meiner total verkorksten ersten Fahrt als Greenhorn bei uns an Bord war. Als er bei uns anfing, hatte er gerade den Highschool-Abschluss gemacht und wohnte noch bei seinen Eltern. Was er später einmal machen wollte, wusste er noch nicht. Und dann verdiente er plötzlich hunderttausend Dollar im Jahr und mehr – und das war in den Achtzigern! Trotzdem ist es ihm ge-lungen, nicht alles auf einmal zu verprassen. »Die meisten Typen haben doch nicht die Disziplin, ihr Geld zu sparen oder sicher anzulegen«, sagt Aris. »Sie haben diesen Batzen Geld und denken sich: *Jetzt kaufe ich mir dies, dann hole ich mir das, ich kann machen, was ich will!* Bei mir war es so, dass ich die Partyphase schon hinter mir hatte, als ich anfing, ernsthaft Geld zu verdienen. Ich hatte das alles ausprobiert, vielen Dank und Schluss damit.«

Stattdessen kaufte er sich im Alter von zweiundzwanzig Jahren sein erstes Haus. »Ich habe damit eben früher angefangen als viele Leute, die schon länger fischen als ich. Es kommt darauf an, was man mit seinem Geld anstellen will. Nachdem ich Mark Peterson kennengelernt hatte, war mir klar, dass ich eher seinem Vorbild folgen würde.«

Fünf Jahre später hatte er genug Geld zusammen. Er schrieb sich an der Universität ein und studierte Informatik. Seither arbeitet er in der IT-Branche. Er ist verheiratet und hat einen Sohn. Seine lieben Kollegen reagierten mit großem Erstaunen, als sie von seinem wilden Vorleben erfuhren. »Die Leute fragten mich völlig perplex: ›Du warst bei den Krabbenfischern?‹«, sagt Aris. »Und dann habe ich ihnen erzählt, dass ich viereinhalb Jahre auf diesem Schiff gearbeitet habe. Und sie: ›Ist nicht dein Ernst!‹«

Trotzdem würde Aris nicht so weit gehen und behaupten, dass er den Krabbenfang vermisst: »Aber ich muss zugeben, dass ich das Leben an Bord manchmal sehr genossen habe. Zum Beispiel den Moment, wenn man mit einem guten Fang in den Hafen kommt. Auch unsere Krabbenration vermisse ich, den Teil der Beute, mit dem wir zu Hause unseren Tiefkühlschrank vollstopfen konnten.«

Das Größte aber war für ihn, Teil einer Crew zu sein: »Du verbringst so viel Zeit mit diesen Typen, und das auf engstem Raum, dass sie zu deiner Familie werden, zu deinen Brüdern«, sagt Aris. »Du behandelst sie, als wären sie Teil deiner Familie, so stark ist die Kameradschaft. Das ist der Teil der Geschichte, den ich am meisten vermisse und den ich so in meinen anderen Jobs nie erlebt habe. Auch die Leute, mit denen ich jetzt zusammenarbeite, sind natürlich völlig in Ordnung. Aber es ist schon etwas anderes, wenn du mit jemandem jede Minute zusammen bist. Mal abgesehen von den Momenten, wo du sie am liebsten erwürgen möchtest. Aber sonst ist es einfach cool, mit Leuten zu arbeiten, die wie deine Geschwister sind. Sie sind deine Familie, ihr seid ein Team.«

Auch Mark Peterson gehört zu denen, die den Wechsel aus der Fischerei erfolgreich geschafft haben. Nach ein paar Jahren an Deck der *Northwestern* ist er an Land gegangen und hat ein eigenes Bauunternehmen gegründet. Das hat er dann mit einem Geschäftspartner zusammen geführt, bis es ihm zu langweilig wurde. Er dachte sich: *Das Einzige, was ich sonst noch gut kann, ist fischen.* Und heuerte wieder bei uns an. Nach ein oder zwei weiteren Jahren ist er dann auf den Schleppnetz-Trawler *American Beauty* gewechselt. »Auf dem Schiff fing ich gleich als Chief an, das ist ein richtig guter Job. Die nächste Stufe auf der Karriereleiter wäre es gewesen, als Erster Offizier oder Kapitän zu fahren, aber der Mann auf der Brücke sah nicht so aus, als würde er den Posten bald frei machen. Auf ein anderes Schiff wollte ich nicht mehr, denn wer einmal auf der *American Beauty* gearbeitet hat, kann sich nur noch verschlechtern. Nichts gegen die *Northwestern* – aber die Seelachsfischerei ist doch etwas anderes als der Krabbenfang. Die Arbeitsbedingungen waren besser und du hast mehr Geld verdient. Also war für mich mit der *American Beauty* das Kapitel Fischerei abgeschlossen. Aus, das war's.«

Er hatte seine Heuer schon seit Jahren weise in Immobilien angelegt. Gekauft, renoviert, vermietet. Und sich so eine zweite Quelle für ein stetiges Einkommen verschafft. Er versuchte es erneut mit einem Bauunternehmen, nur dieses Mal ohne Partner. Und das macht er bis heute. Vor sieben Jahren hat er außerdem den Test zur Aufnahme in die Feuerwehr bestanden. Hauptberuflich arbeitet er jetzt als Sanitäter, sein Unternehmen managt er nebenher. Er lebt in einem schönen Haus, mit seiner Frau und zwei Kindern. Ich finde, das ist eine eindrucksvolle Laufbahn für einen Typen, der in einem Armenviertel in Massachusetts aufgewachsen ist und anfangs nicht glauben konnte, dass wir Fischer uns alle schon so früh tolle Autos leisten konnten.

Aber er sagt selbst, dass er die Beringsee nicht vergessen kann: »Ich träume immer noch davon. Ich träume davon, wie wir zusammen durch die Straßen von Ballard gehen, wie wir auf dem Schiff sind. Ein seltsamer Traum. Ich habe mit anderen Ehemaligen gesprochen und ihnen geht es genauso. Das ist doch bizarr, oder? Wir haben so viel Zeit auf See verbracht und so viel erlebt dabei. Ich denke, die Erinnerung wird noch lange immer wieder an die Oberfläche kommen.«

Das Leben meinte es gut mit Sverre und den anderen Männern aus Karmøy, wenn sie zwischen den Fangreisen für kurze Zeit zu Hause in Seattle waren. Nach der ersten Einwanderungswelle zu Beginn des Jahrhunderts genoss Ballard in den Sechzigern eine zweite Blütezeit. Der neue Schwung Immigranten wurde schnell von den norwegischen Einwanderern der ersten Stunde aufgenommen. Sverres Timing hätte nicht besser sein können: Er war genau zu dem Zeitpunkt in Seattle angekommen, als sich die vorige Generation gerade nach oben gearbeitet hatte. Bis meine Brüder und ich zur Welt kamen, war die Altersgruppe meines Vaters schon voll integriert. Das große Haus in der Vorstadt bezahlt, die Garage für zwei Autos gebaut, der soziale Aufstieg geschafft. Ihren eigenen Kindern konnten sie jetzt einen besseren Lebensstandard bieten.

Weihnachten 1965 feierten die Hansens zu Hause. Sverre und Karl hatten sich richtig fein gemacht, sie trugen schwarze Anzughosen, dazu gebügelte und gestärkte weiße Hemden und Krawatte. Sverre verdiente jetzt nicht schlecht. Snefryd und er schmiedeten große Pläne für das neue Jahr. Zum einen hatte er einen neuen Job in Aussicht – auf dem Krabbenfänger *Foremost* von John Johannessen. Außerdem sollte schon im Januar der nächste wichtige Schritt auf dem Weg zum eigenen Schiff folgen: Er würde den Eid auf die Verfassung leisten und amerikanischer Staatsbürger werden.

Sie hatten sich entschlossen, die Wohnung in Ballard aufzugeben und hundert Straßen weiter in den grünen Norden von Seattle zu ziehen. Sie kauften ein großes Haus mit einem schönen Garten, inklusive Keller und Garage. Später im Jahr, wenn erst Karl seine Verlobte Else aus Karmøy nach Amerika geholt haben würde, wollten sie hier Hochzeit feiern. Die Brüder richteten den Keller für die Party her und schlugen ein langes Brett in Alufolie ein, das ihnen als Theke dienen sollte. Es wurde ein typisch amerikanisches Potluck-Fest, bei dem jeder Gast Speisen und Getränke mitbrachte. Die Fischer aus Karmøy und ihre Frauen schleppten selbst gebackenen Kuchen an, haufenweise belegte Brötchen und natürlich Alkohol. Else kannte zwar kaum jemanden unter den Gästen auf ihrer eigenen Hochzeit, aber wenigstens kamen sie alle aus der alten Heimat. Es wurde eine lange Nacht, sie tranken, jemand spielte Gitarre, alle sangen.

Das Wichtigste an dem neuen Haus war jedoch der Rasen, auf dem man wunderbar spielen konnte. Den brauchten sie nun auch dringend, denn Snefryd war schwanger. Im April kam ihr erster Sohn zur Welt. Und dieser Glückspilz war ich.

GEBURT EINER FLOTTE

S verre konnte es sehen, bevor er es hörte. In der Rettungsinsel schaukelnd blickte er über die gischtweißen Wellenkämme und wurde Zeuge eines sonderbaren Schauspiels. Denn aus der Entfernung sah es aus, als würde die *Foremost* einen Sprung aus dem Wasser machen. Zwischen dem brennenden Schiff und der Rettungsinsel lag inzwischen etwa eine Seemeile. Kapitän Sverre und seine Crew kauerten erschöpft unter der Plane. Eine Viertelstunde war vergangen, seit sie dem Inferno entkommen waren, und ihr Puls hatte sich wieder beruhigt. Sie konnten sehen, wie sie an der Bucht von Akutan vorbeitrieben und mit der Strömung in Richtung Osten auf das offene Meer getragen wurden. In der Ferne ragten die schneebedeckten Klippen von Billings Head aus dem Meer; das war die Nordspitze von Akun Island. Sie würden weiterdriften, Richtung Unimak, wo die See so richtig ungemütlich wurde. Sie waren jedenfalls meilenweit von der Zivilisation entfernt, weit weg vom nächsten Hafen oder überhaupt der nächsten Siedlung. Keiner sagte ein Wort, mitten im Sturm spürten sie plötzlich eine seltsame Stille.

Und genau in diesem Augenblick hatte Sverre diese Vision, wie eine Halluzination erschien ihm dieser gleißend helle Lichtstrahl am

Rumpf seines Schiffs. Dann zuckte ein Blitz über die See und ein Feuerball stieg in den Himmel. Lautlos und wie in Zeitlupe schossen Abertausende Fragmente aus Holz und Stahl in den Morgenhimmel. Die Projektile prasselten wie ein Hagel rund um ihr Floß ins Wasser – und dann endlich kamen auch die Schallwellen bei ihnen an. Es war ein gewaltiger, dissonanter Donner, der über die See auf sie zurollte und ihre Rettungsinsel erschütterte. Für Sverre fühlte es sich an, als würden seine Ohren mit Gewalt gegen den Schädel gepresst. Die Explosion in den Dieseltanks riss die *Foremost* förmlich in Stücke.

Wie gelähmt verfolgten die Männer das schreckliche Feuerwerk. Zum Schluss stand nur noch eine grausige schwarze Rauchfahne über den Überresten des Trawlers, doch auch die hatte der Sturm schnell vertrieben.

»Wie im Film«, sagte Sverre mit einem bitteren Lächeln. Aber der witzige Spruch diente nur als Tarnung für seine Ängste. Denn es gibt keinen einsameren Moment als den Augenblick, wenn das eigene Schiff mitten auf dem Meer explodiert und absäuft. Die Männer machten eine schnelle Inventur der Ausrüstung im Rettungsfloß. Sie hatten ein paar Flaschen Wasser, ein paar Dosen mit K-Rationen und eine Signalpistole. Nicht gerade üppig, wenn man in Betracht zog, dass sie noch eine Weile hier draußen aushalten mussten, denn mit einer baldigen Rettung war kaum zu rechnen.

Plötzlich machte es *SCHSCHSCHSCH* …

Es war das grässliche Geräusch, das man hört, wenn Luft aus einem Gummischlauch zischt.

Ihre Rettungsinsel hatte ein Loch.

T om Economou war ein Einwanderer aus Griechenland, der sich in seiner neuen Heimat hochgearbeitet hatte. 1971 machte man ihm ein Geschäftsangebot, das durchaus als fragwürdig, wenn nicht sogar unseriös bezeichnet werden durfte. Ein Freund, der gerade bankrottgegangen war, sprach bei Economou vor und überbrachte die großartige Nachricht: »Der Smoke Shop in Ballard steht zum Verkauf!«

»Und was soll das sein?«, fragte Tom.

Sein Freund erzählte ihm von dieser Cocktail-Bar in der Ballard Avenue und diesem Stadtteil der Fischer, in dem es etwas rustikaler zuging.

»Und was hat das mit mir zu tun?«

Der Freund stellte sich das Ganze als Partnerschaft gleichberechtigter Geschäftsleute vor. Tom brachte das Kapital auf und er würde das Geschäft führen. Ohne auch nur einen Blick auf den Laden geworfen zu haben, erklärte sich Tom bereit, das Risiko einzugehen. Nur eine Frage hatte er noch: »Wo zum Teufel ist Ballard?«

Am darauffolgenden Freitag machte Economou einen Abstecher über die Brücke nach Ballard, um sich seine neue Immobilie näher anzuschauen. Unter einer Cocktail-Bar hatte er sich bis zu diesem Moment immer eine gediegene Lounge vorgestellt, mit leiser Klaviermusik und raffiniert gemixten Drinks. In so ein Etablissement hatte er investiert – dachte er jedenfalls.

Der Smoke Shop war das genaue Gegenteil. Es war die Zeit, als die rauen Krabbenfänger das ganz große Geld verdienten und es mit Krawall unter die Leute brachten. Tom Economou ist kein besonders großer Typ, aber bei einer Größe von 1,70 Meter ziemlich kompakt – vom Typ her wie Al Pacino, würde ich sagen. Sein Vater war ein Fischer, der aus Griechenland nach Oregon gekommen war, um in Astoria auf den Lachstrawlern zu arbeiten. Nach dem Zweiten Weltkrieg siedelte auch Tom in die USA über. Nur kam er mit dem Leben auf einem Trawler überhaupt nicht zurecht und baute sich lieber an Land eine neue Existenz auf. Mitte dreißig hatte er es immerhin zum Besitzer eines Parkhauses im Zentrum von Seattle gebracht.

Doch nichts in seinem bisherigen Leben konnte ihn auf das vorbereiten, was er im Smoke Shop erlebte. Von außen wirkte der Laden fast unscheinbar, auf einer verblichenen Markise prangten die Aufschriften »Fine Food« und »Amber Room«. Auch das Restaurant wirkte relativ harmlos, es lag im Erdgeschoss des Princess Hotels, einer Absteige für Fischer und Fabrikarbeiter, die sich hier wochenweise oder auch mal für einen Monat einmieteten. Zur Jahrhundertwende hatte der Laden richtig etwas hergemacht, aber die Grandezza der guten, alten Zeit war inzwischen reichlich abgenutzt. Es gab etwa ein Dutzend Einzelzimmer und ein gemeinschaftliches Badezimmer am Ende des Gangs.

Eine richtige Gänsehaut bekam Economou dann im Amber Room. Das »Bernsteinzimmer« war ein dunkles Loch, ohne Fenster, und wer einmal darin versunken war, verlor jegliches Gefühl für Zeit und Raum. War draußen Tag oder Nacht? Hier drinnen machte es keinen Unterschied mehr. Es stank nach Fisch und Diesel, und aus dem Heulen und Bellen der Kundschaft konnte Economou nicht ein einziges Wort Englisch heraushören. »Es war der reinste Zoo«, erinnert er sich.

Economou steuerte einen freien Tisch in einer Ecke der Bar an und versuchte sich einen Überblick zu verschaffen. Hier regierte das Chaos. Große, blonde Kerle, offenbar allesamt Fischer, brüllten durcheinander, sie zankten, prahlten, fluchten und soffen. *Wie komme ich aus dieser Nummer bloß wieder raus*, dachte Economou.

Gegen zwei Uhr schleppten die Barkeeper die letzten Säufer aus der Bar und Tom setzte sich mit den bisherigen Besitzern zusammen, um den Papierkram zu erledigen. Der Laden war jetzt völlig leer – bis auf einen alten Mann mit einem schiefen Hals, der schlapp auf einer Eckbank kauerte. Auch egal. Tom und sein Partner unterzeichneten die Verträge. Sie schüttelten den Verkäufern die Hand und genehmigten sich zum Abschluss des Geschäfts einen Drink.

»Eine Frage noch«, sagte Tom. »Wo sind denn die Schlüssel für den Laden?«

»Schlüssel?«, kam die erstaunte Frage zurück. »Schlüssel brauchst du nicht.« Die Verkäufer zeigten auf den Typen auf der Eckbank. »Er hat die Schlüssel.«

Tom starrte verblüfft auf den alten Mann. »Wer ist dieser Kerl?«

»Das ist Marvin. Er passt auf den Laden auf.«

»Und was soll ich jetzt mit ihm anfangen?«

»Das ist Teil unserer Abmachung. Er gehört zum Inventar.«

Marvin war körperbehindert und lebte im Keller unter dem Smoke Shop. Jede Nacht zwischen zwei und sechs Uhr fegte er die Kneipe aus und stellte die Stühle und Barhocker wieder ordentlich hin. Er machte auch die Kasse.

Über Marvin war sonst kaum etwas bekannt. Sein Nachname war Sjoeberg, aber viele nannten ihn auch bei seinem Spitznamen: »Bürgermeister von Ballard«. Obwohl er wahrscheinlich aus Schweden stammte, ließ er es sich nicht nehmen, jedes Jahr die Parade der Norweger am 17. Mai anzuführen – und zwar im Smoking. Marvin putzte nicht nur im Smoke Shop, er hielt auch die Straße vor dem Laden sauber und sammelte den Unrat auf der gesamten Ballard Avenue ein, bis zu der Grünfläche am Ende der Straße. Es war genau dieser kleine Park, den der schwedische König Carl XVI. Gustaf besucht hatte, als man das Viertel rund um die Ballard Avenue offiziell zu einem städtebaulichen Ensemble von historischer Bedeutung erklärte. Im Volksmund hieß der Park nur noch »Marvin's Garden«, und es lag Tom sehr viel daran, dass die Erinnerung an ihn nicht verblich. Er ließ sogar auf eigene Kosten eine Gedenktafel zwischen den Bäumen aufstellen. Als er ein paar Jahre später entdeckte, dass die Tafel entfernt worden war, heizte er der Stadtverwaltung dermaßen ein, dass man sich entschied, ein neues Schild aufzustellen, um an den inzwischen verstorbenen »Bürgermeister von Ballard« zu erinnern. Seither heißt die grüne Insel im Häusermeer ganz offiziell Marvin's Garden.

Tom Economou übernahm also den Smoke Shop, nur sein Partner, der ja die Küche managen sollte, machte sich bald aus dem Staub. »Ich wusste nicht mal, wie man Kaffee kocht«, sagt Tom. In seiner Not fragte er seinen älteren Bruder, ob er für den Koch einspringen könne. Pete Economou verdiente den Lebensunterhalt der Familie – für seine

Frau und drei Töchter – als Mechaniker bei Boeing. Er hatte auch keine Ahnung, wie man eine Küche führt, aber er wollte seinem Bruder gerne helfen und er fand auch die Idee sehr reizvoll, sein eigener Chef zu sein. Anfangs arbeitete er nebenher in der Küche des Smoke Shop, lernte Spiegeleier zu machen und Burger zu braten. Doch schon ein paar Wochen später schmiss er seinen Job bei Boeing, um sich voll und ganz dem Restaurant zu widmen.

Die Brüder teilten sich die Arbeit als gleichberechtigte Partner und waren in Ballard für die nächsten dreißig Jahre eine feste Größe. Pete stand hinter dem Herd und Tommy an der Theke, immer von sechs Uhr morgens bis sechs Uhr abends. Ihr Laden blieb an 365 Tagen geöffnet. »Wenn meine Kundschaft mich das ganze Jahr unterstützt, kann ich sie nicht an Weihnachten hängen lassen«, lautete die Erklärung von Pete.

Nachdem Malmen's Kneipe dichtgemacht und Inky den Job gewechselt hatte, wurde der Smoke Shop zum Lebensmittelpunkt der Fischer von Karmøy. »Ich weiß alles über diese blöde, kleine Insel«, mault Tom. Wenn die Verwandten in der Heimat nicht wissen, wie sie ihre Familie in Seattle erreichen können, rufen sie eben im Smoke Shop an. Das Englisch der Anrufer war für Tom oft kaum zu verstehen – er reichte den Hörer dann wortlos an einen seiner Stammgäste weiter.

Viele der Fischer waren auf der Durchreise. Sie verbrachten so viel Zeit auf See, dass es sich für sie nicht lohnte, eine eigene Wohnung zu mieten oder ein Bankkonto einzurichten. Zum Glück hatte Tom nichts einzuwenden, wenn sie die Bar als ihre feste Adresse angaben. Er bewahrte auch ihre Post für sie auf und löste ihre Schecks ein. Wenn jemand etwas zurücklegen wollte, deponierte Tom das Geld in seinem Tresor. Postfach und Bank – für seine Kundschaft war Tom beides in einem.

Die Leute von Karmøy hielten zusammen wie ein großer Clan. Sie vergaben Jobs nur an ihresgleichen und hielten sogar die erste Generation der Ballard-Norweger, die schon stärker amerikanisiert war, auf Abstand. Die Alten wiederum mokierten sich über die Neuan-kömmlinge, die sie nur »Karmøyboos« schimpften. Ihrer Ansicht nach waren das allesamt Ultralinke, die den europäischen Sozialismus gleich mit der Muttermilch aufgesogen hatten. Das ergab natürlich überhaupt keinen Sinn, denn die Nachzügler waren in Norwegen unter weitaus härteren Bedingungen aufgewachsen als ihre amerikanisierten Ver-wandten. So herrschte zwischen Alteingesessenen und Neu-Amerika-nern ein ständiger Wettbewerb, man war neidisch auf die anderen und traute ihnen nicht so recht über den Weg. In der Anfangszeit konnte ein Streit darüber, wer mehr Krabben fing, jederzeit in eine Prügelei ausarten. Im Laufe der Jahre wuchsen die verschiedenen Einwanderer-generationen aus Karmøy trotzdem zu einer Gemeinschaft zusammen, die fest zusammenhielt.

W ie ist es eigentlich Edgar ergangen? Seit er auf der *Northwes-tern* anfing, hat sich die Dynamik der Beziehungen an Bord deutlich verändert. Ich bin zwar der Kapitän, und deshalb gilt auf dem Schiff, was ich sage. Aber als mein kleiner Bruder stellte Edgar diese Autorität in Frage, so oft er konnte. Es gab dauernd Streit. Einmal sollte er mich vor der nächsten Schicht wecken, aber ich re-agierte nicht gleich. Der Rest der Mannschaft wartete in der Kombüse, dass wir endlich anfangen konnten. Die Leute klangen genervt.

»Ist er jetzt wach?«, fragte der Chief.

»Nö«, erwiderte Edgar. »Der faule Sack rührt sich nicht.«

Jetzt war er zu weit gegangen. »Faul« war in unserer Familie die schlimmste aller Beleidigungen. Ich sprang aus dem Bett und polterte die Treppe runter in Richtung Kombüse.

»Ich hörte nur dieses *Kawumm, Kawumm, Kawumm*«, erinnert sich Edgar. »Er kam die Treppe runter und starrte mich an wie ein Mann, der soeben aus dem Koma erwacht ist. Und dann ging er mit einem wilden Haken auf mich los. Ich sah den Schlag kommen – und duckte mich rechtzeitig.«

Und er piesackte mich weiter: »Vielleicht versuchst du das noch mal, wenn du wach bist.« Diese ewige Besserwisserei. Nervensäge.

Ein anderes Mal fischten wir oben im Nordwesten, zwei Tage Fahrt von Dutch entfernt. Das Seegebiet, wo wir unsere Fallen ausgelegt hatten, erwies sich als echter Flop. Wir haben ein hässlicheres Wort für diesen speziellen Fall, aber das will ich hier lieber nicht wiederholen. Wenn man eine Opilio-Krabbe auf den Rücken dreht, zeigt sie einem normalerweise einen weißen und sauber glänzenden Bauch. In diesem Fanggebiet waren die Krabben leider gelb bis braun mit schwarzen Flecken, außerdem von Seepocken übersät. Also richtig hässlich. Unsere Fallen waren voll, an die achthundert Krabben in einer Box. Wir warfen ein paar von ihnen in den Kochtopf und probierten das Fleisch. Es schmeckte wunderbar, aber das reicht im Geschäft mit Nahrungsmitteln nicht. Das Auge isst bekanntlich mit, und diese Kreaturen sahen wirklich nicht appetitlich aus. Also schmissen wir die schlimmsten wieder über Bord. Nur waren unsere Fallen wirklich voll und die Krabben türmten sich auf unserem Sortiertisch; drei Mann waren nur damit beschäftigt, die guten Krabben von den schlechten zu trennen. Trotzdem wollte ich das Tempo nicht drosseln. Ich gab das Kommando, den nächsten Pot rauszuholen. Wir konnten die Winde etwas langsamer laufen lassen, wenigstens das sollte drin sein. Dann hatten wir immer einen Käfig auf dem Weg nach oben, einen zweiten über dem Sortiertisch und den dritten auf dem Weg an seine Position an Deck. So schufteten wir weiter, unablässig, ohne Pause.

Immerhin spielte das Wetter mit. Es war Frühsommer, wahrscheinlich Juni, und die See spiegelglatt. Mark, Brad und Chris wühlten sich durch den Haufen Krabben, während Edgar alles andere erledigte. Jetzt bediente er gerade die Winde und hackte gleichzeitig den Köder in Stücke für den nächsten Pot. Sein Messer hatte eine dreißig Zentimeter lange Klinge, das war eher schon eine Machete als ein Fischermesser. Mit einem Auge beobachtete er außerdem die Maschine, die unsere Leinen aufschoss. Plötzlich sah er, wie sich ein <u>Kink</u> bildete.

In der einen Hand hielt er das Riesenmesser, mit der anderen griff er nach dem Seil. Es gelang ihm zwar, den Leinensalat zu sortieren, aber irgendwie rammte er sich dabei die Klinge in den Unterarm. Wir hörten nur, wie er brüllte: »Ah, Scheiße!« Und dann hielt er sich mit der anderen Hand seinen Arm, während sich sein Ärmel schnell rot verfärbte.

»Kink« ist im Jargon der Seeleute ein Knoten im Tau.

Die anderen brachten ihn rein und ich kam von der Brücke runter, um mir die Bescherung anzusehen. Aus der Wunde suppte eine tiefrote Brühe. Muskeln und Sehnen waren durchtrennt. »Oh Gott«, brachte ich noch heraus und verzog das Gesicht. Blut zu sehen, konnte ich noch nie gut vertragen. »Was kommt denn da aus deinem Arm rausgelaufen?«, versuchte ich es mit einem lahmen Scherz. Edgar drehte sich zu mir um, bleich vor Schreck. Er hatte noch nicht gewagt, sich den Arm anzugucken. Wir hielten die Wunde hoch über seinem Kopf und passten auf, dass er das Schlamassel nicht sehen konnte. Glücklicherweise hatten wir Mark an Bord, den späteren Sanitäter, der wusste, wie man so eine Blutung stillt. Edgar hat auch keine bleibenden Schäden davongetragen, es ist alles wieder gut zusammengewachsen.

Wir waren allerdings zwei Tagesreisen von Dutch entfernt und wollten die Fanggründe noch nicht verlassen. Ein anderes Schiff machte sich gerade auf den Rückweg, und der Kapitän erklärte sich bereit, Edgar mitzunehmen. Wir setzten ihn in das Beiboot und schipperten ihn rüber zu dem anderen Dampfer. Dann fischten wir weiter. Jetzt standen sie nur noch zu dritt an Deck und wir hatten immer noch Unmengen unbrauchbarer Krabben in den Fallen. Eine schlimme Plackerei, aber sie hat sich für die Crew letztlich ausgezahlt. Denn Edgars Anteil für die weitere Fahrt wurde auf den Rest der Mannschaft verteilt.

Mein Bruder macht mir das Leben gerne schwer. Ich möchte mich für diesen Ausdruck brüderlicher Liebe revanchieren, indem ich eine wirklich peinliche Anekdote erzähle, ohne die eine Betrachtung seines Werdegangs als Fischer nicht vollständig und aufrichtig wäre.

Wir fischten Kabeljau draußen bei Adak, was wir angefangen hatten, um unser Einkommen zwischen den Fangzeiten für Krabben aufzubessern. Die eigentliche Saison für Krabben ist inzwischen so kurz und die Preise sind so weit gefallen, dass der Ausflug in die Kabeljaufischerei für uns zur wichtigen Nebeneinkunft geworden ist. Wir hatten unser Schiff allerdings nicht umgerüstet, sondern nutzten im Prinzip dieselbe Technik wie beim Krabbenfang – wir versenkten unsere Pots auf dem Grund und lockten den Fisch mit Ködern in die Falle. Wir waren auf diesem Gebiet absolute Anfänger und die Arbeitsprozesse an Deck alles andere als eingespielt und effizient. Schon nach wenigen Tagen ging die Crew auf dem Zahnfleisch. Ich selbst war ebenfalls todmüde und nickte immer wieder am Ruder ein. Adak lag in Sichtweite, etwa eine Meile entfernt, wie ein Berg ragten die steilen Ufer der Insel aus der See.

»Ich brauche dringend eine Mütze Schlaf«, sagte ich zu Edgar. »Eine Dreiviertelstunde reicht schon. Kannst du so lange übernehmen?«

Edgar nickte. Er wirkte fit genug.

»Bist du auch so müde?«, fragte ich.

»Nee, alles gut.«

Aber das musste er natürlich sagen. Auf einem Krabbenfänger gibt man niemals zu, dass man müde ist. Und er sah wirklich vergleichsweise munter aus. Also legte ich mich in die Koje. Edgar zog sich sein Ölzeug aus und machte es sich auf der Brücke bequem, wo es schön warm war. So richtig gemütlich. Und ruhig. Nur kurz die Augen schließen und tief durchatmen; die anderen liegen ja auch alle in der Koje. »Ich saß vielleicht fünf Minuten hinter dem Ruder – und dann versank ich im Koma«, erzählte Edgar später. »Keine Ahnung, wie lange wir so weiterdampften. Als ich wieder zu mir kam, sah ich diesen komischen grünen Streifen vor mir auf dem Wasser. Was zum Teufel ist das denn? Wirklich seltsam. Und dann sehe ich den Strand. Das grüne Zeug – das ist Gras.«

Während Edgar schlief, war die *Northwestern* aus dem Ruder gelaufen und hatte auf Adak zugehalten. Jetzt lagen nur noch wenige

Meter zwischen Schiff und Ufer. Edgar haute den Rückwärtsgang rein und gab Vollgas. Er wusste, dass ich davon aufwachen würde, und das war tatsächlich auch seine größte Sorge. »Ich habe nur noch gebetet: *Bitte schlaf weiter! Nicht aufwachen jetzt!* Dann machte ich die Augen zu, ich konnte nicht mehr hinsehen. Wir liefen immer noch mit fünf Knoten aufs Ufer zu. Als ich die Maschinen mit voller Kraft rückwärtslaufen ließ, legte sich das Schiff quer zum Strand. Ein unheimliches Krachen und Knacken – und wir saßen fest. Es jagt dir einen Riesenschreck ein, wenn ein großer Eimer wie die *Northwestern* aufsetzt. So ein Schiff gehört einfach nicht auf festen Untergrund.«

Natürlich hatte er mich aufgeweckt – und alle anderen auch. Wir stürmten zur Brücke hoch, wo Edgar erstaunlich ruhig wirkte. Niemand war verletzt, das Schiff unversehrt. Wir saßen nur fest. Edgar hatte größere Angst vor dem Donnerwetter, das ihm jetzt drohte, als vor den Folgen der Strandung.

Ich war leider nicht ganz so entspannt. Nach einer schnellen Einschätzung der Lage drehte ich erst mal durch. Fluchte, brüllte, tobte. Der Idiot hatte das verdammte Schiff auf den Strand gesetzt!

Als wir uns vom ersten Schreck erholt hatten, versuchte ich das Schiff rückwärts in tieferes Wasser zu manövrieren, aber Wind und Wellen trafen uns genau von der Seite und drückten uns quer auf den Strand. Also versuchte ich, über Funk Hilfe zu holen. Wir waren zwei Tage von Dutch Harbor entfernt, und es hätte mich nicht überrascht, wenn das nächstgelegene Schiff mehr als zehn Stunden gebraucht hätte, um uns zu erreichen. Aber wir hatten Glück: Ein großer Kabeljautrawler, die *Aleutian Lady*, war gerade einmal drei Stunden weit weg. Sie machten sich auf den Weg, gab der Skipper über Funk durch.

Wir pumpten alle Ballasttanks leer, in der Hoffnung, das Gewicht der *Northwestern* so weit zu reduzieren, dass sie von selbst wieder aufschwamm. Aber dann blockierte Sand die Pumpen. Uns rannte die Zeit davon. Wir hatten ablaufendes Wasser, und wenn das Schiff bei

Ebbe hoch und trocken auf dem Sand saß, war es verloren. Wenn ein Kahn dieser Größe erst einmal richtig im Sand feststeckt, dann bleibt er wie betoniert ein Teil der Landschaft. Für immer. Rückwärts kamen wir nicht mehr raus, weil das Schiff auf der Seite lag und der Propeller gar nicht mehr genug Wasser fassen konnte. Mit jeder Welle, die uns von der Seite traf, krängte der massive Rumpf und rutschte ein wenig höher auf den Strand. Wenn das Wasser ablief, rollte der Kahn wieder zurück in die Ausgangsposition, wie ein zweihundert Tonnen schwerer Schaukelstuhl. Wir zogen unsere Überlebensanzüge an und machten das Beiboot klar. Nachdem wir warme Klamotten, Wasser und eine Notration an Lebensmitteln eingepackt hatten, standen wir frierend an Deck. Wir waren bereit, das Schiff aufzugeben und ans Ufer überzusetzen.

Wir hatten bei unserer Strandung sogar noch Glück im Unglück gehabt. Scharfe Klippen säumten den schmalen Streifen Sand, auf dem wir festsaßen. Es sah so aus, als ob wir das einzige Stückchen Strand am Ufer von Adak erwischt hatten. Wenn die *Northwestern* nur dreißig Meter weiter links oder rechts gelandet wäre, hätten wir auf den Felsen gesessen. »Als mir das bewusst wurde«, sagte Edgar später, »habe ich wieder an Gott geglaubt. Mir war in diesem Augenblick klar, dass es einer gut meinte mit diesem Schiff und seiner Crew. Dass da jemand auf uns aufpasste. Immer.«

Endlich kam die *Aleutian Lady*. Mit einem Leinenschussgerät feuerten sie uns ein dünnes Seil rüber, an dem eine zehn Zentimeter dicke Trosse hing, die wir an Bord zerrten, so schnell wir konnten. Der Wasserstand fiel jetzt immer schneller. Der Kapitän auf der *Aleutian Lady* hatte nur diese eine Chance – und er wollte sie nicht verspielen. Er legte den Hebel auf den Tisch und die Trosse spannte sich.

»Mach mal langsam«, rief ich ihn über Funk an. Ich hatte Angst, dass die Schlepptrosse brechen würde. »Schön vorsichtig!«

»Jaja«, antwortete er. »Keine Sorge, Käpten, ich nehme wieder ein bisschen Fahrt raus.«

Aber ich konnte natürlich sehen, dass er genau das nicht tat. Im Gegenteil, er legte sich mit Vollgas ins Geschirr. Trotzdem bewegten wir uns nicht, keinen Zentimeter.

Doch dann geschah das nächste Wunder, wenn man das so nennen mag: Eine große Welle rauschte in die Bucht – und wie die Hand Gottes hob sie unser Schiff an. Erst schüttelte sich der Kahn nur, dann schwamm das Heck auf und die *Aleutian Lady* zog es mit Schwung um neunzig Grad ins tiefere Wasser. Die *Northwestern* richtete sich auf, der Propeller fasste endlich wieder Wasser und ich haute den Rückwärtsgang rein. Ich habe nie eine solche Erleichterung gespürt wie in diesem Augenblick, als das Schiff wieder Wasser unter dem Kiel hatte. Wenn diese Welle nicht gewesen wäre, dann säße der Stolz unserer Familie noch heute hoch und trocken auf dem Strand von Adak.

Edgar hatte noch eine weitere Klippe zu umschiffen, und das machte ihn ganz schön nervös: Er musste die Geschichte unserem Vater beichten, worauf ich mich jetzt schon freute. Bis wir allerdings in Akutan endlich wieder vor einem Telefon standen, wusste unser Alter längst Bescheid. Solche Nachrichten verbreiteten sich unter den norwegischen Fischern sehr schnell.

»Ja, davon habe ich gehört. Du hast den Kahn auf den Sand gesetzt«, sagte unser Vater. »Wie zum Teufel ist das bloß passiert?«

»Ich bin eingepennt«, sagte Edgar.

»Wie lange wart ihr da auf den Beinen?«

»Ein paar Tage schon.«

»Nun, so ist das manchmal.«

Edgar kam ohne großen Ärger davon. Wieder mal typisch. Dem kleinen Bruder verzeiht man auch die größten Klopse.

Von kleineren Scharmützeln einmal abgesehen, haben Edgar und ich uns immer gut vertragen. Ich hatte meinen Job, er seinen. Um meine Position als Kapitän gab es niemals Streit zwischen uns. »Ich habe mich nie dafür interessiert, das Schiff zu führen«, sagt Edgar. »Ich bin lieber draußen und sehe mich eher als den Mann für die schwierigen

Einsätze. Für mich wäre das nichts, auf der Brücke zu stehen und nur gucken zu können, was an Deck passiert. Ich will doch Teil des Geschehens sein.«

Wo wir gerade bei den Missgeschicken jüngerer Brüder sind: Von meinem Onkel Karl hatte ich zuletzt berichtet, wie er im Haus meiner Eltern Hochzeit gefeiert hat. Nun, seine Flitterwochen liefen nicht besonders gut. Zum einen, weil er seine Braut nicht mitnahm. Nur wenige Tage nach der Hochzeit flog er nach Bristol Bay, um beim Auftakt der Lachssaison dabei zu sein. Karl und sein Kumpel Ray Alfsvag fuhren mit einem kleinen Kiemennetz-Kutter raus, eine selbst gebaute Sperrholzkiste, die sie von einem Slowenen gemietet hatten. Als sie das erste Mal das Netz einholten, lief schon irgendwo das Wasser rein und die Pumpen waren verstopft. Glücklicherweise waren Freunde von Karl mit ihren Booten ganz in der Nähe. Karl sammelte den Fisch auf, den sie gefangen hatten, und warf ihn auf das Schiff ihrer Retter. Eine Schleppleine wurde ausgebracht, der Sperrholzkahn auf den Haken genommen. Sie steuerten auf dem kürzesten Weg in Richtung Ufer, doch jetzt frischte der Wind mächtig auf. Der kleine Kutter begann zu sinken und Karl sprang auf das Schiff der Helfer. Ray blieb noch auf dem absaufenden Kahn. Die anderen riefen ihm zu, dass er das Schiff vergessen und sich an der Trosse festhalten soll, mit der sie ihn aus dem Wasser ziehen wollten. Aber Ray ließ die Leine los. Und blieb aufrecht in seinem Kahn stehen, bis er unter seinen Füßen wegsackte. Karl und die anderen drehten um und fischten Ray aus dem Wasser. Dann fuhren sie gemeinsam zurück ins Camp.

Am folgenden Tag charterten Karl und Ray ein kleines Wasserflugzeug und suchten nach dem Wrack ihres Schiffs. Und tatsächlich: Es war an einem Strand nördlich von Naknek angetrieben worden. Der Pilot setzte sie vor dem steinigen Ufer ab und flog weiter. Es war Niedrigwasser, das Boot saß auf dem Trockenen. Karl und Ray machten sich daran, den Kahn wieder auf Vordermann zu bringen. Sie schufteten den ganzen Tag. Es gelang ihnen, das Leck zu stopfen, aber die Maschine ließ sich nicht mehr starten. Dann kam die Flut. Der kleine Kutter schwamm auf und das Wasser wurde schnell so tief, dass sie nicht mehr ans Ufer kamen. Sie hatten die Wahl: schwimmen oder durchhalten. Der Kahn hatte keinen Aufbau und keine Kajüte, Schlafgelegenheiten waren nicht vorgesehen. Mit Einbruch der Dunkelheit wurde es eisig kalt. Die beiden Männer zitterten sich durch die lange Nacht. Als das Wasser am Morgen mit der Ebbe wieder abgelaufen war, wateten sie zurück ans Ufer und machten sich auf den Marsch zurück in die Zivilisation. Pures Glück, dass sie dabei nicht einem Bären begegneten. Beim nächsten Camp, das sie unterwegs erreichten, riefen sie per UKW-Funk den Piloten ihres Wasserflugzeugs an, und er kam und sammelte sie wieder ein.

Am folgenden Morgen fuhren sie erneut raus zu ihrem Kahn, nur dieses Mal in einem Boot. Sie nahmen ihren Lachskutter in Schlepp, brachten ihn zurück in den Hafen und lieferten ihn gleich bei einer Bootswerft ab. Als sie den Schaden endlich behoben hatten, war die Fangsaison vorbei. Karl kehrte aus seinen »Flitterwochen« zurück und war komplett pleite. Doch auch dieser Rückschlag konnte ihn nicht daran hindern, in den folgenden Jahren immer wieder an die Bristol Bay zurückzukehren – und dort zu einem der erfolgreichsten Lieferanten von Lachs überhaupt aufzusteigen. Jahre später holte er sogar die gemeinsamen Flitterwochen nach. Er kaufte ein eigenes Boot und taufte es auf den Namen *Elka* – was für die Verbindung von Else und Karl stand. Sie verbrachten die Sommer, die folgten, gemeinsam in Alaska und fischten. Konnte es einen schöneren Beweis geben, wie stark diese Ehe war?

Mein Vater hingegen zeigte nicht das geringste Interesse am Lachsfang. Er mochte die Krabben lieber. Als sein Skipper John Johannessen 1967 ein eigenes Schiff kaufte, stieg Sverre zum Kapitän auf der *Foremost* auf. Für den jungen Einwanderer, der gerade erst in Amerika angekommen war, mit nichts als dem eigenen Ölzeug im Gepäck, war das ein großer Erfolg.

Seine Beförderung kam allerdings zu einem ungünstigen Zeitpunkt. Nach zwanzig Jahren beständigen Wachstums brachen die Krabbenfänge dramatisch ein. 1966 hatten die Fischer noch 72 Millionen Kilogramm angelandet – doch dann ging es schnell abwärts. 1970 waren die Erträge auf weniger als ein Drittel gefallen. Aus Sorge, dass die Bestände schon überfischt waren, verhängte die Fischereibehörde zum ersten Mal in der Geschichte Fangverbote. Einige Seegebiete wurden zeitweise komplett für die Fischerei gesperrt. Das Ganze hatte zum Glück eine gute Seite: Im gleichen Ausmaß, wie das Angebot knapper wurde, stieg der Preis für das Krabbenfleisch. Insgesamt blieben die Einnahmen der Flotte ungefähr auf dem gleichen Niveau wie vorher. Wer es clever anstellte, konnte nach wie vor anständig Geld verdienen. Es machte jetzt eben nur mehr Mühe, die Krabben aufzuspüren.

Diejenigen, die sich in der Krise behaupten konnten, durften sich allerdings bald über den folgenden Boom freuen: 1971 verzeichnete die Statistik den ersten Anstieg der Fangmenge seit fünf Jahren. Sverre überstand nicht nur die Periode der Fangverbote, er überlebte außerdem die Havarie der *Foremost*, die genau in diese Zeit fiel. Mit dem Unglück reifte die Entscheidung, nicht mehr auf Rechnung anderer arbeiten zu wollen. Zusammen mit Don Pierson nahm er einen Kredit auf und bestellte bei einer Werft in San Diego einen Krabbenfänger aus Stahl. Vor nicht mal einem Jahrzehnt war er vor Hunger und Armut aus Norwegen geflüchtet – jetzt besaß er sein eigenes Schiff. Sein Traum war Wirklichkeit geworden.

In Gedenken an das Schiff, das vor Akutan explodiert war, nannte er auch den neuen Krabbenfänger *Foremost*. Mein Großvater hat mir später erklärt, dass es Unglück bringt, wenn man sein Schiff auf den Namen eines Schiffes tauft, das gesunken war. Warum mein Vater sich so entschieden hat, habe ich nie in Erfahrung bringen können.

Aber das Schicksal meinte es tatsächlich nicht besonders gut mit dem neuen Schiff.

Snefryd war im dritten Monat mit Edgar schwanger, als unsere Eltern nach San Diego zur Taufe der neuen *Foremost* flogen. Norman und ich blieben zu Hause in Seattle bei unserem Großvater Sigurd, der aus Karmøy zum Babysitten eingeflogen war. Die Hansens und die Piersons speisten zur Feier des Tages in einem schicken Restaurant in San Diego und die Fischersfrauen zerschmetterten eine Flasche Champagner am Bug des Neubaus. Mrs. Pierson flog alleine zurück nach Seattle, weil meine Mutter für die Überführung des Schiffs an Bord bleiben wollte. Was allerdings keine gute Idee war, wie sie sehr schnell merkte. Wenn sie nicht die Schwangerschaftsübelkeit quälte, plagte sie die Seekrankheit. Es ging ihr wirklich fürchterlich schlecht. Nach nur dreißig Meilen auf See kehrte Sverre um und setzte sie wieder in Seattle ab, wo sie dann doch lieber in den Flieger stieg.

Auf der Jungfernfahrt nach Alaska nahm Sverre seinen Vater Sigurd mit. Zur Crew auf der neuen *Foremost* gehörten außerdem Don Pierson und John Jakobsen, der mir später das Lachsfischen beibringen sollte. Die erste Reise war eine einzige Qual: das Wetter mies, der Fang so eben mittelmäßig, die Technik unzuverlässig. Noch schlimmer aber: »Das Schiff war eine Fehlkonstruktion«, fand Onkel Karl. »Ein Haufen Schrott«, lautete das vernichtende Urteil von Howard Carlough. »Schicke Linien, aber schick funktioniert auf der Beringsee nicht.« Die Reise über den Golf von Alaska verlief noch ohne größere Probleme, doch schon beim ersten Auftanken in Sand Point hatten sie Schwierigkeiten mit dem Trimm. Sie machten den Tank an Backbord komplett voll, bevor sie den Tank an Steuerbord befüllten. Dabei krängte die *Foremost* ungewöhnlich stark. Sie haben das Schiff schnell wieder ausbalanciert, aber die Episode ließ nichts Gutes erahnen, was seine Stabilität in rauer See betraf.

Großvater Sigurd blieb während der folgenden neun Monate ganz an Bord. Um legal in den USA arbeiten zu können, musste er offiziell die Einwanderung beantragen, und so hinterlegte Sverre die dafür notwendige Bürgschaft von fünfhundert Dollar. Sigurd war ein großartiger Fischer – aber zu diesem Zeitpunkt auch schon siebenundfünfzig Jahre alt. Die Beringsee verlangte einem mehr ab, als er noch zu leisten vermochte. Manchmal kümmerte er sich ausschließlich um die Kombüse, auch wenn er sich nur gerade auf das Aufwärmen von Resten verstand. Als Koch konnte man ihn wirklich nicht bezeichnen.

Als Skipper entwickelte sich Sverre zu einem echten Sklaventreiber. Er kommandierte seine Leute herum, als wären sie allesamt beim Militär und nicht auf einem Krabbenfänger. Wenn er seine Crew aufweckte, hatten sie genau drei Minuten Zeit, an Deck zu erscheinen. Wer es binnen dieser Frist nicht schaffte, die komplette Montur anzuziehen, musste mit einem gewaltigen Anschiss rechnen. Sein größtes Talent als Skipper lag nicht in der Navigation, auch Krabben zu finden, war nicht seine Stärke. Aber er hatte es zur Perfektion gebracht, seine Crew auf Trab zu halten. Bei ihm war es eine Selbstverständlichkeit, dass man dreißig Stunden am Stück und ohne Pause malochte.

Als Eigner der neuen *Foremost* verdiente Sverre auch dann sein Geld, wenn er gar nicht als Skipper an Bord war. Als er das erst einmal verstanden hatte, blieb er immer öfter zu Hause. Er brauchte ja nicht mehr das ganze Jahr hindurch an Bord zu sein. Stattdessen heuerte er Oddvar Medhaug als Skipper an und sie wechselten sich auf der Brücke regelmäßig ab. Manchmal sprang außerdem noch Tormod Kristensen als Kapitän ein. Das Gesetz verlangte zwar, dass der Kapitän an Bord eines amerikanischen Schiffs auch US-Staatsbürger war, aber Sverre und die anderen Krabbenfischer heuerten lieber Norweger an, weil sie wussten, dass sie so mehr Umsatz machen würden. Also frisierten die Schiffseigner die Papiere ein wenig. Um den Bestimmungen der US-Küstenwache Genüge zu tun, stand offiziell ein US-Bürger mit einer gültigen Lizenz auf der Crewliste – auch wenn in der Regel ein Norweger das Kommando führte.

oben: Mit fünfzehn als Greenhorn beim Krabbenfischen auf der Northwestern. (Foto: Familie Hansen)

rechts: Fünfunddreißig Jahre Stolz der Familie – und immer noch gut in Form: die Northwestern. (Foto: EVOL)

Die *Foremost* stellte sich wie gesagt nicht als besonders seetüchtiges Schiff heraus. Das identische Schwesterschiff *Aleutian Star*, das Sverres altem Kumpel Bill Osborne gehörte, war unter mysteriösen Umständen im Puget Sound gekentert und gesunken – nicht weit von der Ballard-Schleuse entfernt, in ruhiger See. Im Jahr darauf querte Sverre auf dem Weg nach Norden den Golf von Alaska. Er war Hunderte Meilen von der nächsten Küste entfernt, es gab keine anderen Schiffe in Rufweite und an Deck stapelten sich die leeren Krabbenfallen. Ein Sturm zog auf und eine große Welle erwischte die *Foremost*, sodass sie sich weit auf die Seite legte. Die Männer klammerten sich fest, wo sie konnten, und fragten sich, ob der nächste Brecher ihren Kahn wieder aufrichten oder endgültig kentern lassen würde. Aber nichts von beidem passierte, die *Foremost* blieb mit großer Schräglage auf der Seite liegen. Schließlich wagten sich Sverres Leute raus auf das fast senkrecht stehende Deck und kappten mit ihren Messern die Gurte, mit denen die Krabbenfallen festgelascht waren. Wenn sie diese Notlage überleben wollten, mussten sie eben die Pots und alle Leinen und Bojen opfern. Im Jargon der Krabbenfischer heißt dieser letzte Akt der Verzweiflung übrigens »Suitcasing« – man wirft die eigenen Koffer über Bord, die letzten Besitztümer. Die Rechnung ging auf. Die Krabbenfallen rumpelten über Deck und rutschten ins Wasser, und das Schiff richtete sich wieder auf. Wie durch ein Wunder kam bei diesem gefährlichen Manöver niemand zu Schaden. Sverre hatte zwar Ausrüstung im Wert von hunderttausend Dollar versenkt, aber sie waren davongekommen. Sie dampften zurück nach Dutch Harbor, wo Sverre neue Käfige kaufte, um die Fangsaison wie geplant fortzusetzen.

Doch die Beinahekatastrophe hatte dem Skipper einen gehörigen Schrecken eingejagt. Er bekämpfte seine Sorgen, indem er die *Foremost* mit allem ausstattete, was es auf dem Markt für Sicherheitsausrüstung zu kaufen gab: sich selbst aufblasende Rettungsflöße und Überlebensanzüge, in denen ein Mann bis zu vier Stunden in eisiger See überste-

hen konnte. Es kann gut sein, dass die *Foremost* damals der erste Krabbenfänger überhaupt war, der diese kostspieligen – und in den Augen
vieler Fischer lächerlichen – Extras an Bord hatte.

Das Pech blieb Sverre und seinem neuen Schiff treu. In einem der
folgenden Winter fischte er draußen vor Adak, Seite an Seite mit seinem Kumpel Jan Jastad. Auf dem Schiff von Jastad ging der Diesel zur
Neige, doch auf dem Marinestützpunkt von Adak gab es nur einen
Treibstoff mit der Bezeichnung JP5, der für die simplen Motoren der
Krabbenfänger nicht geeignet war. Also ließ sich Sverre breitschlagen,
ein paar Tausend Liter von seinem eigenen Diesel abzugeben und in
den Tank seines Freundes pumpen zu lassen. Die Aufgabe übernahm
der Chief auf Jastads Schiff, ein Typ namens Black Jonas. Nur leider
zapfte er versehentlich nicht den oberen Tank der *Foremost* an, sondern
die tiefer im Rumpf gelegene Reserve.

Später, auf dem Rückweg nach Dutch Harbor, umrundete Sverre
in schwerer See Cape Cheerful. Ohne den Diesel im unteren Tank
fehlte es dem Schiff an Ballast – die *Foremost* war extrem kopflastig und
torkelte geradezu durch die Wellen. Sverre konnte gar nicht einordnen,
was das Problem war, selbst die Steuerung fühlte sich irgendwie wa-
ckelig an. Er stieg in den Maschinenraum, um nach dem Rechten zu
sehen, aber es schien alles in Ordnung zu sein. Auf seinem Weg zurück
auf die Brücke passierte es: Die *Foremost* krängte so stark in den Wellen, dass die Seitenfenster der Brücke unter Wasser lagen und Sverre
sich in Gedanken schon auf die Kenterung einstellte. Trotzdem richtete sich das Schiff wieder auf – wieder waren sie nur knapp an der Katastrophe vorbeigeschrammt. Als Jastad in Dutch Harbor einlief und
seinen Freund traf, wirkte Sverre mitgenommen. »So knapp war es
noch nie«, offenbarte er. Es war das erste und einzige Mal, dass Jastad
seinen Kumpel so verstört erlebt hat.

In den Monaten, die Sverre zu Hause verbrachte, kümmerte er
sich liebevoll um seine Familie. Er kam mit, wenn wir Fußball spielten, nahm uns im Auto auf ausgedehnte Ausflüge mit oder fuhr mit

uns in die Berge, um uns zu zeigen, wie man Forellen fing. Einmal wollte er unbedingt ein Fußballspiel in Oregon sehen. Er fuhr mit mir zum Sea-Tac Airport, kaufte zwei Tickets und wir flogen mal schnell nach Süden.

Das war die eine Seite. Die andere war, dass er durch und durch Kapitän war und auch zu Hause wie auf dem Schiff seine Befehle bellte. Als mal wieder eine Fußballweltmeisterschaft angepfiffen wurde, mietete er eine Satellitenschüssel, um bloß kein Spiel zu verpassen. Ein Riesenapparat, der auf einem Anhänger geliefert wurde und dann bei uns in der Auffahrt zum Haus stand. Wenn er Fußball guckte, akzeptierte er nicht die kleinste Störung. Norman drückte eine Cola-Dose zusammen, was ihm sofort eine klare Ansage einbrachte: »Hör auf damit!« Aber Norman dachte, er könnte das Spiel noch ein bisschen weitertreiben, und knisterte und knackte mit der Dose. »Da habe ich aber schnell eine eingefangen«, erzählt er heute.

Wenn er auf See war und wir etwas ausgefressen hatten, sagte unsere Mutter immer: »Wartet nur, bis euer Vater das erfährt.« Da er noch die nächsten fünf Monate unterwegs sein würde, machten wir uns erst einmal keine Sorgen. Doch je näher das Datum seiner Heimkehr rückte, desto mehr kamen wir ins Schwitzen. Vor allem dann, wenn wir mal wieder eine schlechte Zensur aus der Schule mitgebracht oder einen Baum im Garten des Nachbarn abgefackelt hatten. Während einer seiner langen Seereisen kaufte unsere Mutter bei Sears ein neues Sofa, sehr schick, ganz aus orangefarbenem Velours. Wir lebten damals nicht gerade in Saus und Braus. Unsere Eltern kamen aus bescheidenen Verhältnissen, und wenn sie mal ein paar Dollar extra verdient hatten, legten sie das Geld lieber auf die hohe Kante, als es gleich auszugeben. Aber Mom liebte dieses Sofa. Als sie an einem Samstagmorgen einmal länger im Bett blieb, schmierten Norman und ich das Ding komplett mit Vaseline ein. Keine Ahnung warum – einfach so. Als unsere Mutter schließlich aufstand, entdeckte sie die Bescherung sofort. Sie setzte sich einfach auf den Boden und fing an zu weinen. Die Familie hatte so hart gearbeitet, um sich etwas leisten zu können, und jetzt machten die Kinder alles kaputt. Wären wir im Karmøy der Nachkriegszeit aufgewachsen, wären wir bestimmt nie auf eine solch grässliche Idee gekommen. Sie hat dann Experten kommen und das Sofa professionell reinigen lassen. Unserem Vater gegenüber hat sie nie ein Wort darüber verloren. »Wenn sie damals etwas mehr Strenge gezeigt hätte«, lautet Edgars Fazit, »dann wäre aus mir vielleicht was Anständiges geworden.«

Mein Vater und sein Bruder schickten sich derweil an, das alte Sprichwort aufs Neue zu beweisen, dass Blut dicker ist als Wasser. Nicht dass sie ständig Zeit zusammen verbrachten, im Gegenteil, sie hatten seit 1966 – als Sverre die *Foremost* übernommen und Karl angeheuert hatte – nicht mehr zusammen auf einem Schiff gearbeitet. Aber sie lieferten sich einen erbitterten Konkurrenzkampf, wie es nur Brüder fertigbringen. Sie zeigten ihre Liebe füreinander, indem sie sich gegenseitig durch den Kakao zogen oder anpöbelten, je nach Lage und Laune. Zielsicher trafen sie beim anderen die Schwachstellen, wie es nur gelingt, wenn einem der andere wirklich nahesteht.

Die Anekdoten ihrer legendären Rivalität kursieren heute noch. 1974 kehrte auch Karl zur Krabbenfischerei zurück – als Kapitän und Miteigner der *Ocean Spray*. Als er noch auf einem Schleppnetz-Trawler fuhr, hatte er es in einer grandiosen Fangsaison zum erfolgreichsten Skipper der gesamten Flotte gebracht. Seine Geschäftspartner schenkten ihm eine Uhr, auf deren Rückseite Karls neuer Spitzname eingraviert war: »The Champ« – der Größte. Karl hat die Uhr seither nicht mehr abgelegt. Jetzt dampfte er also nach Dutch Harbor und legte auf dem Weg dorthin gleich seine ordentlich mit Köder bestückten Krabbenfallen aus. Er war noch relativ neu im Krabbengeschäft und seiner Sache nicht immer ganz sicher. Als er im Elbow Room auf Sverre und Buddy Bernstein stieß, beides bereits sehr erfolgreiche Krabbenfischer, erzählte er ihnen, wo er seine Fallen ausgelegt hatte, und fragte sie, ob er da mit ergiebigen Fängen rechnen konnte.

Sverre antwortete mit der üblichen Frotzelei: »Sag mal, Champ, willst du mir dein Schiff nicht lieber verkaufen? Ich könnte es vielleicht noch als Ersatzteillager ausschlachten.«

Dann informierte er seinen Bruder, dass die Flotte gerade einen Streik beschlossen hatte. Die Fischer hätten die Köderboxen aus ihren Fallen genommen, damit alle unter denselben und fairen Bedingungen loslegen konnten, wenn der Streik vorbei war.

»Du hast doch deine Fallen nicht mit Ködern versehen, oder?«, stichelte Sverre.

»Natürlich nicht«, log Karl.

Da brachen Sverre und Buddy in ein Riesengelächter aus.

»Wie zum Teufel willst du denn ohne Köder auch nur eine einzige Krabbe fangen?«

»Ihr habt doch eben gesagt, dass wir keinen Köder in unsere Fallen geben dürfen!«

Sverre und Buddy fanden es zum Totlachen, wie Karl versuchte, aus der Sackgasse herauszukommen, in die er sich manövriert hatte. In diesem Fall hatte allerdings Karl am Ende gut lachen. Denn während Sverre nach dem Streik noch dabei war, seine Pots wieder mit dem obligatorischen Köder zu versehen, waren Karls Käfige schon randvoll mit Krabben. Dieses Mal hatte er seinen Bruder um Längen geschlagen.

An einem Morgen im April 1977, als ich gerade zu Hause meinen elften Geburtstag feierte, wühlte sich die stählerne *Foremost* auf der Beringsee auf halber Strecke zwischen dem Festland von Alaska und den Pribilof-Inseln durch eine schwere See. Oddvar war als Skipper an Bord, außerdem eine Crew von vier Mann, zwei erfahrene Leute von Karmøy und zwei Greenhorns aus New York, die Oddvar an der Pier von Dutch Harbor angeheuert hatte. Der Skipper lag in seiner Koje, die Wache auf der Brücke hatte einer seiner Leute übernommen. Plötzlich wurde er gewaltsam aus dem Schlaf gerissen – und aus seiner Koje geworfen. Die *Foremost* hatte sich weit auf die Seite gelegt und verharrte in dieser unglücklichen Position, mit neunzig Grad Schlagseite.

Oddvar stürzte auf die Brücke und setzte als Erstes einen Notruf ab. Seine Crew war bereits in heller Panik, zu fünft drängten sie sich auf der schiefen Brücke. Draußen heulte der Wind mit fünfzig Knoten, Windstärke zehn, und ihre Rettungsinsel lag bereits so weit unter Wasser, dass sie nicht mehr rankamen. Oddvar holte die Überlebensanzüge aus ihren Staufächern, die komischen neumodischen Dinger, die keiner von ihnen jemals ausprobiert hatte. Besonders vertrauenswürdig sahen sie auch nicht aus, aber sie hatten keine Wahl mehr – das Wasser strömte bereits in die Kombüse, ihr Schiff war am Sinken.

Erst in diesem Moment stellte Oddvar mit Schrecken fest, dass er nur vier der Anzüge an Bord hatte. Normalerweise waren sie auch nur zu viert, doch auf dieser Fahrt hatte er noch ein zweites Greenhorn angeheuert. Ihm war sofort bewusst, was das bedeutete: Der Kapitän geht mit seinem Kahn unter. *Es ist aus*, dachte Oddvar, *das war's.*

Doch dann meldete sich eines der Greenhorns zu Wort: »Ich habe meinen eigenen Anzug!«

Tatsächlich, der Kerl hatte sich beim Schiffsausrüster in Dutch Harbor einen eigenen Überlebensanzug besorgt und in seinen Seesack gepackt. Jetzt galt es, keine Zeit mehr zu verlieren, alle zwängten sich in die Pelle aus dickem Neopren, zurrten den Verschluss am Hals dicht und zogen die Kapuzen über den Kopf. Als das Wasser begann, die Brücke zu fluten, kletterten die Männer raus an Deck. Hilflos klammerten sie sich an die Reling, während das Schiff unter ihren Füßen sank. Das Wasser hatte jetzt auch den letzten Auftrieb vernichtet und den hintersten Winkel im Maschinenraum erobert. Einer nach dem anderen ließen sich Oddvar und seine Crew in das eisige Wasser gleiten. Bis zuletzt hielten sie sich an der Reling fest, die ihnen wenigstens noch eine Illusion von Sicherheit schenkte, trieben neben ihrem todgeweihten Schiff im Wasser. Ein Überlebensanzug funktioniert im Prinzip wie ein Neoprenanzug für Taucher oder Surfer – die eigene Körperwärme bringt Wasser, das hereinsickert, auf eine Temperatur, die sich aushalten lässt. Der Anzug schützt einen so vor dem Auskühlen und hält einen zwar am Leben, aber warm wird einem dabei nicht gerade. Die Männer schlotterten vor Kälte, als das eisige Wasser sich seinen Weg bahnte, am Rücken hinunter, an den Beinen entlang bis zu den Zehenspitzen.

Dann soff die *Foremost* endgültig ab. Mit einem unerträglichen Gurgeln und einem traurigen Seufzer entwich die letzte Luft – und mehr als hundert Tonnen Stahl machten sich auf ihre letzte Reise zum Meeresgrund. Die Männer bildeten einen Kreis und hielten sich gegenseitig an den Händen fest, damit sie nicht auseinandergetrieben wurden. Es blieb ihnen nichts anderes übrig, als zu hoffen und zu warten. Wenn die Angaben des Herstellers stimmten, würden sie in den Überlebensanzügen etwa fünf Stunden durchhalten können. Wie lange mochte es wohl dauern, bis die Küstenwache bei ihnen sein konnte? Auf jeden Fall länger als diese fünf Stunden.

Zehn Minuten vergingen, zwanzig, dreißig.

Und dann kam ein Schiff auf sie zu. Auf dem Krabbenfänger *Sea Venture* hatten sie den Notruf gehört. Der Kapitän war ein guter Freund von Oddvar, Chris Knutsen. Er war mit voller Kraft zur Position gedampft, an der das Mayday abgesetzt worden war, und hatte erst einmal nichts gefunden außer ein paar Bojen. Er folgte der Strömung und sichtete schließlich die fünf winzigen Punkte in der unendlichen See. Die Schiffbrüchigen waren gerettet. Oddvars Fazit: »Ohne diesen Überlebensanzug wäre ich jetzt nicht mehr da.«

Als mein Vater noch am selben Morgen von dem Unglück erfuhr, spürte er spontan erst einmal nur Erleichterung. Sein Schiff war gesunken, doch sein enger Freund und die gesamte Crew hatten die Katastrophe unbeschadet überstanden. Er rief Oddvars Frau an, um ihr mitzuteilen, was geschehen war. Seine ersten Worte: »Alle sind gerettet.«

Ich bekam trotzdem einen höllischen Schreck. Ich ging an dem Morgen zur Schule wie immer, aber kurz bevor die Glocke zur ersten

Stunde läutete, klappte ich regelrecht zusammen. Was ich erlebte, darf man fast schon einen Nervenzusammenbruch nennen. Wir hatten unser Schiff verloren, unseren Lebensunterhalt – und ich konnte mir in diesem Moment einfach nicht vorstellen, wie es ohne die *Foremost* weitergehen sollte. Ich stand schluchzend auf dem Korridor, bis ein Lehrer fragte, was denn mit mir los sei. Ich erzählte ihm vom Untergang unseres Schiffs und er sagte mir, dass ich den Rest des Tages frei machen solle. Die Ursache für die Kenterung der *Foremost* blieb ungeklärt. Nur so viel steht fest: Wir sind noch einmal glimpflich davongekommen.

»Das Schiff war wirklich eine Fehlkonstruktion«, sagte Oddvar über die zweite, aus Stahl gebaute *Foremost*. Wie sich herausstellte, war die gesamte Baureihe betroffen. Vierzehn Schiffe liefen nach demselben Bauplan vom Stapel, vierzehn Schiffe gingen auf See verloren. »Wir haben Schwein gehabt, dass unser Kahn niemanden auf seine letzte Reise mitgenommen hat. Gott sei Dank.«

Meinen Vater schien das Desaster überhaupt nicht mitgenommen zu haben. Nur wenige Tage später ging er zur Marco-Werft an der Salmon Bay und schrieb einen Scheck aus – die Anzahlung für ein neues Schiff. Für den Rest des Sommers saß er nun auf dem Trockenen und wartete ungeduldig auf die Fertigstellung des Neubaus. Es wurde eine harte Geduldsprobe für meinen Vater. Eines Nachmittags fuhr er mit Charlie McGlashan in Dutch Harbor spazieren. In der Captain's Bay starrte er lange auf das Wrack eines Trawlers.

»Wie heißt das Schiff?«, fragte er Charlie.

»Das ist die *Northwestern*«, erwiderte der.

Sverre zog sein Notizbuch aus dem Mantel und fügte seiner langen Liste einen neuen Eintrag hinzu. »Das ist ein großartiger Name für ein Schiff.«

Für seinen zweiten Dampfer war Sverre kein Aufwand zu groß. Ein zweites Mal wollte er nicht in einer Fehlkonstruktion zur See fahren. Er hatte jetzt das beste Schiff bestellt, das auf dem Markt zu haben war.

»W ir wollten mit unseren Schiffen nach Dutch Harbor, nach Adak und auf die Beringsee raus«, sagte Lloyd Cannon. »Und wir hatten kapiert, dass wir das nicht in fünfzehn Meter langen Booten tun konnten, die anno 1917 vom Stapel gelaufen waren.«

Was nun folgt, mag für den ein oder anderen zu sehr nach technischen Details klingen, aber diese Entwicklungen waren für unser Leben sehr bedeutend. Ohne diese Innovationen wäre die Krabbenfischerei nie so groß geworden, wie sie es heute ist. Und damit hängt unsere Familien-Saga unauflösbar mit dem technischen Geschick und Verständnis dieser Ingenieure zusammen.

Die besten Antworten auf die besonderen Herausforderungen der Krabbenfischerei fand eine Werft an der Salmon Bay: die Marine Construction and Design Company, kurz Marco, in Ballard. »1969 bekamen wir den ersten Auftrag, einen Krabbenfänger zu bauen – die *Olympic*«, erinnert sich der Gründer der Werft, Peter Schmidt. »Wir haben einen komplett neuen Schiffstypen entwickelt, der so erfolgreich war, dass wir sofort weitere Bestellungen erhielten. Wir hatten die perfekte Form gefunden – das Schiff hatte große Stabilitätsreserven, das war bei der großen Deckslast mit den Krabbenfallen und dem zusätzlichen Gewicht bei Vereisung natürlich entscheidend.«

Die *Olympic* trug bei Marco die Baunummer 189, und als sie 1969 vom Stapel lief, wurde sie zum Prototypen für eine ganze Generation neuer Schiffe. Der Entwurf für den ersten Krabbenfänger der Werft stammte von Bruce Whittemore. Das Schiff war 28,20 Meter lang und 7,50 Meter breit. Die Brücke stand vorn, das Arbeitsdeck lag im Schutz der Aufbauten. Der mächtige Bug ragte weit aus dem Wasser, von der Brücke hatte man einen unverbauten Blick nach vorn. Um dem Rumpf eine besondere Festigkeit zu verleihen, waren die Stahlplatten so zusammengeschweißt, dass sie überlappten wie die geklinkerten Planken bei den Drachenbooten der Wikinger. Das Schiff war mit zwei großen Tanks für knapp fünfzig Tonnen Krabben ausgestattet, dazu kam noch ein Laderaum von 2100 Kubikmeter Volumen für trockene Fracht. Pumpen sorgten dafür, dass ständig frisches Seewasser in den Tanks zirkulierte, ein Kühlsystem hielt die Temperaturen in einem Bereich, der für die Krabben optimal war. Außen liegende Ballasttanks verliehen dem Schiff zusätzliche Stabilität. Um die Last zu reduzieren, die bei Vereisung entstand, wurde der übliche, mit Drähten verspannte Mast durch einen frei stehenden ersetzt, der wie ein Stativ auf drei Füßen an Deck verankert war. Bei den Baunummern, die auf die *Olympic* folgten, gehörte zur Standardausstattung außerdem ein Back-up für alle wichtigen Systeme: Die Schiffe bekamen zwei Radarantennen, zwei Sonargeräte und sogar drei Funkanlagen.

Der ursprüngliche Marco-Entwurf wurde im Laufe der Jahre stetig weiterentwickelt; das Schiff wurde bis auf 32,40 Meter verlängert, seine maximale Tragfähigkeit auf gut 77 Tonnen erweitert. Bis 1974 lieferte die Werft weitere vierzehn Neubauten aus. Die Schiffe von Marco setzten, was Sicherheit auf See betrifft, einen neuen Standard. »Wir haben insgesamt neunundvierzig Krabbenfänger gebaut«, sagt Werftchef Schmidt. »Und nicht eines unserer Schiffe ging verloren, weil es Probleme mit der Stabilität gab. Darüber sind wir sehr froh.«

Es sind zwar auch Krabbenfänger von Marco gesunken – weil sie auf ein Riff gefahren sind oder dem Kapitän andere gravierende Fehler unterlaufen sind. Doch nicht ein einziges Schiff ist gekentert. Und das ist ein Umstand, der wirklich zählt: Bei keiner anderen Havarie gehen so viele Menschenleben verloren wie bei einer Kenterung, weil sie in der Regel so plötzlich und so schnell passiert, dass die Crew keine Chance mehr hat, Rettungsinseln auszubringen oder Überlebensanzüge anzulegen. Auf einem Schiff, das aufrecht sinkt, bleibt auf jeden Fall mehr Zeit dafür.

Mitte der Siebziger wurde aus dem Anstieg bei den Krabbenfängen ein Boom, den man nur als einen zweiten Goldrausch bezeichnen kann. Es kamen drei Faktoren zusammen, die sich gegenseitig begünstigten: Zum einen profitierte die Flotte von den technischen Innovationen der Sechzigerjahre, die jetzt auf den meisten Schiffen Standard waren – wie die Krabbenfallen aus Stahl, die leistungsstarken hydraulischen Winden oder die Loran-Funknavigation. Wichtig war auch die Einführung von Natrium-dampflampen, die es möglich machten, dass man während der Fangsaison, wenn auf See achtzehn Stunden lang Finsternis herrschte, rund um die Uhr fischen konnte. Allein diese technischen Helfer genügten schon, um die Fangmengen deutlich auszuweiten. Gleichzeitig floss immer mehr Kapital in die Krabbenfischerei, und die Eigner ersetzten die alten Trawler oder Ringwadennetz-Kutter aus Holz durch moderne Stahlschiffe. Drittens entstanden in Alaska neue Betriebe zur Weiterverarbeitung von Fisch und Krabben. Die Kapazität der Industrie, die Fänge zu frosten oder in Dosen einzumachen, wurde ausgebaut – womit der alte Flaschenhals in der Verwertungskette endlich beseitigt war. Die frische Ware erreichte jetzt schneller den Markt.

Mit den neuen, seetüchtigeren Schiffen konnten die Krabbenfischer außerdem neue Fanggründe weiter draußen auf See erschließen, während sie vorher auf die traditionellen Gebiete vor Kodiak Island und entlang der Aleuten-Inselkette beschränkt waren. Der Vorstoß nach Norden begann in einem Jahr, als die meisten Kapitäne aus den üblichen Fanggründen im Schnitt 450 Tonnen Krabben abgeliefert hatten. Nur ein Skipper aus Ballard hatte eine richtig miese Saison. Chris Paulsen brachte es gerade einmal auf 32 Tonnen. Während der Rest der Flotte mit fetten Schecks in Richtung Seattle dampfte, steckte Paulsen in Dutch Harbor fest. Er hatte nicht mehr genug Geld, um sich den Diesel für die weite Heimreise zu leisten. Also blieb er und fuhr noch einmal raus. Er wagte sich weiter nach Norden vor, als sich die Krabbenfänger in ihren alten hölzernen Kähnen je getraut hatten – und stieß auf eine wahre Goldader. Die Tanks randvoll, kehrte er nach Dutch Harbor zurück. Er wurde einer der erfolgreichsten Skipper der Flotte – und der ferne Norden fortan eine feste Größe im Kalender der Krabbenfischer.

Die Banken erkannten schnell, welche Profite in der Beringsee zu holen waren, und vergaben nur zu gerne Kredite für neue Schiffe. Weitere Mittel standen den Fischern in einem speziellen Fonds der Regierung zur Verfügung, die es sich zum Ziel gesetzt hatte, den Ausbau der amerikanischen Flotte zu fördern. Wenn die Schiffseigner große Gewinne auswiesen, hatten sie die Wahl: entweder brav die fälligen Steuern bezahlen – oder das Geld in einen Neubau investieren. Ein Selbstläufer.

Der Boom glich einer gigantischen Beförderungsmaschine für alle Beteiligten: Aus Greenhorns wurden Matrosen mit einem vollen Anteil an den Gewinnen, einfache Matrosen stiegen zum Skipper auf, Skipper konnten sich ein eigenes Schiff leisten, und wer vorher ein Schiff sein Eigen nannte, der war jetzt ein Unternehmer, der weitere Schiffe kaufte und neue Geschäftsfelder eroberte. Denn auch in der Verarbeitung und Vermarktung war Geld zu verdienen, in den Zulieferbetrieben und mit Immobilien. Die neuen Schiffe spielten gleich in der ersten Saison Millionen ein, viele Eigner hatten die Neubauten schon im ersten Jahr abbezahlt. Kaare Ness gelang 1975 das Kunststück, ein Darlehen noch am selben Tag abzulösen, als der Kreditvertrag unterzeichnet worden war.

Marco konnte gar nicht so schnell liefern, wie die Aufträge reinkamen. Alle vier Wochen legte die Werft ein neues Schiff auf Kiel. Selbst Leute, die noch kein Geld hatten, ließen sich schon mal provisorisch auf die Warteliste setzen. 1974 wurde mein Onkel Karl im Hafen von einem Freund angesprochen, ob er nicht als dritter Partner für ein Marco-Schiff mitmachen wolle.

»Du bist doch verrückt«, erwiderte Karl, der sich eben erst ein neues Haus gekauft hatte. »Ich habe überhaupt nichts übrig. Mein Geld reicht gerade eben für den täglichen Einkauf.« Karl fuhr damals auf Trawlern oder fischte mit Kiemennetzen. Dass Krabben den schnellen Weg zum Geld brachten, hatte er zu diesem Zeitpunkt noch nicht verstanden.

»Du brauchst kein eigenes Kapital«, erklärte ihm sein Freund, der bereits Ken Peterson als Partner gewonnen hatte. »Ich habe doch auch keinen Cent mehr.«

»Was für ein Schiff soll das denn werden?«, fragte Karl. Er dachte, sein Kumpel redete von einem kleinen Kutter für die Ringwadenfischerei.

Aber der Freund zeigte auf die nagelneue, zweiunddreißig Meter lange *Ocean Harvester* auf der anderen Seite des Hafenbeckens. Sie war das erste Marco-Schiff dieser Größenordnung und hatte eine halbe Million Dollar gekostet. Dank der hohen Nachfrage waren die Preise allerdings inzwischen bereits weiter gestiegen.

»Aber ich habe dir doch schon gesagt, dass ich völlig blank bin«, sagte Karl.

»Geht mir genauso. Das Geld bekommen wir von den Japanern, die wollen hier gerade groß einsteigen.«

Karl wurde als Kapitän in der Schleppnetzfischerei ordentlich bezahlt. Aber wenn sich jetzt alle eine goldene Nase mit dem Krabbenfang verdienten, warum sollte er da nur zugucken? Und so sagte er: »Was soll's. Also gut.«

Bis sie den Zuschlag bekamen und das Schiff gebaut wurde, dachten sie, würden sie die Finanzierung schon zusammenbekommen. Als sie in der Key Bank von Ballard die letzten Details klärten, spazierte Sam Hjelle in die Filiale. Auch er hatte gerade ein Marco-Schiff geordert. »Aber ich hätte meinen Vertrag heute für hunderttausend Dollar gleich weiterverkaufen können«, sagte Sam.

Ken Peterson war sprachlos. So gierig waren die Leute schon, dass sie bereit waren, ein Vermögen zu bezahlen, um auch nur auf die Warteliste der Werft zu kommen. Wenn sie dann den Zuschlag bekamen, wurde immer noch der volle Neubaupreis fällig!

Für Ken hörte sich das nach einer großartigen Geschäftsidee an. Später im Jahr holten die beiden Freunde Karl als Partner auf ein älteres Marco-Schiff, die *Ocean Spray*. Nun schien es dem Trio nicht mehr so wichtig, noch ein zweites Schiff bauen zu lassen. Als ihr alter Kumpel aus Karmøy, Gunnleiv Loklingholm, es plötzlich eilig hatte, an ein eigenes Schiff zu kommen, verkauften sie ihm ihren Platz auf der Warteliste bei Marco – für coole hundert Riesen. Als Karl das nächste Mal aus Alaska nach Hause kam, fand er eine Nachricht seiner Bank im Briefkasten, dass er einen Scheck erhalten habe. Der Kundenberater händigte ihm einen Wechsel über 33 000 Dollar aus und Karl konnte sein Glück nicht fassen: So viel Geld, ohne dass er auch nur einen Finger gerührt hatte! Er marschierte auf direktem Weg in den Smoke Shop und gab erst mal eine Runde aus.

A m 14. November 1977 lieferte Marco die Baunummer 342 aus, das achtzehnte Schiff der 32-Meter-Klasse, mit den Aufbauten vorne, dem Arbeitsdeck achtern und viel Platz für die gestapelten Krabbenfallen. Alles zusammen, inklusive der Ausrüstung für den Krabbenfang, belief sich die Rechnung für das komplette Schiff auf 1,5 Millionen Dollar.

Der Rumpf der *Northwestern* schimmerte in makellosem Weiß, der Name stand in großen Buchstaben auf beiden Seiten des Schiffs. Am Bug prangten die Initialen meines Vaters, »SH«, fast wie das Hoheitszeichen bei einem Schiff der Marine. Normalerweise fand die Feier zur Taufe eines Neubaus in einem schicken Restaurant am Wasser statt und die versammelten Gäste verspeisten einen wahren Berg an Krabben. Doch die Übergabe des Schiffs hatte sich verzögert und die Saison war bereits in vollem Gang. Deshalb musste alles etwas schneller über die Bühne gehen und die Zeremonie fand gleich auf der Werft statt. Über den Bug der *Northwestern* war eine amerikanische Flagge drapiert und Sverre trug sein bestes blaues Sakko zu einer grauen Anzugshose und zur Feier des Tages sogar eine Krawatte. Meine Mutter hatte sich ebenfalls schick gemacht – mit einem schwarzen Rolli unter ihrem weißen Blazer; ans Revers hatte sie sich ein kleines Blumensträußchen geheftet. Norman, Edgar und ich waren noch mal beim

Friseur gewesen und hatten den üblichen Topfschnitt bekommen. Wir steckten in der Uniform der Siebzigerjahre: Jeans und Anorak. Sverre hatte Tommy und die Mädels vom Smoke Shop angeheuert, Getränke auszuschenken.

Die Zeremonie hatte aber auch eine tiefere Bedeutung: Selbst wenn mein Vater nicht regelmäßig zur Kirche ging, war er doch ein religiöser Mensch. Ein befreundeter Priester, Søren Sørensen, sollte das neue Schiff segnen. Sørensen betete mit uns das Vaterunser. Dann rief er den Allmächtigen an, für alle Zeit über unser Schiff zu wachen, auf dass es immer sicher in den Hafen zurückkehre und so viele Krabben fange, dass es der Familie an nichts mangele.

»Wir können nicht wissen, ob wir leben werden oder sterben«, sagte Sørensen und erzählte, wie er schon für Vater und Großvater gebetet hatte, als er noch ein kleiner Junge auf Karmøy war. »Wir alle haben schon heikle Situationen auf See erlebt. Mein Großvater hat deshalb immer gesagt: Pass auf, dass du Gott mit an Bord hast. Er ist dein Lotse.« Mein Vater und die älteren Fischer umarmten Sørensen am Ende seiner Rede; Tränen standen in ihren Augen.

Mein Vater war so stolz an diesem Tag. Es gab Männer, die reicher waren als er und ihre Schiffe an Kapitäne vercharterten. Es gab Kapitäne, die Anteile an den Schiffen hielten, die sie führten, so wie Sverre es im Fall der *Foremost* getan hatte. Aber als er die *Northwestern* ohne Partner finanzierte, war mein Vater der erste Kapitän der Flotte, der mit seinem eigenen Schiff auf Krabbenfang ging. Und das war wirklich ein außerordentlicher Erfolg.

Die folgende Woche herrschte große Hektik; das Schiff musste so schnell wie möglich für die Reise nach Alaska ausgerüstet werden. Die Krabbensaison war schon weit fortgeschritten. Vor der Abreise wählte meine Mutter ein Bild aus, das über dem Tisch in der Kombüse hängen sollte. Es war ein weltbekanntes Porträt mit dem Titel *Grace*, das der skandinavisch-amerikanische Fotograf Eric Enstrom 1918 aufgenommen hatte. Das Bild zeigte einen alten, weißbärtigen Mann, der vor seiner einfachen Brotzeit ein Tischgebet sagt. Es ist die ergreifende Darstellung eines Mannes, der Gott seinen tief empfundenen Dank zollt. Ich habe mich immer gefragt, ob das Foto meine Mutter an die Tage erinnerte, als mein Vater jede Nacht Brot backte, bevor sein Schiff Dutch Harbor verließ. Wie dem auch sei: Als der Tag kam, an dem wir auslaufen sollten, hing das Bild nicht an seinem Platz, sondern lag noch immer auf dem Tisch. Die Crew war bis zuletzt mit Dingen beschäftigt, die auf ihrer Prioritätenliste weiter oben rangierten. Doch meine Mutter ließ keine Ausrede gelten.

»Wir hängen es auf, wenn wir unterwegs sind«, versprach einer aus der Crew.

Aber da stellte sich meine Mutter quer: »Dieses Schiff fährt nicht eine Meile, bis dieses Bild an der Wand hängt!«

Mein Vater machte sich sofort an die Arbeit und platzierte das Foto wie gewünscht über dem Tisch in der Messe. Noch am selben Tag passierte die *Northwestern* die Schleuse von Ballard und dampfte durch den Puget Sound. Jetzt war sie auf dem Weg in den Norden, in die Beringsee.

KAPITEL
8

AUFSTIEG
&
FALL

L uft zischte aus ihrer Rettungsinsel. Hektisch suchten die Männer die Oberfläche der Gummischläuche ab, um das Loch zu finden. Wenn die Luft weiter mit einer solchen Geschwindigkeit aus den Kammern entwich, blieb ihnen maximal eine Minute, bis sie im Wasser lagen. Dann fand Krist die Ursache: ein Ventil zwischen seinen Beinen, das aus dem Schlauch ragte wie bei einem Autoreifen.

»Das Ventil!«, brüllte Krist. »Es ist undicht!«

»Das kann ich auch sehen, dass es nicht dicht ist«, blaffte Sverre. »Steck deinen Finger rein, um Gottes willen!«

Krist verstopfte das Loch und das Zischen hörte auf. Alle schauten Leif Hagen an. Es war seine Idee gewesen, das Rettungsfloß rechtzeitig aus der Kombüse zu holen, um es für den Notfall parat zu haben. Da kam ihnen das noch voreilig und übervorsichtig vor. Jetzt musste Sverre zugeben, dass er dankbar war für so viel Voraussicht. Aber da war schon wieder ein Zischen! *SCHSCHSCH* ... Noch ein Leck! Die Männer schauten sich panisch um. Rundherum ragten in gleichmäßigen Abständen identische Ventile aus den Kammern der Rettungsinsel – und alle verloren Luft. Dieser gottverdammte Leif und sein Scheißrettungsfloß. Das Ding war eine einzige Katastrophe!

»Verstopft sie alle!«, brüllte Sverre.

»Ich hab nur zwei Hände!«, erwiderte Leif.

»Ist mir scheißegal, wie viele du davon hast, halt die verdammten Löcher zu!«

Jetzt platschen alle vier Männer auf die Knie in das eisige Wasser am Boden der Rettungsinsel und drückten ihre Finger auf die defekten Ventile.

»Keiner bewegt auch nur einen Finger!«, schrie Sverre, der wütend bereute, dass er sich entschieden hatte, sein sinkendes Schiff zu verlassen. Jetzt saß er in diesem schäbigen Gummifloß und die letzten Minuten seines Lebens tickten einem unwürdigen Tod entgegen. »Haltet bloß diese Dinger dicht! Lasst ja nicht los!«

Und dann zischte es plötzlich gar nicht mehr. Die Männer starrten sich entgeistert an: Was hatte das jetzt wieder zu bedeuten? Sie inspizierten die Ventile noch einmal genauer. Krist brach in schallendes Gelächter aus, Leif und Magne lachten mit, und schließlich gluckste auch Sverre. Jetzt hatten sie es kapiert.

Es gab kein Leck, die Rettungsinsel war dicht. Die Ventile, die ihnen einen solchen Schreck versetzt hatten, regelten den Druck in den Kammern. Wenn die Schläuche zu prall aufgepumpt waren, gaben sie kontrolliert ein wenig Luft ab. Als die vier Männer in die Insel gesprungen waren, hatte ihr gemeinsames Gewicht einen solchen Druck auf die Luftkammern ausgeübt, dass die Ventile sich automatisch öffneten. Nachdem der optimale Druck hergestellt war, schlossen sich die Ventile wieder. Vorsichtig nahmen die Männer ihre Finger von den Öffnungen. Kein Zischen, kein Leck, keine Todesgefahr. Die vier Schiffbrüchigen lachten hysterisch, bis ihnen fast die Luft wegblieb. Nach zwei Stunden panischem Kampf gegen Feuer und Untergang saßen sie hier und steckten ihre Finger in imaginäre Lecks. Ihre Lage war nach wie vor kritisch, keine Frage, aber diese letzte Episode war schon sehr lustig.

Kapitän Sverre und seine Leute hatten jetzt Zeit für eine gründliche Bestandsaufnahme und Einschätzung ihrer Lage. Sie saßen in einer Rettungsinsel, die den aktuellen Standards entsprach. Separate Luftkammern, darüber ein Dach aus einer wasserdichten Plane, die sie vor Regen, Gischt und Wind schützte. Auf dem Boden des Rettungsfloßes lagen aufblasbare Kissen, die verhinderten, dass sie direkt im eisigen Wasser saßen, das unweigerlich über den Rand der Insel schwappte. Keiner der vier Männer trug Ölzeug, nur Magne Berg hatte noch rechtzeitig ein Paar Stiefel angezogen. Sie hatten weder Funkgerät noch einen Motor und eigentlich kaum Aussicht, gerettet zu werden. Keine einzige Zigarette hatte das Chaos der letzten Stunden überlebt. Ihr Herzschlag hatte sich nach dem Kampf gegen das Feuer und dem folgenden Paddelsprint wieder beruhigt, aber Sverre dachte schon an die nächste Gefahr: die Kälte.

Es war ein Tag im Dezember und die Temperaturen lagen knapp über dem Gefrierpunkt, was allein noch nicht so schlimm gewesen wäre. Aber es blies immer noch mit Windstärke acht, und das bedeutete, dass der Windchill-Effekt die gefühlte Temperatur deutlich senkte. Ohne ein weiteres Wort zu verlieren, rückten die Männer enger zusammen. Was blieb ihnen auch anders übrig? Sie konnten so laut um Hilfe schreien, wie sie wollten, es würde sie niemand hören. Wie

*Der **Windchill-Effekt** beschreibt die erhöhte Wärmeverlustrate, der ein Körper bei Wind ausgesetzt ist. So entsprechen 0° Celsius bei Windstärke acht schon etwa −10° Celsius.*

lange konnten sie so überleben? Vielleicht blieb ihnen ein Tag, bis die Unterkühlung ihre letzten Lebensgeister eingefroren hatte. Im Süden konnten sie die schneebedeckten Klippen von Akun Island erkennen. Die Strömung zog sie an den Inseln vorbei auf den Unimak Pass hinaus. Sie waren alle lange genug zur See gefahren und wussten, dass sie mit ihren lächerlichen Spielzeugpaddeln nicht gegen diese Strömung ankommen konnten. Abgesehen davon versprachen diese Küsten auch keinen besonderen Trost. Die Klippen ragten hier steil aus dem Meer auf – wer ihnen zu nahe kommt, wird von den Brechern auf den Felsen zerschmettert. Selbst wenn es ihnen tatsächlich gelingen sollte, heil an

Land zu kommen, gab es auf der ganzen Insel keine einzige Siedlung, wo sie Hilfe bekommen könnten. Da konnten sie sich genauso gut weitertreiben lassen.

»Und was jetzt?«, fragte Magne.

»Wir warten, bis es dunkel wird«, erwiderte Sverre. »Dann feuern wir eine Seenotrakete ab.«

»Und wer soll die sehen?«

Auf diese Frage gab es keine Antwort.

D ie *Northwestern* erreichte Alaska 1977 genau zum richtigen Zeitpunkt: Die goldene Ära der Krabbenfischerei steuerte just auf ihren Höhepunkt zu. Zwei politische Entscheidungen sorgten dafür, dass der Boom der Industrie noch einmal dramatisch befeuert wurde. Zum einen stellte der Bundesrichter George Boldt 1974 ein für alle Mal klar, dass die amerikanischen Ureinwohner ein Anrecht auf fünfzig Prozent aller Fänge hatten, die vor der Küste des Bundesstaats Washington in die Netze gingen. Mit diesem Urteil halbierte Boldt faktisch die Quote für die Fischer und versetzte der Flotte damit den Todesstoß. Aber sie war nach einem höchst profitablen Jahrhundert sowieso auf dem absteigenden Ast – die Fischgründe waren bereits arg überfischt. Die Fischer aus Seattle grämten sich nicht lange und nahmen Kurs auf Alaska, wo ihnen weniger Gesetze und Regeln die Arbeit vermiesten.

Zwei Jahre später verabschiedete der US-Kongress eine Gesetzesvorlage, die der »norwegische« Senator von Washington, Warren Magnuson, eingebracht hatte. Seit den Anfängen der kommerziellen Fischerei haben sich die US-Fischer mit der ausländischen Konkurrenz herumschlagen müssen, vor allem mit Japanern, Russen und Kanadiern, die in den US-Gewässern fischen durften, wie sie wollten. Der nun beschlossene Magnuson Fishery Conservation and Management Act machte Schluss mit dieser Selbstbedienung zum Nulltarif. Fortan waren die Gewässer innerhalb der 200-Meilen-Zone für alle nichtamerikanischen Trawler gesperrt. An der Küste von Washington war es mit der Fischerei ja eh schon vorbei – also profitierte vor allem Alaska von dieser Beseitigung der Konkurrenz durch die Politik.

Jetzt ging der Wettstreit erst richtig los: Die besten und modernsten Schiffe nahmen allesamt Kurs auf Dutch Harbor, an Deck Hunderte von Krabbenfallen und die beste Ausrüstung, die für Geld zu haben war. Fänge und Erträge wuchsen ins Schwindelerregende. Und es ging weiter aufwärts. 1979 landeten die Fischer 68 000 Tonnen Krabben an, was nur knapp unter der Rekordmarke aus dem Jahr 1966 lag. Nur erlösten sie damals um die zehn Cent pro Kilogramm – nun bekamen sie dafür einen Dollar; ihr Umsatz hatte sich also verzehnfacht.

Die gesamte Branche glühte vor Zuversicht, auch Sverre und vier seiner Freunde aus Karmøy-Tagen hatten so viel Geld in den Taschen, dass sie sich an die nächste große Investition wagten. Zusammen mit Gunnleiv Loklingholm, Sigmund Andreasson, Borge Mannes und Arnold Rasmussen gründete mein Vater ein Unternehmen zur Weiterverarbeitung von Fisch und Krabben: Aleutian Island Seafoods. Sie kauften der Marine den ausgemusterten, knapp neunzig Meter langen Kühlfrachter *Aludra* ab, rüsteten ihn zur schwimmenden Fischfabrik um und tauften ihn auf den Namen *Aleutian Monarch*. Um die Arbeiter ihrer Fabrik unterzubringen, legten sie sich mit der *Xanadu* gleich auch noch einen uralten Kreuzfahrtdampfer zu. Sie verankerten und vertäuten die Schiffe nebeneinander und fingen an, Krabben zu frosten und zu verpacken. Es war der nächste Schritt auf der Karriereleiter in einer erfolgsverwöhnten Industrie. Mein Vater verkaufte unser altes Haus an seinen Skipper Oddvar und wir zogen in ein größeres, schöneres Domizil in Hanglage mit einem wunderbaren Blick auf den Puget Sound. Wie die anderen Fischer aus Ballard fuhr er jetzt einen Lincoln Mark V, den riesigen Straßenkreuzer aus dem Hause Ford. Wenn am Sonntag die Fischer zur Messe in die Fels-der-Ewigkeit-Kirche kamen, stand der gesamte Parkplatz voll mit diesen Luxusschlitten.

Doch das große Geld hatte auch seine Kehrseite: Der Wettbewerb unter den Fischern wurde härter, und ein neues Quotensystem der Fischereibehörde in Alaska verschärfte die Bedingungen zusätzlich. Anstatt die Saison zeitlich zu begrenzen, setzte das Amt nun eine Gesamtmenge fest, die nicht überschritten werden durfte. Jeder Kapitän war fortan verpflichtet, über Funk seine Fangmengen durchzugeben – und wenn die Bürokraten bei ihrer Addition den zulässigen Höchstbetrag erreicht hatten, erklärten sie die Saison für beendet. Weil das System einem Wettrennen glich, hieß es bei uns nur das »Derby«. Solange die Flotte aus weniger als hundert Schiffen bestand, funktionierte es auch einigermaßen. Es gab genügend Krabben in der Beringsee – und die Zeit reichte aus, dass jeder auf seinen Schnitt kam. Aber mit dem Boom der Industrie liefen immer mehr Skipper Dutch Harbor an, um sich ihren Teil am großen Schatz zu sichern. Ihre Schiffe und ihre Ausrüstung waren auf dem neuesten Stand, ihre Crews arbeiteten schnell und effizient. Dank der neuen Natriumdampflampen konnten sie rund um die Uhr fischen. Mit der Folge, dass die kostbare Zeit der Saison immer schneller wegtickte. Während es anfangs drei Monate gedauert hatte, die gesamte Quote zu fangen, benötigten die Fischer jetzt nur noch einen Monat. Es begann ein wahrer Teufelskreis: Wer nicht wollte, dass ihm die Konkurrenz wertvolle Anteile am Gesamtfang wegschnappte, musste noch schneller schuften. Mit dem beschleunigten Takt der Arbeit wuchs das Unfallrisiko – aber eben auch der Gewinn.

Nach der Rekordsaison von 1979 wollte jeder, der ein Schiff sein Eigen nannte, ein Stück vom großen Kuchen. Die Fischereibehörde setzte für die Roten Königskrabben eine Quote von 59 000 Tonnen fest – so viel wie nie zuvor. Zusätzlich wurden noch einmal 14 000 bis 23 000 Tonnen anderer Krabbenspezies zum Fang freigegeben, aber die wichtigste Beute waren natürlich die großen Roten. In diesem Herbst liefen 230 Schiffe in Dutch Harbor ein, alle bereit, um ihren Anteil am Schatz zu kämpfen. Rechtzeitig vor dem Startschuss zum Beginn der

Saison dampften sie los zu den Fischgründen, Punkt Mitternacht brachten die Crews die ersten Krabbenfallen aus.

Sverre hatte sich extra für diese Saison eine weitere Innovation ausgedacht. Ihm war schon vorher klar, dass er mehr Krabben fangen konnte, als in seine Laderäume passten. Weil er mit jeder Fahrt so viel wie möglich verdienen wollte, brachte er riesengroße Säcke aus stabiler Plastikfolie mit, die er mit Wasser befüllen und an Deck lagern konnte. Mit diesen flexiblen Krabbentanks vergrößerte er seine Kapazität um weitere fünf Tonnen.

Es wurde ein furioses Wettrennen, wie es die Fischerei noch nicht gesehen hatte. Nach nur 29 Tagen hatte die Flotte die gesamte Quote gefangen – der Rekord von 1966 war gebrochen. Die Fischer waren um 175 Millionen Dollar reicher und Dutch Harbor schnappte San Diego den prestigeträchtigen Titel des umschlagstärksten Fischereihafens weg. Kodiak landete übrigens dicht dahinter auf Platz drei. Ein einfacher Matrose konnte während der vier Wochen des rasanten Derbys an die 50 000 Dollar verdienen. Wenn man das auf den heutigen Kurs umrechnet, kommt man auf eine Summe von 130 000 Dollar – was einem Tagessatz von 4500 Dollar entspricht.

»Ich hab in einem Jahr mehr Geld nach Hause gebracht als mein Vater in fünf Jahren«, sagt Skipper Bart Eaton.

Viele der Fischer verprassten ihren Instant-Reichtum sofort: Sie kauften sich goldene Uhren oder teure Sportwagen, leisteten sich Partys ohne Ende oder spontane Ausflüge nach Miami. Allein der Elbow Room kam in dieser Zeit auf einen Umsatz von einer Million im Jahr.

Die Krabbenfischer lebten in einer großen Blase der Gier – und keiner konnte sich vorstellen, dass die Party einmal enden würde.

Weil sie ihre Schiffe nun öfter bequem von zu Hause aus dirigieren konnten, genossen die Kapitäne aus Karmøy mehr Freizeit. Immer mehr Familien verließen Ballard und siedelten sich am nördlichen Stadtrand an, und das bedeutete für ihren alten

Lebensmittelpunkt Ballard einen schmerzhaften Niedergang. Die kleineren Familienbetriebe, die Geschäfte und Dienstleister taten sich zunehmend schwer, gegen die Konkurrenz der großen Einkaufspassagen zu bestehen. Nur wenn es ums Trinken und Feiern ging, blieben die Fischer ihrer alten Heimat Ballard treu, vor allem auf ihren Smoke Shop ließen sie nichts kommen.

»Wir haben eine Menge Geld in diesen Laden investiert«, sagte unser Onkel Karl immer. »Obwohl wir nie eine vernünftige Dividende dafür bekommen haben.«

Stammkunden im Smoke Shop waren die wohlhabenden Eigner, die inzwischen Angestellte hatten oder einen ältesten Sohn, der die meiste Zeit des Jahres auf der Brücke ihres Schiffs stand. Kenner sprachen nur von der »norwegischen Mafia«, so führten sie sich in ihrer Stammkneipe auf. In den dunklen und rauchigen Ecken der Spelunke handelten sie Verträge aus, kauften und verkauften ihre Schiffe, heuerten und feuerten Kapitäne und Crews. Als Sverre bei Marco die Verlängerung der *Northwestern* um drei Meter in Auftrag gab, marschierte der zuständige Manager mal schnell von der Werft zum Smoke Shop rüber, um Sverre die Papiere unterschreiben zu lassen.

Mein Vater war zu diesem Zeitpunkt ein erfolgreicher Geschäftsmann, er strotzte vor Selbstvertrauen und ging manchmal sehr ruppig mit seinen Mitmenschen um. Einmal steuerte er die *Northwestern* etwas zu schwungvoll an die Pier der Bunkerstation und rummste dabei gegen ein anderes Schiff namens *Lady Jane*. Mein Vater galt schon immer als Vollgas-Pilot, der nur zwei Geschwindigkeiten kannte – volle Kraft voraus oder volle Kraft zurück. So manövrierte er auch beim Anlegen. Dieses Mal richtete er einen ordentlichen Schaden auf dem anderen Boot an – und das blieb im Hafen nicht unbemerkt. Von überall brüllten die Leute hinter ihm her. Sverre stieg von seinem Schiff und lief die Straße hoch, als wäre nichts passiert.

»Sverre, was willst du jetzt machen wegen der Kollision?«, rief jemand hinter ihm her.

»Schick mir doch einfach die Rechnung«, brüllte er zurück und stolzierte weiter, ohne auch nur über seine Schulter zu gucken, was er eigentlich angerichtet hatte.

Sverre konnte fürchterlich stur sein, und er hatte seinen Stolz. »Es gibt zwei Sorten von Menschen auf der Welt«, lautete so ein Spruch von ihm: »Es gibt Hansens und Leute, die so sein wollen wie wir.« Manchmal hackte er auf den kleinsten Details herum, aus Prinzip. Mit UniSea zankte er sich einmal wegen einer Rechnung über tausend Dollar für ein paar Kisten Köderfisch. Er hat danach nie wieder etwas mit ihnen zu tun haben wollen. Ein anderes Mal vergab er den Auftrag, die Elektrik auf der *Northwestern* zu überholen, an einen Mann aus der Nachbarschaft von Karmøy; Tor Tollesen hieß der Typ. Eines der Funkgeräte streikte danach trotzdem noch, was etwa zwei Prozent des gesamten Auftragsvolumens ausmachte. Das Schiff lag in Dutch Harbor und Tor Tollesen hatte den Job an einen Subunternehmer weitergegeben, der aber zu beschäftigt war und sich nicht darum kümmern konnte.

Sverre beschwerte sich am Telefon: »Das Funkgerät funktioniert immer noch nicht.«

»Sollte es eigentlich.«

»Tut es aber nicht. Also nimm das Scheißding und steck es dir sonst wohin.«

Sverre brachte das Funkgerät zurück und Tor gab ihm sein Geld zurück.

»Das hätte ich natürlich besser nicht getan«, räumt Tor ein. »Er wollte nicht sein Geld zurückhaben, sondern einfach nur, dass ihm jemand die Funke repariert. Dass es nicht funktionierte, empfand er als eine persönliche Beleidigung. Ich habe ihn beim Wort genommen, als er eigentlich nur zeigen wollte, wie enttäuscht er war. Nach diesem Zwischenfall durfte ich meinen Fuß nicht mehr auf sein Schiff setzen – offiziell wenigstens. Als wir uns das nächste Mal in der Kneipe trafen, haben wir uns wieder vertragen.«

Auch auf der Höhe seines Erfolgs blieb Sverre in vielerlei Hinsicht der einfache Mann aus einem winzigen Dorf an der Küste Norwegens. Er trug eine Mütze, wie er sie schon zu Hause auf dem Bauernhof getragen hatte, und je mehr Drinks er intus hatte, desto schiefer saß das Ding auf seinem Kopf. Wenn die Kisten mit dem Köder geliefert wurden, orderte er seine Leute, bei jedem einzelnen Kabeljau die Zunge rauszuschneiden, das weiche Fleisch aus dem Unterkiefer. Die Zungen in der Pfanne zu braten, war für ihn ein Festmahl. Einmal dampfte er am Ende der Saison mit seinem Schiff über den Golf von Alaska in Richtung Süden. An Bord war außer ihm nur Mike McCool, der Mechaniker. Jeden Abend tischte Sverre dieselbe Mahlzeit auf – Hering und Bratkartoffeln. Mein Vater war ein ausgezeichneter Koch. Er heizte den Ofen an und schickte Mike zum Kühlraum, um frischen Hering zu holen. McCool schaute sich überall um, konnte aber außer den Kisten mit tiefgefrorenem Köder nichts finden.

»Da gibt es keinen Hering mehr«, sagte McCool. »Jedenfalls konnte ich keinen finden.«

»Ach, du Dummie, dann hole ich ihn eben selbst«, erwiderte Sverre.

Er marschierte zum Kühlraum rüber und kehrte mit einem Pappkarton unter dem Arm in die Kombüse zurück. Auf dem Etikett stand: »KÖDER – NICHT FÜR DEN MENSCHLICHEN VERZEHR GEEIGNET.« Für den Rest der Reise begnügte sich Mike McCool damit, nur noch die Bratkartoffeln zu essen.

S chiffe und Ausrüstung wurden stetig besser – also dachten die Fischer, dass ihr Job damit auch sicherer werden würde. Aber da unterlagen sie einem gewaltigen Irrtum. Zum einen weil sich einige der Neubauten – wie die zweite *Foremost* – als wenig seetüchtig erwiesen. Außerdem unterlagen nicht wenige Skipper der Illusion, dass sie in einem großen Schiff aus Stahl mehr Risiken eingehen konnten als in einem kleineren Kahn aus Holz. Erschwerend hinzu kam der Umstand, dass es vielen der gerade erst im Boom beförderten Kapitäne an Erfahrung fehlte, um im Ernstfall die Lage richtig einschätzen zu können. Die neuen Mega-Krabbenfänger mit ihren sechshundert Pots an Deck waren zudem sehr schwerfällig und bewährten sich in der Praxis nicht. Weil die erfahrenen Skipper bei ihren kleineren Schiffen blieben, waren es ausgerechnet die unerfahrensten Kapitäne, die auf den Riesenkästen fuhren. Sie hatten vielleicht geschafft, die erforderlichen Prüfungen für ihre Lizenz zu bestehen, doch das hieß noch lange nicht, dass sie mit dem Material auch umgehen konnten. Sie liefen mit ihren Schiffen auf Riffe oder rammten sich gegenseitig. Die Zahl der tödlichen Unfälle schoss in die Höhe – und bescherte der Krabbenfischerei die zweifelhafte Ehre, die Rangliste der »tödlichsten Jobs Amerikas« anzuführen.

»Früher ist es nicht so oft dazu gekommen, dass Schiffe wirklich gesunken sind, weil jeder Angst davor hatte«, sagt Bart Eaton, der es vom erfolgreichen Skipper zum Manager in der Fischindustrie gebracht hat. »Du hast dir ständig in die Hosen gemacht, dass die Kähne unter deinen Füßen absaufen, was sie zum Glück nicht taten. Bei den großen Stahleimern ist es eher umgekehrt. Die Kapitäne kommen sich mit ihrer tollen Ausrüstung und Elektronik unverwundbar vor – und dann kippen die Dinger gleich reihenweise um. Ich denke, die Leute sind gut damit gefahren, ein wenig Angst zu haben.«

1980 kamen achtundzwanzig Krabbenfischer um, und die Serie setzte sich auch 1981 fort. In dem Zeitraum zwischen September 1982 und 1983 gingen vor der Küste Alaskas achtundsechzig Schiffe verloren, sechsunddreißig Seeleute ertranken. Im Februar 1983 sanken die beiden Schwesterschiffe *Americus* und *Altair* aus Anacortes, beides moderne, perfekt ausgerüstete Krabbenfänger, nicht weit von Dutch Harbor entfernt unter mysteriösen Umständen. Alle vierzehn Mann blieben auf See. Die Schiffe konnten nicht geborgen werden, die Ursache des Unglücks wurde nie geklärt. Zwischen 1980 und 1988 starben im Schnitt jedes Jahr einunddreißig Fischer aus Alaska bei der Ausübung ihres Berufs. Die große Mehrzahl der Verunglückten hatte auf einem Krabbenfänger gearbeitet.

Zu einem Teil war das System »Derby« schuld daran. Es war eingeführt worden, um die Zahl der gefangenen Krabben zu begrenzen, ohne dabei einen einzelnen Fischer zu benachteiligen. Jeder hatte die gleiche Chance, und wer zuerst kam, der mahlte auch zuerst. Die besten Skipper mit den schnellsten Leuten und dem größten Glück kriegten so den größten Teil der Beute ab – doch leider verschaffte sich auch hier das Gesetz der ungewollten Konsequenz seine Geltung. »Der Konkurrenzdruck wurde zunehmend härter«, erinnert sich Ole Hendricks. »Wenn du dir deinen Anteil an der Fangmenge holen wolltest, musstest du bei jedem Wetter raus und fischen, egal ob der Wind gerade mit Stärke zehn oder elf heulte. Das machte die ganze Geschichte natürlich gleich viel riskanter.« Zeit ist Geld, und so ließen viele Skipper ihre Crews rund um die Uhr schuften. Viele trieben die Leute weit über ihre Grenzen und schickten sie auch in gefährlichen Stürmen raus an Deck, obwohl sie eigentlich längst in einem sicheren Hafen hätten sitzen und auf besseres Wetter hätten warten sollen. Es waren aber auch viele echte Hohlköpfe da draußen, die keine Ahnung von Seefahrt hatten und denen es nur um das schnelle Geld ging.

»Die Beringsee hat uns enorme Reichtümer geschenkt, aber auch viel Schmerz und Leid beschert«, lautet das Fazit von Bart Eaton. »Wenn man Glück gehabt hat wie ich, dann hat man da draußen im guten Sinne des Wortes seine Bestimmung gefunden. Den weniger Glücklichen ist die dunkle Seite des Schicksals begegnet.«

Als ich in das Geschäft einstieg, erreichte die Krabbenfischerei gerade ihren absoluten Höhepunkt. Doch so schnell, wie der Boom entstanden war, kam auch der Kollaps. Schon im Herbst 1981 taten sich die Fischer schwer, überhaupt noch Krabben zu finden. Das Gesamtergebnis des Derbys fiel ins Bodenlose, im Vergleich zum Vorjahr wurden achtzig Prozent weniger Krabben gefangen, magere 12 700 Tonnen. Und im nächsten Jahr kam es noch schlimmer, da gingen sogar nur noch 4500 Tonnen in die Fallen. 1983 fiel das Derby ganz aus und die Fanggründe vor Kodiak Island wurden komplett gesperrt. Auch im folgenden Jahr fand das Derby nicht statt.

Das knappe Angebot sorgte allerdings dafür, dass der Preis für Krabben sich mehr als verdoppelte: 1980 bekamen wir für ein Kilogramm um die neunzig Cent, 1981 waren es schon zwei Dollar. Eine Weile ließ sich also trotzdem noch Geld verdienen. Spätestens 1985 aber war es auch damit vorbei. Die gesamte Flotte machte nur noch einen Umsatz von 33 Millionen Dollar – so wenig wie seit 1972 nicht mehr. Bei den Fangmengen sah die Statistik noch gruseliger aus: So wenig Krabben wie 1985 hatte man zuletzt 1958 angelandet.

Es wurde schwierig, unter diesen Bedingungen noch seinen Lebensunterhalt zu verdienen. Der Kollaps der Bestände war das eine Problem – die Überkapitalisierung der Industrie das andere. In den glorreichen Siebzigerjahren war es leicht gewesen, an Kredite zu kommen. Doch nun saßen die Fischer mit leeren Laderäumen auf ihren teuren Mega-Krabbenfängern und konnten Zinsen und Tilgung nicht mehr bezahlen. Die hohe Unfallrate hatte außerdem dafür gesorgt, dass die Prämien für die Versicherung durch die Decke gegangen waren. Zu Beginn des Booms kostete Treibstoff achtzehn Cent pro Gallone, inzwischen war der Preis auf 1,25 Dollar geklettert. Zu diesen Konditionen wurde es für viele Eigner zu teuer, ihre Schiffe überhaupt noch rauszuschicken, die Kähne blieben in Dutch Harbor, Kodiak oder Ballard an der Pier oder vor Anker liegen. Einige stießen ihre Schiffe zu einem Spottpreis ab, andere erklärten lieber gleich ihren Bankrott. 1980 lieferte Marco noch vier seiner legendären Krabbenfänger ab – und dann war Schluss, sie verkauften nicht ein einziges weiteres Schiff. Die Werft musste schließlich dichtmachen und verlegte ihren Betrieb irgendwo nach Südamerika.

1981 brach ein Feuer auf dem Fabrikschiff meines Vaters aus, die *Aleutian Monarch* wurde komplett zerstört. Der ausgebrannte und verkohlte Rumpf wurde in tieferes Wasser gezogen und von der Küstenwache so lange beschossen, bis er sank. Vielleicht hat es sogar etwas Gutes, denn das Unternehmen stand ebenfalls kurz vor dem Untergang. Sverre und seine Partner verkauften die *Xanadu* – und dann machten sie den Laden dicht.

Jetzt reichte es nicht mehr, einmal im Jahr zur Krabbensaison in Dutch Harbor zu erscheinen, um mit einem Vermögen wieder abzuziehen. Wer überleben wollte, musste auch auf den verschiedenen Nebenschauplätzen antreten, andere Arten fangen, rund um das Jahr. Nach dem Kollaps der Königskrabben-Bestände verlegten wir uns mit der *Northwestern* beispielsweise auf den Fang von Tanner-Krabben. Wir waren Anfang der Achtzigerjahre eines der ersten Schiffe überhaupt, das sich mit den kleineren Krabben abgab. Wie die anderen Fischer der jungen Generation hatte ich in den Zeiten des großen Booms noch keinen vollen Anteil an den Einnahmen verdient, für mich fühlte es sich also nicht an, als würde man mir etwas wegnehmen. Wir verdienten immer noch ordentlich und kümmerten uns nicht um das Gejammer der Älteren, die den goldenen Zeiten hinterherweinten. Uns kam es auch nicht wie ein würdeloser Abstieg vor, kleinere Krebse wie die Opies zu fangen. Man musste nur einen Weg finden, dass sich das Unterfangen auch lohnte.

Wie sich herausstellte, entwickelte sich der Fang von Schneekrabben bald zum Haupterwerb der gesamten Flotte; die Königskrabben-Bestände erholten sich nie wieder so weit, dass sie auch nur annähernd an die Rekordwerte von 1980 herankamen. Für die folgenden fünfundzwanzig Jahre verharrten die Fangmengen bei unter 14 000 Tonnen, was weniger als fünfzehn Prozent der Erträge waren, mit denen man in den Jahren des Booms rechnen konnte. In den Neunzigerjahren fingen wir bereits deutlich mehr Opies als Königskrabben, und wir verdienten auch mehr Geld damit. Die *Northwestern* machte nun allerdings das ganze Jahr keine Pause mehr: Von Januar bis Juli fingen wir Schneekrabben, im August dampften wir zu den Pribilof-Inseln, um Blaue Königskrabben zu fischen, im September ging es zurück nach

Dutch Harbor für die kurze Saison der großen Roten, und den Rest
des Jahres verbrachten wir damit, im fernen Westen bei Adak Braune
Königskrabben in unsere Fallen zu locken.

Also: Während einige Eigner ums Überleben kämpften, kamen
andere ganz gut zurecht. 1985 tat sich mein Vater mit Sigmund Andreasson zusammen und kaufte ein weiteres Schiff. Der vorherige Besitzer
der gut vierzig Meter langen *Enterprise* konnte die fälligen Raten nicht
mehr überweisen. Der Kahn hatte einen schlechten Ruf und soll seinen Eignern nur Pech gebracht haben, aber als Sigmund das Ruder
übernahm, lief es wie geschmiert. Sie investierten noch ein paar Dollar
in die Überholung der *Enterprise* und fuhren mit dem Fang von Opilio
satte Profite ein, bis sie das Schiff zwei Jahre später mit einem schönen
Zugewinn weiterverkauften.

Das Geld aus diesem Deal steckte mein Vater sofort in die *Northwestern* – er ließ sie auf sechsunddreißig Meter verlängern, um mehr
Pots und mehr Krabben laden zu können. Statt 156 Fallen konnten wir
jetzt 200 an Deck stapeln. 1991 setzte die Fischereibehörde eine Ober-
grenze fest, wie viele Pots ein Schiff tragen durfte – und wir spendierten der *Northwestern* noch einmal zwei Meter mehr, um die maximal
erlaubte Zahl von 250 Krabbenfallen auch ausnutzen zu können.

Die Sicherheit der Schiffe wurde das nächste große Thema: Die
Küstenwache hatte die Fischer schon eine Weile gedrängt, mehr Geld in
die Sicherheit zu investieren und Überlebensanzüge und EPIRBs anzu-
schaffen, aber sie hatte keine Handhabe, diese Forderungen auch durch-
zusetzen. Die meisten Fischer und Kapitäne reagierten allergisch, wenn
man ihnen neue Regeln vorsetzte – selbst diejenigen, die ihre Schiffe
bereits mit dem gesamten Sicherheitsprogramm ausgestattet hatten,
wollten sich das nicht vom Gesetzgeber vorschreiben lassen, aus Prinzip.
Die Skipper und Besitzer wollten selbst entscheiden können, welche Risiken sie eingingen oder wie sie sich davor schützten. Doch die Gefahren waren nur größer geworden, seit die Flotte auf den Fang von
Schneekrabben umgestellt hatte und auch in den Wintermonaten auf

die Beringsee rausfuhr. Jetzt mussten die Schiffe nicht nur mit den Stürmen fertig werden: Wenn die Kapitäne zu weit nach Norden dampften, liefen sie Gefahr, vom Eis eingeschlossen zu werden. Wer erst einmal in den Schraubstock des Packeises geriet, war so gut wie verloren.

Die Serie der Havarien und tödlichen Unfälle riss nicht ab. 1988 verabschiedete der US-Kongress deshalb neue Sicherheitsrichtlinien für die Berufsfischerei – den Commercial Fishing Vessel Safety Act. Damit wurde Gesetz, was die Küstenwache schon lange als Standard verlangt hatte: dass alle Krabbenfänger Überlebensanzüge für die gesamte Crew an Bord haben, dass alle Schiffe mit Rettungsinseln ausgestattet sind und mit EPIRBs, die sich automatisch aktivieren, wenn das Schiff sinkt und der Crew keine Zeit mehr bleibt, die Notsender manuell einzuschalten.

Doch selbst das neue Gesetz konnte die Risiken der Krabbenfischerei nicht ganz beseitigen. Im Zeitraum von 1991 bis 1996 lag die Rate tödlicher Unfälle unverändert hoch. Wie viele Tote auf 100 000 Beschäftigte hat eine Branche zu verzeichnen? So rechnen Unfallstatistiker. Bei den Krabbenfischern kamen damals jedes Jahr 365 Männer um – 52-mal mehr als durchschnittlich bei anderen Jobs.

Warum die Krabbenbestände 1981 kollabiert sind, bleibt bis heute ungeklärt. Manche sagen, dass die Ursache allein in der Überfischung während der Boomjahre liegt, und ich denke, dass diese naheliegende These zutrifft. Andererseits sind die Quoten in den vergangenen Jahren drastisch reduziert worden, es wurde viel weniger gefischt und die Bestände haben sich trotzdem nicht erholt. Wissenschaftler stellten außerdem fest, dass es die Fortpflanzung der Krabben kaum beeinträchtigt, wenn wir die Hälfte aller Männchen wegfangen – es wurden trotzdem alle Weibchen befruchtet. In anderen Worten: Auch der exzessive Fang der männlichen Krabben hat die Existenz der Bestände eigentlich nicht gefährdet. Allerdings kann niemand mit Genauigkeit sagen, wo das natürliche Gleichgewicht einer gesunden Krabbenbevölkerung liegt – und deshalb wissen wir auch nicht, ob sich die Bestände nun vollständig erholt haben oder nicht. Aus diesem

Grund sind viele Experten der Ansicht, dass andere Faktoren eine Rolle spielen. Ein Anstieg der Wassertemperaturen etwa oder ein Rückgang beim Plankton, von dem sich die Larven der Krabben ernähren. Ein weiteres Problem, denke ich, wird auch die Vermehrung der Fressfeinde sein. Je mehr Kabeljau, Heilbutt oder Seezunge es gibt, desto weniger Larven überleben. So funktionieren Kreisläufe in der Natur.

Jedes Jahr fahren die Schiffe der Fischereibehörde raus und fangen Krabben. Sie zählen, wie viele Exemplare in einer bestimmten Region in die Fallen gehen, und rechnen dann hoch, wie groß die Bestände insgesamt sein mögen. Da wird addiert und multipliziert und wieder dividiert, bis eine Zahl auf dem Blatt steht, die sie dann zur Quote erklären. Seit ich das Verfahren beobachte, komme ich mir jedes Jahr wieder wie ein Versuchskaninchen vor, an dem neue Regeln und Maßnahmen ausprobiert werden. Inzwischen arbeiten wir sehr eng mit Behörden und Wissenschaftlern zusammen, weil wir kapiert haben, wie wichtig gesunde Krabbenbestände für unsere eigene Existenz sind. Überfischung ist nicht nur für die Krabben eine Katastrophe.

Da kam also ganz schön etwas zusammen: der Kollaps der Bestände, ein gnadenloser Wettbewerb, steigende Unfallzahlen, neue Regeln und Gesetze – und dazu auch noch die Schmach, mitten im Winter die minderwertigen Schneekrabben fangen zu müssen. Viele alte Fahrensleute sahen ein, dass der Zeitpunkt gekommen war, sich aus dem Geschäft zurückzuziehen. Mein Vater feierte 1988 seinen fünfzigsten Geburtstag und entschied sich, anderen den Platz auf der Brücke zu überlassen. Bei seinem Bruder Karl folgte die Erkenntnis 1991. Er verkaufte seine *Ocean Spray* und zog sich ganz aus der Krabbenfischerei zurück. Nur drei Jahre später ging das Schiff auf See verloren.

Ich habe noch ein paar Jahre mit meinem Alten zusammen gefischt, aber viele gemeinsame Fangreisen hatten wir nicht mehr. Als ich auf der *Northwestern* anfing, stand er nur noch selten selbst auf der Brücke. »Vielleicht war er auch nervöser als früher«, lautet der Erklärungsversuch von Oddvar Medhaug, warum mein Vater sich nach dem Verlust der ersten und zweiten *Foremost* Stück für Stück aus dem Tagesgeschäft zurückzog. Kann auch sein, dass er die extreme Belastung einfach leid war, dass er müde war. Er fuhr immer noch gerne raus, wenn wir Königskrabben fingen. Die Opiliosaison jedoch schien ihm die Mühe nicht wert.

Wenn er dann doch mal an Bord erschien, nannte die Crew das sein »profitorientiertes Sportangeln«: Er hatte es längst nicht mehr nötig, selbst am Ruder zu stehen, aber er genoss es eben. In Dutch Harbor war er inzwischen eine Legende. Wenn er den Elbow Room betrat, erinnert sich Mark Peterson, dann brach die Band mitten im Song ab und stimmte stattdessen die alte Hank-Snow-Ballade an: »I've been everywhere.«

Sverre war etwas ruhiger und milder geworden über die Jahre. Wenn er zum Fischen kam, dann fuhr er mit dem Schiff am liebsten raus nach Adak oder Attu, wo sonst kaum andere Positionslichter am Horizont zu sehen waren. Die selbst gewählte Einsamkeit erinnerte ihn an die Zeit, wo man die Zivilisation noch komplett hinter sich ließ, einfach ins Blaue hinausdampfte und nach den Krabben suchte. Selbst wenn man nichts fing, hatte man wenigstens ein Abenteuer erlebt. Und manchmal hatten sie wirklich Pech da draußen.

»Einmal war es sehr schlimm, da fingen wir so wenig, dass wir jeder einzelnen Krabbe einen Namen gaben«, erzählt Mark Peterson. Aber Sverre genügte selbst das, er platzte fast vor Glück, wenn er von der Brücke an Deck gerannt kam. So froh war er, dass sie überhaupt etwas gefangen hatten; selbst wenn ihnen einmal nur ein großer, fetter Kabeljau in die Falle ging, war das ein Grund für ihn zu feiern. »Er liebte das, liebte die Krabben und den Fisch«, sagt Peterson. Der Kabeljau wurde gesalzen und zum Abendessen aufgetischt. Für Sverre ein Festmahl — wie auch der Köderfisch, den er immer noch mit großem Genuss verspeiste. Nicht für den menschlichen Verzehr geeignet? Von wegen. Seine Crew zeigte sich weniger begeistert. »Eklig war dieses Zeug«, findet Peterson. »Es stank wie die Pest.«

Wenn Sverre seine junge Crew auf solche wenig lukrativen Expeditio-
nen entführte, sorgte er dafür, dass sie trotzdem ordentlich bezahlt wurden, egal wie viele Krabben sie gefangen hatten. Eine Praxis, die es wohl sonst in der Flotte der Krabbenfänger kaum noch einmal geben dürfte. Auf einer dieser nutzlosen Reisen der leeren Krabbenfallen kam Mark Peterson einmal frühmorgens in die Kombüse, wo Sverre mit seinen Patience-Karten am Esstisch saß. Er schlug seinem Skipper eine Wette vor: »Wenn du verlierst, kehren wir um und fahren heute noch nach Hause.« Sverre spielte und verlor.

»Okay, schmeiß die Maschinen an«, sagte er. »Wir fahren nach Hause.«

Ein anderes Mal war Chris Aris mit an Bord, als sie an Thanksgiving draußen waren zum Fischen. Er fragte Sverre, ob es denn einen Truthahn zum Abendessen geben würde. »Einen Truthahn?«, erwiderte Sverre ungläubig. »Ha! Was glaubst du, wo du hier bist?« Ein wenig später zogen sie einen Pot an Deck, in den sich auch ein paar Kabeljaue verirrt hatten. Sverre brüllte von der Brücke runter: »Hey Chris, da hast du deinen Truthahn. Bester norwegischen Truthahn!« Der Kabeljau wurde noch am selben Abend gekocht, die Crew feierte Thanksgiving mit frischem Fisch.

Trotz seines mitunter lauten Kommando-Gebells haben die meisten Decksleute Sverre als fast schüchternen und für einen Kapitän überraschend mitfühlenden Mann in Erinnerung. »Er war für uns fast so etwas wie ein Onkel«, sagt etwa Mangor Ferkingstad. »Immer offen und ehrlich, immer besorgt, wie es uns ging.«

Einmal klagte Chris Aris am Ende seiner Schicht über starke Ohrenschmerzen und durchsuchte die Bordapotheke.

»Hast du da drin so etwas wie Ohrentropfen?«, fragte er Sverre.

»Ja, sollten auch dabei sein.«

Chris drückte sich ein paar Tropfen ins Ohr und haute sich in seine Koje, um schnell ein paar Stunden Schlaf zu kriegen, bevor er wieder rausmusste. Er schlief tief und fest, wie ein Stein. Acht Stunden später wachte er wieder auf. Er sah auf die Uhr und dachte: *Ach du Scheiße!* Er zog sein Regenzeug an, so schnell er konnte, und rannte raus an Deck, um sich beim Rest der Crew zu entschuldigen. »Mach dir keinen Kopf«, sagten sie nur. »Der Alte hat gesagt, dass wir dich schlafen lassen sollen.«

Sverre kam nur noch selten raus an Deck, die Brücke war seine Burg. Einsam thronte er da oben, schlürfte einen Kaffee nach dem anderen und qualmte Zigaretten, bis die Kippen in seinem Aschenbecher zu einem Berg angewachsen waren. Nachts hörte er die Kanäle im Funk ab, auf denen die Fischer ihre Frauen oder Freundinnen zu Hause anriefen. Für ihn war das wie Seifenoper gucken.

»Ich liebe dich so sehr«, flüsterte eine dieser Freundinnen rauschend und knisternd durch die Nacht.

»Pass jetzt bloß auf, du Dummie«, kommentierte Sverre glucksend. »Bevor du dich's versiehst, will sie mehr Geld von dir.«

»Ich liebe dich auch«, flötete der Fischer von seinem Schiff in der Ferne.

»Kannst du mir denn noch ein bisschen Geld schicken?«, fragte die Freundin.

Sverre schüttelte seinen Kopf: »Tu es nicht, Dummie.«

»Bei mir ist auch gerade Ebbe«, sagte der verliebte Fischer.

»Och, Baby«, säuselte die Freundin. Dann war einen Moment lang nichts mehr zu hören.

»Er wird einknicken«, verkündete Sverre. »Ich wette, dass er gleich nachgibt!«

»Ja, ich schick dir was«, knisterte es im Funkgerät.

»Was ist bloß los mit diesem Kerl?«, schimpfte Sverre. »So ein Dummie!«

So war er, bei ihm hatte man immer etwas zu lachen. »Egal wie schwierig unsere Lage gerade war«, erinnert sich Tim Canny, der bei uns an Deck arbeitete, »Sverre fand immer einen Weg, der Situation eine spaßige Seite abzugewinnen.« Als Mark Peterson noch als

Greenhorn auf der *Northwestern* fuhr, blickte Sverre einmal hektisch von seinem Essen auf. »Verdammt, hat eigentlich jemand die Krabben gefüttert?« Alle drehten sich um und schauten Peterson erwartungsvoll an.

»Wie jetzt? Was meint ihr denn?«, fragte Peterson.

»Na, der Ködermann ist auch dafür zuständig, die Krabben zu füttern«, sagte Sverre mit todernster Miene. »Willst du etwa sagen, dass du die verdammten Viecher nicht gefüttert hast?« Sie hatten an die fünfzig Tonnen Krabben gefangen.

»Das wusste ich nicht«, stammelte Peterson.

»Die hatten jetzt seit sieben Tagen nichts zu fressen! Wie kannst du das nur vergessen haben?!«

Peterson sprang auf und rannte raus an Deck. Er drehte fünfzig Pfund Köder durch den Fleischwolf und kippte den Brei in die Tanks. Die folgenden vier Tage achtete er brav darauf, dass die Krabben immer gut gefüttert wurden, bis ihn Norman schließlich beiseitenahm und ihm erklärte: »Weißt du, Mark, die Krabben brauchen wirklich kein Futter. Er hat sich nur einen Spaß mit dir machen wollen.«

Bei einer anderen Gelegenheit stand Peterson auf der Brücke mit Sverre, als sie bei Attu, also ganz im Westen der Aleuten, vor Anker lagen. Auf dieser Insel gab es absolut gar nichts, von dem alten Loran-Sendemast einmal abgesehen, den die Küstenwache noch betrieb. Die Pier stammte aus dem Zweiten Weltkrieg und war so morsch, dass man seine Leine immer gleich um mehrere Balken wickeln musste, weil ein einzelner Klotz jederzeit herausbrechen konnte. Wer sich für die Archäologie der jüngeren Geschichte interessierte, hatte auf der Insel so manches zu entdecken: Es gab das Wrack eines Fliegers, im Hafenbecken waren Schiffe gesunken und in den Wellblechhütten für die Munition des Stützpunktes hatten Soldaten ihre Namen in die Wände geritzt. Wer mit technischen Problemen auf Attu hängenblieb, musste Mechaniker und Ersatzteile aus Dutch Harbor einfliegen lassen. Die Landebahn der Küstenwache war noch halbwegs brauchbar.

Aber dann schlug das Wetter um, der Wind blies mit Sturmstärke. An Deck der *Northwestern* stapelten sich die Krabbenfallen, was das Schiff sehr kopflastig machte und stark ins Rollen brachte. »Dass der Wind zu heftig wurde, erkannten wir immer daran, dass unsere Radarantenne den Geist aufgab und wir auf dem Schirm nur noch Grün sahen«, erinnert sich Mark Peterson. Also holten sie den Anker hoch, um sich auf die windgeschützte Seite der Insel zu verkrümeln.

Bei Attu trafen Beringsee und Pazifik aufeinander und die *Northwestern* bekam jetzt von beiden Seiten die volle Kraft des Sturms zu spüren. Als sie einen Landvorsprung rundeten, stand Peterson auf der Brücke an Backbord und Sverre auf der gegenüberliegenden Seite. Mark erblickte Wellen von einer Größe, wie er sie noch nie gesehen hatte. »Ich starrte auf die riesigen Wellen und sie kamen mir vor wie auf diesen alten Gemälden, durchzogen von Gischt und Schaum, als wären sie durchsichtig. Wir tanzten plötzlich in Brechern, deren Höhe ich lieber gar nicht erst schätzen wollte. Es waren die größten Wellen, die ich je erlebt habe. Monster.«

Sie liefen vor den Wellen ab, anstatt dagegen anzukämpfen, und die Riesenbrecher rollten von achtern über das Schiff. »Und dann ist der Kahn urplötzlich nach einer Seite ausgebrochen«, erzählt Peterson. »Wir legten uns so weit auf die Seite, dass der Propeller kein Wasser mehr fasste und alle Alarmsignale auf der Brücke losheulten. Die Maschine bekam kein Kühlwasser mehr, die Dichtungen wurden zu heiß. Und durch das Fenster auf Sverres Seite konnte ich grünes Wasser sehen. Er saß da, gegen das Fenster gelehnt, und ich hing in der Luft. Wenn ich losgelassen hätte, wäre ich einmal quer über die Brücke auf seine Seite gesegelt.«

Die *Northwestern* war tatsächlich so weit auf die Seite gerollt, dass Mark schon dachte, sie würden kentern. »Doch dann hat sich das Schiff von selbst wieder aufgerichtet. Ich weiß nicht, ob er noch den Joystick für die Steuerung erreicht hat oder was sonst passiert ist. Aber wir kamen wieder hoch. Ich kann mich noch gut erinnern, wie ich runtergegangen bin und mich umgesehen habe. Alle Türen und Schränke standen offen, alles, was nicht festgeschraubt war, lag auf dem Boden verteilt. Die anderen saßen einfach nur da und sagten gar nichts. Sie starrten einander an und jeder dachte: *Was war denn das jetzt? Irre.*«

Sverre zeigte überhaupt keine Reaktion. »Er sprang nicht herum und klatschte die anderen ab, wie wir es taten«, sagte Mark. Er zündete sich ganz cool die nächste Zigarette an und steuerte sein Schiff in die geschützte Bucht, wo sie ankern wollten.

Nicht zu vergessen auch die Aktion, als Mark es sich in den Kopf gesetzt hatte, Crewjacken für alle machen zu lassen. Heutzutage gibt es auf den meisten Schiffen einheitliche Jacken für die Mannschaft, aber damals war das noch eher selten. Peterson hatte die Sache jedenfalls in die Hand genommen. »Mir war das so wichtig, dass ich es förmlich schmecken konnte«, sagt er. Das Einzige, was man zu der Zeit kriegen konnte, waren kleine Abzeichen mit einem Logo oder dem Namen auf der Brust. Was Mark jedoch verlangte, war so groß, dass es gerade noch auf den Rücken der Jacke passte: eine komplette Abbildung der *Northwestern*. Er fand mit Custom Embroidery in Ballard auch eine Stickerei, die sich bereit erklärte, den Auftrag zu übernehmen. Was ihm jetzt noch fehlte, war ein gutes Foto des Schiffs als Vorlage. Also fuhr er bei Sverre vorbei, um sich ein passendes Bild zu besorgen.

»Was willst du denn damit?«, bellte dieser.

»Wir wollen Jacken machen lassen.«

»Jacken!«, schnaubte der Alte, als wäre das die verrückteste Idee, die er jemals gehört hätte. »Wofür braucht ihr denn Jacken?«

»Schon gut, schon gut«, versuchte Peterson ihn zu beschwichtigen. »Aber *wir* hätten gerne Crewjacken, und *wir* werden auch selbst dafür bezahlen. Ich wollte doch nur wissen, ob du ein gutes Foto für uns hast.«

Mark bekam sein Bild und entwarf eine Vorlage für die Stickerei. Das Bild sollte auf den Rücken, und dazu als Schriftzug »F/V Northwestern, Seattle/Washington«. Als er damit fertig war, brachte er das Foto zurück zu Sverre.

»In welcher Farbe gibt es eure Jacken denn?«, dröhnte dieser gleich wieder los.

»Blau.«

»Blau?«, höhnte der Alte. »Und sonst?«

»Der Schriftzug und das Bild werden schwarz beziehungsweise rot.«

»Rot?«, blaffte Sverre. »Ihr seid doch nicht ganz dicht.«

»Wie du meinst«, sagte Mark und wollte sich auf den Weg machen. »Ich bringe den Entwurf jetzt bei der Stickerei vorbei.«

»Dann bestell doch auch gleich eine Jacke für meinen Vater und für mich mit«, sagte Sverre.

Natürlich hat er schließlich doch die Rechnung für das Projekt übernommen.

Sverre war immer fair, er zahlte pünktlich und hatte auch nichts dagegen, seinen Leuten Kredit zu geben. Als Matt Bradley ihn einmal um einen Vorschuss für die Weihnachtsferien bat, sagte mein Vater, dass er auf eine Tasse Kaffee bei ihm zu Hause vorbeikommen solle. Damals kämpfte Matt noch mit seiner Sucht. Sverre legte zwei Umschläge vor ihm auf den Tisch. »In einem Kuvert sind fünfhundert Dollar, in dem anderen fünftausend«, erklärte er. »Du kannst wählen, welches du möchtest.«

»Aber ich brauche gar keine fünf Riesen«, antwortete Matt. »Nur gerade so viel, dass ich Weihnachtsgeschenke für alle kaufen kann.«

»Jetzt nimm einfach einen Umschlag«, sagte Sverre. »Aber wenn du dich für die fünftausend entscheidest und nicht pünktlich auf dem Schiff erscheinst, werde ich dich höchstpersönlich umbringen.«

Matt schnappte sich ein Kuvert und riss es auf – fünftausend Dollar.

»Wusste ich, dass du diesen Umschlag nimmst«, triumphierte Sverre.

Die beiden waren enge Freunde. Selbst als Matt sich durch die schwierigen Zeiten der Sucht und des Entzugs quälte, hielt Sverre immer zu ihm. In Matt, dem Außenseiter, erkannte er sich selbst wieder, zumindest diesen unbedingten Willen, niemals aufzugeben und sich durchzubeißen. »Ich habe in ihm mehr von einem Vater gesehen als in meinem eigenen«, sagte Matt dazu.

Als mein Cousin Stan noch auf der *Northwestern* arbeitete, bat er regelmäßig vor Beginn der Saison um einen Vorschuss. Sverre fragte nur: »Wie viel brauchst du denn? Fünf-, zehn- oder fünfzehntausend?« Stan brachte es nicht über sich, den eigenen Vater zu fragen, und deshalb verlor Sverre nie ein Sterbenswörtchen über die Angelegenheit. Die berühmt-berüchtigte Fangreise, auf der wir kaum Krabben erwischten und Steiner fast über Bord gerissen wurde, schlossen wir mit einem dicken Minus ab, aber mein Vater bezahlte Steiner trotzdem. Ein anderes Mal hatte Peterson seinen Job auf dem Schiff gekündigt – und wollte dann doch wieder mitfahren. Sverre hatte inzwischen schon Ersatz angeheuert, aber er nahm Peterson eben als fünften Mann mit. Ohne den Anteil der Crew entsprechend zu reduzieren – Peterson wurde aus dem Anteil der Eigner bezahlt. Einmal hat Sverre seinen Leuten vor einer Fahrt nach St. Matthew einen Anteil von sieben Prozent versprochen. Als es dann besonders gut lief, zahlte er ihnen neun.

Die meisten in der Crew waren jung und hatten noch nicht kapiert, dass sie Geld für den Moment zurücklegen mussten, da sich das Finanzamt bei ihnen meldete. Wenn der Steuerbescheid besonders heftig ausfiel, beglich Sverre die Schuld – und behielt das Geld von der nächsten Heuer ein. Einmal ist er für Mangor Ferkingstad sogar als Bürge eingesprungen, als der sich einen neuen Wagen kaufen wollte. Auch Mangor zählte zu den zufriedenen Mitgliedern unserer Crew: »Die Bezahlung stimmte, die Ausrüstung war tipptopp, das Schiff in einem super Zustand – und meistens kamen wir auch mit einem guten Fang wieder zurück.« Viele unserer Leute blieben gleich für mehrere Jahre. »Für Sverre waren wir wie Soldaten«, erklärt Mangor. »Und wir waren stolz, dass wir mit ihm auf der *Northwestern* fuhren.«

KAMERA

an

BORD

K apitän Sverre spürte, wie seine nasse Hose im eisigen Wind gefror und seine Beine immer steifer wurden. Sie waren jetzt seit drei Stunden in der Rettungsinsel und weiter aufs offene Wasser rausgetrieben. Die Männer hatten nichts zu sagen, sie waren auch innerlich ruhig, keine Spur von Panik. Sverre und seine Leute waren Norweger, geborene Stoiker. Sie zerbrachen sich nicht den Kopf darüber, ob es eine Rettung für sie gab oder nicht. Wozu auch? Jammern und heulen half ihnen nicht weiter. Es blieb ihnen nichts anderes übrig, als zu warten. Auch in Sverre glimmte natürlich ein Funken Hoffnung, aber er mochte nicht zu viel Energie an diesen Gedanken verschwenden. Er brauchte alle Reserven, um seine Knie und Ellbogen immer mal wieder zu bewegen, damit sie nicht ganz einfroren. Ihm war kalt, so kalt, wie ihm noch nie gewesen war in seinen sechzehn Jahren Fischerei auf der Beringsee. Er zitterte in seinem nassen Wollpullover gegen die Kälte an. Auch die anderen schlotterten. Ungefähr jede halbe Stunde lugten sie unter ihrer Plane hervor und suchten die See ab. Aber da war nichts, kein Schiff in Sicht.

So blieb ihnen reichlich Zeit, ihre Gedanken wandern zu lassen. Das große Kino der Erinnerungen vor dem inneren Auge. Da war zum

Beispiel die schöne Geschichte von Magne Berg und John Johannessen. Sie lagen mit ihrem Schiff am Kai der Alitek-Fischfabrik bei Kodiak und feierten die ganze Nacht in der Unterkunft der Arbeiter. John war als Erster zurück an Bord und saß im Sessel auf der Brücke, als Magne schließlich eintrudelte. John beschloss, seinen Kumpel mal so richtig schön auf den Arm zu nehmen. Eine halbe Stunde später stieg er in die Kabine runter und rüttelte Magne an der Schulter. »Hey, aufwachen!«, sagte er. »Deine Wache, du musst ans Ruder.« Magne schleppte sich – betrunken wie er war – zur Brücke und ließ sich in den Sessel hinter dem Steuerrad plumpsen. Er starrte in die dunkle Nacht und gab sein Bestes, das Schiff auf einem geraden Kurs zu halten. John blieb neben ihm sitzen und versuchte, bloß nicht zu lachen. Langsam gewöhnten sich Magnes Augen an die Dunkelheit und er konnte wieder klar gucken. Erst bei einem Blick nach Steuerbord merkte er, dass sie immer noch an der Pier festgemacht hatten.

Das waren die Anekdoten, die sich die Männer aus Karmøy immer wieder in den Kneipen und am Tisch in der Kombüse erzählten, und sie konnten sich jedes Mal wieder ausschütten vor Lachen. Doch jetzt steckten sie klatschnass in dieser Rettungsinsel und die Erinnerung an bessere Zeiten machte sie traurig und bitter.

»Was gäbe ich drum, wenn ich jetzt das Dröhnen einer Schiffsmaschine hören könnte«, sagte Sverre. Die anderen rangen sich ein müdes Grinsen ab. Dann versanken sie wieder in ihrem stillen Elend und rückten noch ein bisschen enger zusammen.

Nach der Kindheit in Norwegen und der Erfahrung des Kriegs, der Auswanderung nach Ballard und der harten Arbeit in der Fischerei hat mein Vater mir den Weg geebnet, früh in diesem Geschäft Fuß zu fassen. Meine Erfolge habe ich ihm zu verdanken. Ich bin seinen Fußstapfen gefolgt und Kapitän auf einem Krabbenfänger geworden. Und bis vor fünf Jahren wäre das die ganze Geschichte gewesen.

Doch dann passierte etwas, mit dem niemand rechnen konnte: Ich war plötzlich im Fernsehen und die Leute auf der Straße erkannten mich wieder, weil sie »Deadliest Catch« gesehen hatten. Wie jeder, der gelegentlich im Fernsehen auftritt und einen gewissen Bekanntheitsgrad erreicht, würde ich auch gerne sagen können, dass mich das Ganze nicht im Geringsten verändert hat, dass ich noch derselbe Mensch bin, der gerne hart arbeitet und seine Familie liebt. Ich gebe mir große Mühe, nicht abzuheben und zu bleiben wie ich bin. Und natürlich ist mir bewusst, dass dieser Ruhm nur kurzlebig ist und dass die Zuschauer schon in der nächsten Saison einer anderen Figur ihre Aufmerksamkeit schenken. Das ist mir alles klar.

Die Wahrheit ist aber auch, dass der Bekanntheitsgrad, den wir mit »Deadliest Catch« erreicht haben, unser Leben von Grund auf umgekrempelt hat. Etwas anderes zu behaupten, wäre einfach eine Lüge. Nehmen wir als Beispiel doch allein dieses Buch: Vor fünf Jahren hätte ich im Traum nicht daran gedacht, über mein Leben zu schreiben – und erst recht nicht, dass andere Menschen ein Interesse haben könnten, ein solches Buch zu lesen. Deshalb möchte ich hier erzählen, wie verrückt es ist, wenn man über Nacht eine solche Verwandlung erlebt – vom einfachen Berufsfischer zum Gast in der »Tonight Show«.

Vor fünfzehn Jahren, lange vor Beginn der TV-Serie, schob ich einmal meinen Einkaufswagen durch den Supermarkt und blieb vor dem Regal hängen, in dem die Flaschen mit Paul Newmans Salatdressing standen. So oft war ich daran vorbeigegangen, ohne einen Gedanken daran zu verschwenden, doch dieses Mal machte es klick: Auf diesen Flaschen warb ein Mensch für ein Produkt, und das gab es nicht oft. Ich schob meinen Karren weiter zur Fischabteilung und fand genau, was ich erwartet hatte. Charlie, der Thunfisch, eine Comic-Figur. Star-Kist warb mit einer Meerjungfrau und Gorton's Fischstäbchen mit einem unbekannten Gesicht unter einem altmodischen Südwester. Auf keiner der Kisten und Dosen und Flaschen in dieser Abteilung war ein Mensch oder auch nur ein Bezug zum wirklichen Leben zu finden.

Und an diesem Gedanken hangelte ich mich weiter. Warum nicht eine eigene Marke gründen? Nicht nur für Krabbenfleisch, für das ganze Sortiment: Fischstäbchen, Lachs, Kabeljaufilets, Heilbuttsteaks. Auf jeder Packung ein Bild von unserem Schiff, vielleicht auch nur als tintenblaue Prägung. Und dann auf der Rückseite die Geschichte der *Northwestern* und der Familie Hansen, dazu ein Bericht, wie dieser spezielle Fisch oder wo diese Krabbe gefangen wurde. Die meisten Leute haben ja nicht die blasseste Ahnung, wo ihre Lebensmittel überhaupt herkommen. Jedes Produkt hat doch seine eigene Geschichte. Wäre es nicht richtig cool, diese den Menschen zu erzählen?

Ich stellte die Idee sogar in den Vorstandsetagen einiger Handelsketten vor. Aber weil ich keinen Einfluss darauf hatte, was mit meinem Fang passiert, wenn ich ihn abgeliefert habe, und auch selbst nicht genug fischen kann, um mit meinem eigenen Produkt das ganze Jahre über die Regale zu füllen, meinten die Manager, dass mein Konzept nicht funktionieren würde. So war die Idee erst einmal gestorben.

Sieben Jahre später hörten Edgar und ich, dass ein Mann vom Fernsehen einen Dokumentarfilm über das Krabbenfischen machen wollte. Sein Name war Thom Beers und er war gerade in Alaska gewesen und auf der *Fierce Allegiance* zum Fischen rausgefahren. Total begeistert kehrte er nach Seattle zurück und begann, jeden Kapitän eines Krabbenfängers zu interviewen, den er nur kriegen konnte. Bei einem dieser Gespräche hat Sten Skaar, Skipper auf der *North American*, uns ins Spiel gebracht: »Wie wäre es denn mit den Hansen-Brüdern – noch so eine norwegische Familie?«

Wir waren die Letzten, die interviewt werden sollten. Es sollte ein Frage-Antwort-Spiel vor laufender Kamera werden, aber die TV-Crew erschien nicht wie vereinbart. Edgar und ich saßen also in einem chinesischen Restaurant und vertrieben uns die Zeit, indem wir uns schon einmal ein paar Drinks genehmigten. Aber die Typen kamen immer noch nicht. Es vergingen ein paar Stunden, und als die Fernsehfritzen endlich ihr Gerät aufbauten, waren wir tiefenentspannt. Was vielleicht sogar sein Gutes hatte, denn wir agierten vor der Kamera ohne jede Scheu und genau so wie im richtigen Leben – inklusive der üblichen Sticheleien unter Brüdern, was den TV-Leuten offenbar besonders gut gefiel.

Anfangs konnte ich mich nur schwer mit der Idee anfreunden, für die Produktion der Serie Kameraleute an Bord zu haben. Doch dann dachte ich mir: *Warum nicht, zum Teufel. Es ist für eine Doku, eine einmalige Angelegenheit.* Wir bekommen eine Gelegenheit, unsere Familie zu präsentieren und das, was sie geschafft hat. Wir waren von Tag eins an dabei, seit der Erfindung der Krabbenfischerei, und stolz darauf. Und warum sollten wir diesen günstigen Augenblick nicht nutzen, ein wenig Werbung für die Fischerei zu machen? Die Serie würden sie eh produzieren; wenn wir nicht mitmachten, würde ein anderes Schiff unseren Part übernehmen. Also willigten wir ein und ließen die Kameraleute an Bord. Für eine dreiteilige Doku-Serie – so der ursprüngliche Plan.

Das Medienecho auf die erste Staffel war großartig und die Zuschauer liebten die Sendung, weshalb man uns gleich fragte, ob wir auch bei der folgenden Staffel mitmachen würden. Uns war klar, dass wir für kein Geld der Welt eine solch gute Werbung für unsere Krabben kriegen konnten – und dass die Serie die Nachfrage nach Königskrabben aus Alaska garantiert steigern würde. Deshalb entschieden wir uns dabeizubleiben, und ich wollte sogar noch einen Schritt weitergehen: Dann machen wir auch gleich eine Website auf und verkaufen T-Shirts für unsere Fans. Ich besaß damals zwar noch nicht einmal einen eigenen Computer, aber ich setzte mich mit meinem Nachbarn zusammen, der mir alles auf seinem Rechner einrichtete.

Dann ging alles ganz schnell. Die Leute googelten unsere Namen, weil sie mehr über das Schiff und den Krabbenfang wissen wollten. Das Forum auf meiner Website explodierte förmlich und die meisten Fans schickten Komplimente wie dieses: »Respekt! Ich könnte niemals tun, was ihr da draußen macht. Von heute an werde ich mich im Restaurant nie wieder über den Preis von Krabbenfleisch beschweren!«

Als ich anfing, die Mails persönlich zu beantworten, schwoll die Nachrichtenflut noch einmal an. Eine Weile habe ich Spaß gehabt, doch ich war gerade erst dabei, vom Einfingersystem auf zwei Finger umzulernen, und kam einfach nicht hinterher. Denn die Leute erwarteten selbstverständlich, dass ich sofort antwortete. Ich verlor schnell den Überblick, und auch die Kapazität unserer Website war schnell überschritten. Mein Vater hatte seine Geschäfte noch auf Papier oder per Telefon geführt – ich musste jetzt sehr schnell Anschluss an das 21. Jahrhundert finden. Und das forderte manchmal mehr Aufmerksamkeit, als ich gerade aufbringen konnte.

Matt Bradleys Bruder gab mir den Ratschlag, alles, was mit Klamotten zu tun hatte, an eine Onlinefirma abzugeben, die sich auf solche Aufträge spezialisiert hatte. CafePress hieß der Laden und wir schickten unsere ersten Entwürfe hin, wie T-Shirts oder Jacken aussehen könnten. Als ich an Bord mal einen Tag Ruhe brauchte, hatte ich ein Schild an meine Kabinentür gehängt, auf dem stand: »SHUT UP AND FISH« – frei übersetzt: Lasst mich einfach in Ruhe und fischt! Das fanden alle witzig, und wir beschlossen, den Spruch zu unserem Logo zu machen. Also sagte ich CafePress, sie sollten das auf alles drucken, was sie verkaufen wollten. Sie verzierten Hemden und Sweatshirts, Mützen und sogar Damenunterwäsche damit. Ich kümmerte mich nicht mehr darum und hatte keine Ahnung, was sie vorhatten. Sie produzierten das ganze Sortiment und verkauften die Sachen zu Tausenden. Als ich bei Jimmy Kimmel in der Talkshow auftrat, hielt er mir gleich einen Tanga mit der bekannten Aufschrift entgegen: »SHUT UP AND FISH!« Seine erste Frage: »Was zum Teufel soll das bedeuten?«

Die Serie »Deadliest Catch« sorgte in Dutch Harbor erst einmal für Riesenärger. Einige der namhaften Fischer und wichtigen Leute in der Industrie kehrten uns buchstäblich den Rücken zu. Wenn wir in eine Kneipe kamen und Hallo sagten, drehten sie sich einfach um und taten so, als wären wir Luft. Manche rangen sich immerhin noch einen witzigen Kommentar ab wie: »Hey, Hollywood!«, oder: »Vorsicht, die

VIPs kommen!« Sie guckten mich und meine Crew an, als wären wir Verräter. Sie waren geradezu paranoid, dass wir sie irgendwie schlecht aussehen lassen könnten. Der Konkurrenzdruck war schon so groß genug und unser Erfolg im Fernsehen machte das Ganze nur schlimmer. Ein Kapitän hastete an mir vorbei und fauchte: »Denk bloß nicht, dass du für die gesamte Flotte sprichst.« Sie dachten ernsthaft, dass ich den großen Helden spielen wollte, obwohl ich mich für diese Rolle nie aufgedrängt habe. Ein anderer Skipper beschwerte sich, dass es im Fernsehen immer so aussehe, als seien wir die Erfolgreichsten von allen, während in Wirklichkeit andere viel mehr Krabben fingen. Ich verkniff es mir, meinen Kommentar laut auszusprechen: *Meinst du wirklich? Aber die tauchen in der Serie eben nicht auf, oder?*

Wie die Fischerei ist auch die Popularität ein Geschäft, in dem jeder gut aussehen will. Wer es schafft, auf der Mattscheibe zu erscheinen, dem schauen die Leute zu. Die Kamerateams zeigten immer fünf oder sechs Schiffe der Flotte, und die Zuschauer fanden schnell ihre persönliche Lieblingscrew – das ist doch völlig normal. Aber uns quälte der Gedanke doch, dass wir ganz schön blöd aussehen würden, wenn wir eine schlechte Saison hatten und wie die Trottel rüberkamen. Denn so kann man sich das tolle Image schnell vermiesen.

Dann wurden Edgar und ich nach Boston zu einer Messe für Meeresfrüchte eingeladen – als Hauptredner. Es kamen massenweise Leute, so viele hatten sich noch nie in diesen Saal gequetscht. Eine Weile später sagte ich in Seattle ein paar Worte zur Eröffnung der Fish Expo, und wieder war die Bude gerammelt voll. Es war das erste Mal, dass ein Fischer sprach, der über die Grenzen seines Berufs hinaus bekannt war. In den Augen mancher Fans waren wir schon so etwas wie Stars. Als *Discovery* die Videos von unseren Auftritten sah, sagten sich die Produzenten: Genau das sind unsere Leute, die wollen wir als Botschafter unserer Serie haben. Und prompt schickten sie uns in alle Talkshows, die nach den Fischern aus »Deadliest Catch« verlangten – zu Jimmy Kimmel, Jon Stewart, Jay Leno und zu Conan O'Brien.

Wir kamen gut rüber bei diesen Shows, wir wirkten sehr professionell und das brachte uns eine Menge Anerkennung ein. Andererseits nahmen wir es nicht so fürchterlich ernst und hatten unseren Spaß dabei, und ich denke, auch das hat den Zuschauern gefallen. Wie bekannt wir dabei im ganzen Land wurden, verstand ich erst, als ich mit meiner Frau im Urlaub nach Las Vegas fuhr. Im Hotel beobachteten wir einen Typen, der von Mädchen nur so umlagert wurde und fleißig Autogramme schrieb. Er musste also irgendwie berühmt sein, doch wir erkannten ihn nicht. Also marschierte meine Frau einfach rüber und stellte sich vor. Als sie wiederkam, sagte sie mir, dass es sich um Vince Neil handelte, den Sänger von Mötley Crüe. Die Musik hatte ich zwar schon gehört, aber der Mann selbst sagte mir gar nichts. Meine Frau drängte mich: »Los, wir machen ein Foto von euch beiden.« Vince Neil fand die Idee super. »Sig, Mensch! Ich liebe eure Serie.« Es stellte sich heraus, dass Vince ein absolut netter Kerl war, der trotz des Starrummels auf dem Teppich geblieben war. Ich mochte ihn sehr. Seine Frau gab allerdings zu, dass sie »Deadliest Catch« überhaupt nicht leiden konnte: »Wenn die Serie läuft, guckt er jedes Mal, egal wie oft sie diesen Teil schon wiederholt haben. Er glotzt und glotzt und kommt einfach nicht ins Bett.« Das fanden meine Leute und ich natürlich großartig: die Vorstellung, dass eine bescheidene Crew von Fischern regelmäßig das Liebesleben eines Rockstars vermasselte.

Gelegentlich kamen wir für die Talkshow-Auftritte auch nach L.A. und stiegen dann im Hotel Roosevelt ab. Mir ist es dabei immer wieder passiert, dass mich Barkeeper oder Kellner angesprochen haben. Sie hätten schon viele Hollywoodstars gesehen, aber keiner dieser Schauspieler hätte sie je so beeindruckt wie die Krabbenfischer aus »Deadliest Catch«. Als Kompliment fühlte sich das ziemlich gut an. Wir haben einen Draht zu Menschen, die ihren Lebensunterhalt mit echter Arbeit verdienen. Sie wissen genau, dass ein Film nicht die Wirklichkeit ist und ein Schauspieler immer nur eine Figur im Drehbuch bleibt. Auch im richtigen Leben sind solche Berühmtheiten nur selten authentisch – sondern eigentlich ständig damit beschäftigt, ihr eigenes Image zu polieren. Wir hingegen machen nur, was wir immer schon getan haben. Wir fischen. Und genau das kommt bei den Normalsterblichen gut an.

Die Medaille hat natürlich eine Kehrseite. Einmal bin ich in einer Talkshow richtig ausgeflippt, als es um Fangstatistiken und Quoten ging. In meiner Wut habe ich sogar auf den Tisch gehauen. In der ersten Zeit nach der Sendung haben mich die Leute auf der Straße nachgeäfft – sehr peinlich, die ganze Nummer. Meistens habe ich schnell vergessen, was vor der Kamera passiert ist, und wundere mich dann über meinen eigenen Auftritt, wenn ich die Aufzeichnung ein paar Monate später im Fernsehen gucke. Aber die Zuschauer haben schon kapiert, dass wir nicht wie Brad Pitt oder Tom Cruise sind. Wir sind einfache Fischer, Punkt. Und deshalb sagen die meisten Menschen, denen wir begegnen, Dinge wie »Ihr macht einen Superjob!« oder dass sie einen Höllenrespekt vor uns und unserer Arbeit haben.

Ich denke, wir haben dank der TV-Serie eine Menge für das Image unseres Berufsstands tun können. Ein Vergleich zeigt sehr schön, was ich meine: In der Berufsfischerei ging es lange Zeit im Prinzip nicht anders zu als im Profi-Baseball. Früher verdienten nur die Besitzer der Teams das große Geld, die Spieler rangierten auf der untersten Stufe der Hackordnung. Sie waren schlecht bezahlt, konnten sich nie darauf verlassen, dass sie ihren Arbeitsplatz auch in der kommenden Saison noch haben würden – und wenn sie erst einmal verletzt waren, konnten sie ihre Karriere sowieso abschreiben. Sie waren jederzeit ersetzbar. Wenn einer meckerte und mehr Geld verlangte, holte sich der Boss eben einen neuen Spieler. Genauso ist es den Fischern ergangen – sie existierten immer nur als Rädchen im Getriebe, und auf gesellschaftliche Anerkennung konnten sie schon gar nicht hoffen. Mein Vater hat mir einmal von einem der erfolgreichsten Skipper der Flotte erzählt, der sich in eine dieser geschlossenen Wohnanlagen im Stadtteil Highland einkaufen wollte, wo vorne ein Wachmann an der

Schranke saß und aufpasste, wer reindurfte und wer nicht. Aber die Anwälte und Zahnärzte, die dort residierten, legten ihr Veto ein, sie wollten nicht, dass ein einfacher Fischer ihre hochwohlgeborenen Kreise störte – auch wenn er es vielleicht zum Millionär gebracht hatte. Im Bild von der Gesellschaftspyramide saßen wir Fischer immer unten im Keller. Ich kann mich noch gut daran erinnern, wie es früher war, wenn man im Nachtclub einer Frau erzählte, dass man Krabbenfischer war: Sie hat die Nase gerümpft. Die Leute hatten eine schlechte Meinung von uns. Aber das hat sich nun geändert: Dank der TV-Serie haben wir Fischer im ganzen Land mehr Anerkennung gefunden.

Auch in Dutch Harbor denken manche inzwischen anders über uns. Statt der üblichen blöden Kommentare bekommen wir heute auch Lob dafür, dass wir als Botschafter der Krabbenfischer einen guten Job machen und uns im Fernsehen nicht zu dämlich anstellen. Ohne dass wir groß etwas dafür getan hatten, fiel uns allerdings plötzlich eine weitere Aufgabe zu – wir wurden für alle möglichen gemeinnützigen Projekte gebucht. Wenn es darum ging, Geld zu sammeln, klopften die Organisatoren an unsere Tür. Und so schlugen wir die Werbetrommel für die McDonald's-Kinderhilfe, das Museum für Nordische Geschichte, das Kinderkrankenhaus in Seattle und die Krebsforscher vom Fred-Hutchinson-Institut. Wir sammelten Geld für eine Grundschule in Gloucester, wo ein neuer Spielplatz gebaut werden sollte. Und für eine Stiftung, die sich um krebskranke Kinder kümmert, spendeten wir zwei Tage auf der *Northwestern*, die der Country-Sänger Toby Keith auf einer Benefiz-Auktion für 28 000 Dollar versteigerte. Die glücklichen Gewinner durften während des jährlichen Seafair-Festivals in Seattle mit. An Bord war außerdem ein zehnjähriger Junge namens Gary Yost, der an Knochenkrebs litt. Er hatte an die Make-A-Wish-Foundation geschrieben, dass er so gerne einmal einen Tag mit uns Krabben fangen wollte. Also stellte uns die Fischereibehörde eine Sondergenehmigung aus, damit wir an diesem Tag ausnahmsweise unsere Krabbenfallen direkt im Puget Sound auslegen durften. Gary hatte einen Riesenspaß dabei, uns an Deck zu helfen, und ich ernannte ihn zum Kapitän ehrenhalber.

Während dieser Sondereinsätze wurde mir klar, dass wir wirklich so etwas wie das Gesicht der Krabbenfischerei geworden waren.

Ein großartiger Dienst an der Gemeinschaft, aber auch eine Chance für mich persönlich. Wenn ich tatsächlich einmal versuchen wollte, meine eigene Marke zu entwickeln und auf den Markt zu bringen, dann war das der ideale Moment. Vom Potenzial meiner Idee war ich absolut überzeugt – ich musste nur noch die Verarbeiter dazu bringen, meine Produkte auch zu verkaufen. Nach zwei Jahren zäher Verhandlungen hatten wir schließlich einen Partner gefunden – einer der großen Konzerne wollte das Projekt mit mir zusammen angehen und über die Großhandelskette Costco vertreiben. Unsere Krabben verkauften sich allerdings nicht besonders gut – trotz des schönen Fotos von uns auf der Verpackung.

Die nächste Idee war, unsere Krabben ausgewählten Restaurants exklusiv zu verkaufen, doch sie wollten ausschließlich Exemplare, die wir auch auf der *Northwestern* gefangen hatten. Es sollte eine besondere Spezialität sein wie zum Beispiel Lachs vom Copper River. Ein schönes Konzept eigentlich, nur fingen wir leider viel zu wenig, um die Küchen auch rund um das Jahr zu beliefern. Wenn wir 150 000 Kilo fangen, geht ja auch noch etwa die Hälfte ab für den Panzer und andere Bestandteile, die man nicht essen kann. Was schließlich übrig bleibt, reicht höchstens für ein Dutzend große Restaurants – und welche Küche bestellt schon einen gesamten Jahresvorrat an Krabben auf einmal und bei einem Lieferanten? Der Plan ging ebenfalls nicht auf.

Aber was konnte ich sonst noch mit meinen Krabben anfangen? Ihre Vermarktung ist in den Vereinigten Staaten insgesamt ein schwieriges Metier, was schon allein daran liegt, dass der größte Teil des Fangs sowieso nach Japan geht. Japanische Fischer haben lange vor uns damit begonnen, die Krabben zu fangen, und bis sie schließlich vom Gesetzgeber aus unseren Fischgründen verbannt wurden, hatten sie zum einen die Infrastruktur für Weiterverarbeitung und Vertrieb geschaffen und zweitens die Nachfrage. Anders als die amerikanischen Verbraucher sind Japaner außerdem bereit, richtig Geld für gute Qualität hinzulegen. Bei ihnen haben Delikatessen wie unsere Königskrabbe schon seit Jahrhunderten auf dem Speisezettel gestanden – sie essen Fisch, wir futtern Steaks und Burger. Entsprechend fällt auch die Wertschätzung für den Fischer in Japan aus, der niemals so um seine gesellschaftliche Anerkennung kämpfen musste wie wir. Die Konsumenten in Japan sind sehr zufrieden mit unserem Produkt und die Importeure zahlen bar und im Voraus, um sicherzustellen, dass sie die Ware auch bekommen. Sie nehmen damit uns amerikanischen Fischern wie auch den Weiterverarbeitern das unternehmerische Risiko, dass sie nur dann Geld verdienen, wenn sie ihre Krabben auch am Markt absetzen können. Ohne die Japaner gäbe es keine Krabbenfischerei bei uns.

Nur ein verschwindend kleiner Teil der Krabben, die in Alaska gefangen werden, bleibt überhaupt in den USA, nur wenige schicke Restaurants oder Gourmet-Geschäfte führen das, was wir bei »Deadliest Catch« aus den Fallen holen. Und dafür muss man tief in die Tasche greifen. Wo aber kommt dann das Krabbenfleisch her, das im Supermarkt um die Ecke so günstig zu kaufen ist?

Aus Russland.

Auch dort gibt es Krabben, reichlich. Aber die Russen haben ihre eigenen Regeln. Sie halten beim Fang keine Mindestgrößen ein, wie sie bei uns die Fischereibehörde vorschreibt, und überhaupt folgen sie keinem Quotensystem. Auch Sicherheitsstandards für ihre Schiffe kennen sie nicht. Jedenfalls bringen sie massenweise Krabben auf den Markt, und viele sind kleiner als das, was wir abliefern. Ironie der Geschichte ist, dass es die amerikanischen Fischer selbst waren, die 1980 drüben waren und den Kollegen gezeigt haben, wie man Krabben fängt. Sie haben ihnen bei der Gelegenheit auch gleich ein paar alte Schiffe verkauft. Jetzt unterbieten uns die Russen auf unserem eigenen

Markt – mit minderwertiger Ware. Aber das haben wir uns eben selbst
zuzuschreiben.

Die Russen exportieren jedes Jahr viele Hundert Tonnen tiefgefrorene Krabben in die ganze Welt. Was die Handelsketten bis zum Ende der Saison nicht unter die Leute gebracht haben, werfen sie als Sonderangebot auf den Markt. Die Verbraucher fragen sich natürlich, warum sie im Restaurant zwanzig Dollar für ein Krabbengericht hinlegen sollen, wenn sie dieselbe Portion für einen Bruchteil dieses Preises im Supermarkt bekommen. Wenn der Preis an der Kasse fällt, kürzen auch unsere Abnehmer den Kilopreis. Was interessiert es sie, dass unsere Krabben gar nicht auf dem US-Markt gehandelt werden? Sie setzen unseren Verdienst trotzdem runter.

Jahrelang habe ich versucht, die großen Fischvermarkter davon zu überzeugen, ihre Krabben in eine Kiste mit meinem Logo zu verpacken. Aber sie zeigten einfach kein Interesse, es war für sie viel leichter, unseren Fang zu Premium-Bedingungen nach Japan zu verschiffen. Wenn ich mein Logo auf einem Krabbenkarton haben wollte, musste ich ihnen die Krabben eben abkaufen, um sie dann zu einem höheren Preis auf den Markt zu bringen – auf eigenes Risiko, versteht sich. Und dazu war ich dann doch nicht bereit.

Aber dann kamen die Russen auf mich zu. Ihr Unternehmen selbst ist übrigens amerikanisch, der Marktführer unter den Importeuren, die russische Krabben in den USA verkaufen. Sie hatten mich auf der Seafood Expo gesehen und wussten sofort, dass es funktionieren würde. Wir verabredeten uns zu einem Treffen, und allen Beteiligten war bewusst, was es für meinen Ruf bedeuten würde, wenn mein Name auf einer Box mit russischen Krabben erschien. Aber diese Leute sicherten mir zu, dass sie ihren Überschuss künftig nicht mehr zu Dumpingpreisen losschlagen wollten, wie sie es in der Vergangenheit zu unserem Nachteil getan hatten. Die Idee war stattdessen, diesen Überschuss in schicke Kisten zu packen und mit unserem Logo und dem Namen »Captain Sig's Northwestern« zu versehen. Das Ganze sollte dann bei Walmart zu einem Preis von neun Dollar die Box in die Kühlregale kommen. Für mich ergab sich damit die einmalige Chance, meine eigene Marke zu etablieren – und ich habe sie dankend angenommen.

Die Verpackung sah wirklich cool aus: mit einem Bild von unserem Schiff, wie es gerade in eine Riesenwelle kracht. Einer der Vertriebsleute, der vorher noch nie von der *Northwestern* oder der TV-Serie gehört hatte, fand: »Das ist die tollste Verpackung, die ich je gesehen habe. Die will ich in meinen Läden haben.«

Das neue Produkt verkaufte sich blendend. Anstatt im Supermarkt die Preise in den Keller zu reißen, gingen die russischen Krabben jetzt in meine Box. Mit den kleineren Exemplaren, die vorher dafür gesorgt hatten, dass auch unser Einkommen sank, gelang nun eine erstaunliche Wende. Mit der wachsenden Nachfrage nach »meinen« Krabben stieg der Preis in den Läden insgesamt – um siebzig Cent pro Kilogramm. Und das wirkte sich wiederum direkt auf die Erlöse aus, die wir von den Aufkäufern an der Pier in Dutch Harbor bekamen. Ich will nicht so weit gehen und behaupten, dass wir meinen Walmart-Krabben die höheren Preise verdanken. Aber sie haben wenigstens geholfen, das Niveau zu stabilisieren und zu verhindern, dass unser Einkommen weiter zurückging.

Ich habe natürlich ordentlich einstecken müssen für diese Aktion, in der Flotte hätten sie mir am liebsten den Kopf abgeschlagen. Sie zwangen mich, »Russisches Produkt« auf die Rückseite der Boxen zu drucken. Was wir lieber nicht erwähnten, war der Umstand, dass im Prinzip alle Krabben in den Supermarktregalen aus Russland kamen. Meine Kollegen wollten nicht wahrhaben, was es für ihre Saison bedeutet hätte, wenn die Russen wieder den Markt mit ihren Billigkrabben geflutet hätten wie in den Jahren zuvor. Immerhin schwenkten einige der Fachmagazine um und äußerten Verständnis für meine Position, auch wenn sie nicht offen sagen wollten, dass mein Deal mit den Russen auch sein Gutes hatte.

oben: **Ich an Deck mit Jake Anderson, Matt Bradley und Edgar. (Foto: EVOL)**

links: **Norman (rechts) und ich hinter dem Haus unserer Großmutter in Karmøy, 1971. (Foto: Familie Hansen)**

Es hat natürlich meiner Sache nicht unbedingt geholfen, dass meine russischen Geschäftspartner ins Fadenkreuz der Regierung gerieten. Sie fingen einfach zu viele Krabben und verdienten zu viel Geld, da wollten Wladimir Putin & Co. eben auch ihren Anteil haben. Es war nicht der erste Wirtschaftszweig, bei dem der Staat eine größere Beteiligung einforderte – und mehr Kontrolle ausüben wollte. Für mich endete der Deal damit nach nur einem Jahr.

Aber die eigene Marke entwickelt und am Markt positioniert zu haben, öffnete meiner Familie neue Türen. Die amerikanischen Fischverarbeiter hatten bei Walmart gesehen, wie erfolgreich das Konzept war, und jetzt waren sie es, die auf mich zukamen. Also wurde erneut verhandelt. Das Ergebnis war eine buntere Verpackung, die sich noch besser von den anderen Produkten im Kühlregal bei Walmart abhob, und ein leicht veränderter Markenname. Die Experten waren der Überzeugung, dass »Captain Sig« einen noch höheren Wiedererkennungswert besaß als »Northwestern«. 2009 kamen die neu entwickelten Produkte unter meinem Namen auf den Markt, in einem ersten Probelauf wurden dreihundert Supermärkte mit »Captain Sig's« Tiefkühl-Seelachs, Lachsburgern und Fischstäbchen beliefert. Nur die Krabben schafften es nicht ins Sortiment – zu teuer, um sich bei Walmart auf Dauer gut zu verkaufen, meinten die Manager. Jetzt müssen wir erst einmal sehen, wie das neue Konzept ankommt. Es ist ein bisschen wie beim Fischen: Man wirft seinen Haken mit dem Köder aus und wartet, was anbeißt.

In dieselbe Kategorie fallen auch die anderen Dinge, die wir inzwischen über den Handel und vor allem über unsere Website vertreiben. Wir haben verschiedene Grillsaucen unter dem Namen »Tastiest Catch« im Angebot, in den Geschmacksrichtungen Tartar, Cocktail, Meerrettich und Crab Louie. Die Rogue-Brauerei in Oregon produziert ein Dunkelbier mit dem Namen »Captain Sig's Northwestern Ale«, der norwegische Bekleidungshersteller Helly Hansen fertigt »Northwestern«-Regenjacken, und dann gibt es noch das Xbox-Videospiel »Deadliest Catch«. Ich habe es mir zur Regel gemacht, den Geschäftspartnern freie Hand zu geben bei der Entwicklung und Vermarktung – von mir bekommen sie dann den Namen dazu. Was habe ich nicht an Horrorgeschichten von erfolgreichen Sportlern oder anderen Stars gehört, die versucht haben, das alles in die eigene Hand zu nehmen! Anstatt sich mit einem Anteil am Kuchen zu begnügen und die Experten den Job machen zu lassen, wollten diese Leute alles allein schaffen – und sind meistens kläglich gescheitert mit ihrem Projekt. Man muss schon eine realistische Vorstellung mitbringen, was man selbst leisten kann und was nicht. Und man darf auch nicht zu viel auf einmal erwarten: All diese Nebenbeschäftigungen und Zusatzgeschäfte bringen uns nicht das große Geld. Wir sind und bleiben Krabbenfischer, das ist unser Beruf.

Trotzdem denke ich, dass wir neue Geschäftsfelder ausprobieren müssen, dass wir neben der Fischerei ein weiteres Standbein brauchen. Denn wer weiß, wie lange wir noch fischen können wie bisher? Ich fürchte, dass meine Brüder und ich die letzten in der Familie sein werden, die noch Krabben fangen. So, wie wir gearbeitet haben, wie wir um jedes Kilogramm unserer Quote gekämpft haben – das ist wohl vorbei. Unsere Kinder werden das kaum noch machen wollen; sie sind anders aufgewachsen und wir werden ihnen nicht unser Leben aufzwingen. Für sie hat die Fischerei etwas Archaisches. So ändern sich die Zeiten. Seit wir in unserem Schiff eher eine Geschäftsgrundlage sehen als einen Krabbenfänger, muss unser Nachwuchs auch nicht mehr selbst auf der *Northwestern* sein. Er wird auch so sein Geld verdienen und für die Familie sorgen.

I n den Neunzigerjahren löste unsere Generation endgültig ihre Väter ab – und dieser Wandel betraf nicht nur die Brücke unserer Schiffe. Auch wenn wir uns durch und durch als Norweger fühlten, waren wir doch in Seattle aufgewachsen. Wir hatten unser eigenes Leben und unsere eigenen Vorstellungen. Als wir einundzwanzig wurden, gab es für uns Wichtigeres, als nach Ballard rüberzufahren und ein paar Biere mit den Alten zu trinken. Ballard war nie in dem Maße unsere Heimat, wie das für unsere Väter galt, und das sah man dem Stadtteil auch an. Ein Jahrhundert lang waren hier die Malocher zu Hause gewesen, die Fischer. Aber jetzt erschien eine neue Klientel auf der Bildfläche: junge Typen, die weiße Hemden und Krawatte trugen und im Büro arbeiteten. Unser alter JCPenney machte dicht, die Ladenfläche wurde aufgeteilt und an die üblichen Ladenketten vermietet. Die alten Wohnblocks wurden plattgemacht, jetzt waren schicke Apartments gefragt.

»Die alte Generation lebte buchstäblich im Smoke Shop«, erinnert sich Chris Aris. »Wenn man einen finden wollte, weil man ihn dringend wegen irgendetwas fragen wollte, und es war schon drei Uhr – das konnte man lieber sofort vergessen. Denn diese Typen waren schon früh am Tag voll. Wenn man nachmittags in den Smoke Shop geht, bekommt man gleich erst einmal von jedem einen Drink spendiert. Und was willst du da sagen? ›Nee danke, ich trinke nicht‹? Bevor du dich versiehst, steht eine Reihe Schnäpse vor dir. Wie sollst du da noch tun, was du eigentlich vorhattest? Also bin ich nur noch selten nach Ballard in den Smoke Shop gegangen.«

»Man hat allein schon deshalb einen Bogen um die Kneipe gemacht, weil sie dich jedes Mal sofort unter Beschuss genommen haben«, sagt Lloyd Johannessen. »Es war immer der gleiche Sermon: Wie hart der Job früher einmal war und dass die Jungen alle Idioten sind und wie sie ihre Kinder am liebsten mit ein paar schweren Steinen in einen Jutesack gesteckt hätten.«

Die jüngere Generation suchte sich eine eigene Stammkneipe in der neuen Nachbarschaft, und die lag eben nicht mehr in Ballard, sondern am anderen Ende der Stadt, in North End. Wenn wir einen heben wollten, gingen wir zu Duffy's, das von einem bärbeißigen alten Iren namens Duffy geführt wurde. Der alte Kerl liebte die Norweger – und hatte ins Fenster seiner Kneipe sogar ein Schild mit der

Aufschrift »NORWEGISCHER CHAMPAGNER« gehängt. So nannten wir unseren Lieblingsdrink: Wodka und Coke. Duffy war ein schräger Typ, der früher einmal professionell geboxt hatte und seine Zeit nicht damit verschwendete, das Alter seiner Kundschaft zu überprüfen. Lieber forderte er sie zum Armdrücken heraus, selbst Kerle, die zweimal so groß waren wie er. Er hatte Muskeln wie Pop-eye und gewann fast jeden Kampf. Streit sollte man mit ihm allerdings besser nicht anfangen, er haute seine Gegner gleich mit einem Kopfstoß um.

Wir zählten von Beginn an zu seinen Stammkunden, schon als wir gerade mal neunzehn waren. Manchmal nahm er sich Geld direkt aus der Kasse, um auf Pferde zu wetten. Wenn er zur Rennbahn pilgerte, stand ich hinter dem Tresen. Wer bei mir ein Bier bestellte, bekam trotzdem eine Wodka-Cola. Es gab nur diesen einen Knopf an der Zapfanlage, und auf dem stand WC. Da drückte ich drauf, egal was bestellt wurde.

Duffy passte auf uns auf. Wenn ein Polizist in Zivil auftauchte, um das Alter der Kundschaft zu prüfen, hielt Duffy den Bullen so lange auf, bis wir geflüchtet waren. Er war für unsere Generation, was Inky für meinen Vater und seine Kumpel war: der Barkeeper unseres Vertrauens, der aber auch darüber wachte, dass wir nicht zu sehr über die Stränge schlugen.

Leider hat er den Laden dann doch verkauft. Die neuen Besitzer, Marsha und Robin Stiff, waren aus Montana hergezogen, um eine Kneipe zu kaufen. Sie hatten sich bestimmt fünfzig verschiedene Bars angesehen, doch die meisten waren Marsha zu schick, nicht authentisch genug. Sie selbst sagte: »Da fehlten nur noch die Tiffany-Lampen und die Zierpflanzen.« Duffy's hingegen mochten sie gleich auf den ersten Blick – Stammgäste aus der Nachbarschaft, ein paar Billardtische, genau so hatte sie sich das vorgestellt. Sie brachten Dartbretter mit und eine riesige Jukebox. Wenn wir Fischer mal zu Hause waren, haben wir den Laden komplett in Beschlag genommen. Manchmal saß auf jedem Barhocker einer von uns Norwegern. Die Stiffs gaben der Kneipe einen neuen Namen – sie hieß jetzt Wild Horse.

Marsha kümmerte sich liebevoll um ihre Kundschaft. Wenn ein Fischer zum Flughafen musste, fuhr sie ihn hin. Manche Typen nannten sie einfach nur »Mom«, und einige gingen sogar mit ihrer Tochter aus. Marsha nannte sie spöttisch »meine künftigen Ex-Schwiegersöhne«. Über den Rest ihrer Klientel sagte sie: »Das waren alles großartige Rotzlöffel, ein toller Haufen, ich habe jeden Einzelnen geliebt. Und ich war tatsächlich wie eine Mutter für sie. Wenn sie zu besoffen waren, habe ich sie zu Hause abgeliefert. Wenn sie etwas ausgefressen hatten, habe ich ihnen eine Standpauke gehalten. Und wenn ich sie dabei erwischte, wie sie mit einer Braut auf der Damentoilette rummachten, habe ich sie angefaucht: ›Was zum Teufel macht ihr da?‹«

Ein Typ war immer pleite, egal wie viel Geld er verdiente. Also konfiszierte Marsha seinen Lohnscheck und rückte immer nur genau den Betrag raus, den er gerade brauchte. »Mit fünfzig Dollar kannst du dich komplett besaufen, das muss reichen«, sagte sie ihm dann. Als er einmal im Urlaub nach Norwegen wollte, fragte er sie, ob er sich bei ihr tausend Dollar leihen könne. »Brauchst du nicht«, erwiderte sie.

»Wie meinst du das?«, fragte er zurück.

»Weil du dir nichts leihen musst, deshalb. Du hast noch 4500 Dollar auf deinem Konto.«

Er konnte es nicht fassen: »Das ist so was von cool.«

Frauen gab es im Wild Horse kaum, jedenfalls keine, die noch zu haben waren. »Ich glaube, die meisten haben nicht kapiert, was ihnen da entgangen ist«, sagt Marsha. »Natürlich waren meine Jungs nicht reich und berühmt, sondern nur ein paar Knallköppe, die zum Fischen rausfuhren. Amerikanische Frauen suchen eher einen Typen, der immer an ihrer Seite ist. Diese Fischer waren aber ständig weg, und man musste sich erst noch Sorgen machen, dass sie nicht mehr heil nach Hause kommen. Denn in ihrem Job passieren immer wieder Unfälle, da kann man nichts machen.«

Wenn einer der Fischer doch mal ein Mädchen gefunden hatte, brachte er sie ins Wild Horse, um sie »Mom« vorzustellen. Spätestens dann wusste jeder, dass es etwas Ernsthaftes war.

Marsha stand jeden Morgen um acht in der Kneipe, auch wenn sie offiziell erst um zehn Uhr aufmachte. »Wenn mein Auto vor der Tür parkte, wusste jeder, dass ich da bin – und dann bekam ich auch prompt den ersten Besuch. Die Jungs halfen mir beim Staubsaugen und Aufräumen.« Sie hat sich mit mütterlicher Zuwendung revanchiert. »Sie wussten schon, wo es langging, aber manchmal brauchten sie einen kleinen Klaps, wenn sie vom Kurs abkamen. Sig zum Beispiel wird immer lauter, je mehr er trinkt. Man kann wirklich hören, wie viel er intus hat, weil er dann so aufgeregt ist. Zum Glück hatte ich diesen Baseballschläger aus Gummi im Büro. Wenn es zu nervig wurde, habe ich ihm damit eins übergezogen.«

Marsha kann sich gut daran erinnern, wie ich mich auf ein Treffen mit unserer Interessenvertretung vorbereitet habe. In der Alaska Crab Coalition saß damals vor allem die alte Garde. Sie hat es so erlebt: »Sig hatte seine Vorstellungen, aber alle hörten nur auf die Alten. Also setzten wir uns hier an einen Tisch, gingen seine Argumente durch und überlegten uns, wie er es sagen wollte. Du musst ruhig bleiben, riet ich ihm, du darfst nicht zeigen, wenn du wütend bist. Wenn du etwas bewirken willst in diesem Verein, dann musst du den Vorsitzenden davon überzeugen, dass es sich lohnt, dir zuzuhören.«

Dann saß ich mit den Lobbyisten an einem Tisch. Wir hatten ein paar Drinks und redeten.

»Ich konnte schon von Weitem sehen, dass Sig genervt war. Er drang einfach nicht durch mit seinen Argumenten. *Jetzt geht's wieder los*, dachte ich schon, *jetzt wird er laut*. Aber er riss sich zusammen und setzte sich durch. Das war der Wendepunkt, danach engagierten sich immer mehr von den Jungen im Verband der Krabbenfischer. Und mir wurde klar, dass ihre Zeit gekommen war. Spätestens jetzt wussten auch die Väter, dass sie es nicht mehr mit Kindern zu tun hatten – und dass ihre Nachfolger bereitstanden.

Erstes sichtbares Zeichen der neuen Ära: Die Alten folgten der jüngeren Generation ins Wild Horse, und gelegentlich brachten sie sogar ihre Frauen mit. Die Stammkneipe der Jungen und Wilden wandelte sich zum Treffpunkt der gesamten Gemeinde. Es gab keinen Graben mehr zwischen Jung und Alt, die Familie der Fischer war wieder eins. Und alle nannten das Wild Horse nur noch »Vildehest«.

Die Alten kamen jetzt in die Fünfziger und viele von ihnen wollten es etwas ruhiger angehen lassen. Sie fuhren nicht mehr jeden Tag nach Ballard runter, sondern blieben lieber in der Nachbarschaft und spielten Crocket. Es war fast wie in den guten alten Zeiten der norwegischen Mafia – alle vereint, geschlossene Gesellschaft. Wenn nicht das eine Problem gewesen wäre: Die Pioniere waren vielleicht alt geworden, aber das Feuer des Konkurrenzkampfs loderte wie eh und je. Nur ein paar Runden Crocket, und schon gingen sie wieder aufeinander los. Da wurden Fäuste geballt und Gegner verflucht, dass man jederzeit damit rechnen musste, dass die Sportsleute mit ihren Schlägern aufeinander einprügelten. Manchmal herrschte nach einem solchen Crocket-Match wochenlang Eiszeit und keiner redete mit dem anderen. Mein Vater hat sich jedes Mal kaputtgelacht, wenn er im Café die neuesten Frontberichte vom Crocket-Krieg zu hören bekam.

Sverre verbrachte immer weniger Zeit auf dem Schiff und widmete sich anderen Interessen. Er fuhr zu einem Fußballturnier nach Bergen und schaute sich das Denkmal an, das man Shetlands Larsen gesetzt hatte. Ihm schien es deutlich zu klein. »Das sollten sie noch mal neu machen«, maulte er. »Und zwar mindestens doppelt so groß.«

Als Edgar und ich gemeinsam auf der *Northwestern* arbeiteten, kam er nach Dutch Harbor geflogen, wie zu einer Abschiedstournee. Er wollte noch einmal mit uns zu den Königskrabben rausfahren. Es war überhaupt das erste und einzige Mal, dass wir drei als Erwachsene zusammen fischten. Unser Vater verkündete, er wolle einfach nur als

»Beobachter« mitkommen. Abends half er in der Kombüse beim Kochen, aber sonst stand er die meiste Zeit bei mir auf der Brücke.

»Lass dich von mir nicht stören«, sagte er. »Tu so, als wäre ich gar
nicht da, und leg deine Fallen aus.«

Na gut. Ich machte mich also daran, unsere Pots in Position zu
bringen. Wer jemals versucht hat, seinen Job zu erledigen, während
einem der Vater über die Schulter guckt, versteht mich sofort, wenn
ich sage, dass es einfach nicht funktioniert. Erst recht nicht, wenn der
Vater ein Meister seines Fachs ist und man ihm fast alles zu verdanken
hat, was man je gelernt hat. Er hat sich tatsächlich nicht eingemischt,
er sagte keinen Pieps, doch ich fühlte mich trotzdem unwohl. Es war
zum Durchdrehen. Mein Bauchgefühl sagte mir, dass ich meine Krabbenfallen gen Osten auslegen sollte. Aber dann sah ich eine Reihe von
Schiffen, die in die Gegenrichtung fuhren. War ich jetzt auf dem falschen Dampfer? Sollte ich mich nicht lieber auch nach Westen orientieren? Plötzlich war ich mir meiner Sache nicht mehr sicher. Es
kommt schon mal vor, dass ich meine Entscheidung noch mal in Frage
stelle – und für gewöhnlich liege ich mit meinen Zweifeln richtig.
Aber nun traute ich meinem Instinkt nicht. Dann meldete sich mein
Vater zu Wort.

»Du kannst deine Pläne nicht umschmeißen, nur weil die anderen
es nicht so machen wie du«, sagte er. »Überleg dir, was du willst, und
dann ziehe es auch durch.«

Jetzt konnte ich erst recht nicht mehr umdrehen, ohne planlos
und unentschieden zu wirken. Ich blieb also auf Ostkurs und wir legten unsere Pots aus. Trotzdem nagte dieser Gedanke in mir: *Du hättest
umdrehen und wie die anderen nach Westen halten sollen.*

Wir holten die ersten drei von dreißig Fallen hoch, um zu prüfen,
wie es hier lief. In jedem Pot waren ein paar Krabben – und das schon
nach kurzer Zeit, ein gutes Zeichen. Doch als wir die nächsten Fallen
an Bord hievten, zogen wir eine Niete nach der anderen. Nichts drin,
gar nichts. Die einzigen Krabben, die wir an diesem Tag fingen, waren

in den ersten drei Fallen, die uns als Probe dienten. Ich war schwer genervt, weil ich es zugelassen hatte, dass mein Vater mich auf einen Kurs gedrängt hatte, den ich nicht wollte. Ich war nicht meinen eigenen Entscheidungen gefolgt.

Die anderen wirkten genauso frustriert wie ich. »Ab in die Koje, los!«, sagte mein Alter. Wieder so ein Ding: Ich wollte nicht schlafen, sondern endlich Krabben fangen. Aber er sagte es in einem Ton, als ob er mir einen Gefallen tun würde, wenn er jetzt für eine Weile das Ruder übernahm. Also lenkte ich ein. Kaum lag ich in meiner Koje, wusste ich, dass seine Motive ganz anders aussahen. Ich hörte die Winschen und den Kran, das Rappeln und Rasseln und Rumpeln an Deck. Die Crew bekam offensichtlich keinen Schlaf. Mein Vater wollte selbst noch ein paar Krabben fangen. Wie in der guten alten Zeit.

Einmal saß er neben mir auf der Brücke, als wir uns gerade durch eine schwere See kämpften. Plötzlich ein lautes Scheppern und Klirren in der Kombüse – und ich rannte nach unten, um nach dem Rechten zu sehen. Jeder einzelne Teller war aus dem Trockengestell gegen die Wand geflogen und dann auf dem Fußboden zerschellt, alles lag voller Scherben. Ich brüllte erst einmal los: »So eine verdammte Scheiße, diese Idioten. Wie kann man denn so blöd sein und das Geschirr nicht wegstellen?« Ich war auf hundertachtzig und rief die gesamte Crew zur Standpauke rein. »Wenn ihr das Geschirr spült, dann räumt es gefälligst auch weg. Wir sind hier auf einem verdammten Schiff, schon vergessen?« Keiner wollte es gewesen sein, alle schoben sich die Schuld gegenseitig in die Schuhe. Edgar sagte, dass es Matt war. Was Matt vehement bestritt. Am Ende waren alle sauer. Ich schaute zu unserem Vater rüber, der sich nur seine Mütze ein bisschen tiefer ins Gesicht zog. Er guckte aus dem Fenster und murmelte irgendetwas Unverständliches vor sich hin.

Erst Jahre später fand ich heraus, was wirklich passiert war. Während eines Urlaubs in Norwegen begegnete ich zufällig einem alten Freund meines Vaters. »Du hast die Wahrheit nie gehört? Wer das war

mit dem Geschirr?«, fragte er. »Dein Alter und ich haben uns schlapp-
gelacht, als er mir die ganze Geschichte gebeichtet hat.«

Mein Vater hatte das Geschirr draußen gelassen und mir nie davon erzählt. Toll, dass ich es so erfahren musste, in Norwegen, von einem Freund. Als ich ihm das später vorhielt, lachte er meine Vorwürfe
einfach weg. Der große Häuptling hatte nicht den Mut, seinen eigenen
Fehler zuzugeben.

Auch wenn Sverre nicht mehr das Kommando führte, wollte er
demonstrieren, dass er noch zum Team gehörte. Es war wie ein Ritu-
al, dass wir uns vor jedem Flug nach Alaska alle noch einmal um fünf
Uhr in der Früh bei ihm zu Hause trafen. Er wollte sehen, ob auch die
komplette Crew am Start war, und uns dann mit seinen besten Wün-
schen auf die Reise schicken. Unsere Mutter umarmte jeden von uns
und sagte: »Tschüss jetzt, und macht keinen Blödsinn.« Dann gab mein
Vater noch einmal seinen Senf dazu – und los ging's in Richtung
Flughafen.

»Ich kann mit Fug und Recht behaupten, dass ich der Einzige von
den Jungs war, der unseren Vater jemals umarmt hat«, erinnert sich Edgar. »Und zwar jedes Mal, bevor wir nach Alaska aufgebrochen sind. Es
war wirklich komisch, aber ich dachte: Scheiße, vielleicht ist es das
letzte Mal, dass ich ihn sehe. Und dann habe ich im Badezimmer ge-
wartet, bis alle anderen draußen waren, und bin alleine noch mal zu
ihm hin. So standen wir da, mein Vater und ich.

›Also‹, sagte er. ›Okay.‹

›Ja‹, antwortete ich. ›Wir sehen uns, wenn wir wieder da sind.‹ Er
stand immer noch an der Haustür, stocksteif, die Hände in den Hosen-
taschen. Ich klopfte ihm noch einmal auf die Schulter und er machte
wieder dieses Gesicht, als wäre er noch nie von jemandem umarmt
worden. ›Guten Fang. Sei vorsichtig. Fahr mir das Schiff nicht zu
Schrott.‹«

Jahrelang ging das so, immer dieselbe Zeremonie. »Ich hatte es
fast schon aufgegeben«, erzählt Edgar, dem es vorkam, als würden alle

seine Versuche, Zuneigung zu zeigen, ins Leere laufen. Aber die Geschichte seiner Abschiedsumarmung sickerte irgendwann durch und verbreitete sich sogar im Wild Horse. So geht es manchmal in unserer Familie – eine positive Rückmeldung bekommt man nie direkt, sondern immer nur über ein paar Umwege. Jedenfalls saß Edgar eines Abends an der Bar und trank ein Bier, als sich einer der alten Seebären neben ihn setzte.

»Sverre hat mir erzählt, dass du ihn jedes Mal umarmst, bevor du losfährst«, fing er an.

»Ja, stimmt.«

»Willst du etwas Komisches hören? Dein Vater hat es mir so erzählt: ›Mein Jüngster, der Edgar, umarmt mich immer, wenn er nach Alaska fliegt. Ich weiß auch nicht, wie ich darauf reagieren soll. Aber ich hab das wirklich gern.‹«

Wo wir gerade bei Edgar sind: Als wir das letzte Mal seiner Saga gefolgt sind, war er ein langhaariger Punk, der sein Geld komplett verprasste. Das konnte so nicht weitergehen – und das tat es auch nicht. 1995 feierte Edgar seinen vierundzwanzigsten Geburtstag. Unsere Mutter hatte ihm schon seit Monaten von diesem Mädchen in der Nachbarschaft erzählt. Sie stammte aus Karmøy und war nach Seattle zu ihrem Bruder gezogen, um mal ein Jahr von zu Hause wegzukommen und herauszufinden, was es sonst noch gab im Leben. Sie war neunzehn.

»Warum zeigst du ihr nicht mal die Stadt?«, fragte unsere Mutter. »Sie kennt überhaupt niemanden hier. Und sie hat eine wirklich nette Persönlichkeit.«

Edgar dachte nur: *Klar, nette Persönlichkeit, und sehr wahrscheinlich hundertfünfzig Kilogramm davon.*

»Schon okay, Mom«, sagte Edgar. »Du brauchst mich wirklich nicht mit jemandem zu verkuppeln. Ich komme auch so ganz gut zurecht.«

Den folgenden Tag wird er sein Leben lang nicht vergessen. Es war der 17. Mai, der Tag der norwegischen Verfassung, unser Nationalfeiertag. Edgar hatte auf der Couch bei den Eltern übernachtet und wurde von unserer Mutter geweckt: »Der Karmøy-Club veranstaltet ein großes Festessen. Willst du da nicht hingehen?«

Sie redete ihm ein paar Minuten gut zu, bis er seinen Widerstand schließlich aufgab. »Und dann sitze ich an der großen Tafel«, erzählt Edgar, »und mir gegenüber nimmt diese umwerfende blonde Frau Platz. Mir fallen fast die Augen raus, und sie starrt mich ebenfalls an.«

Der Bruder der blonden Schönheit stellte sie vor: »Das ist Louise.«

»Ich konnte mich gar nicht wieder losreißen«, sagt Edgar. »Wir saßen uns gegenüber, lächelten uns zu und plauderten ein bisschen. Auf Englisch, mit dem gelegentlichen Brocken Norwegisch dazwischen. Sie hatte noch einen sehr starken Akzent. Wir hatten natürlich schnell herausgefunden, wer woher kam. Bei einer kurzen Zigarettenpause draußen vor der Tür erzählte sie mir, dass sie nur zwei Straßen vom Haus meiner Mutter aufgewachsen war.«

Später musste sie los, um einen Freund vom Flugplatz abzuholen. Edgar reagierte schnell: »Also gut, weil du aus Norwegen bist … Weißt du, wo der Flughafen ist?«

»So ungefähr«, sagte sie und lächelte.

»Ich fahr dich hin.«

»Wirklich? Das ist ja super.«

Und damit war der Anfang gemacht. Seit diesem Moment sind die beiden unzertrennlich, sie haben inzwischen zwei Söhne, Erik und Logan, und eine Tochter namens Stephanie. Geheiratet haben sie in der Åkra-Kirche in Karmøy – und zwar gleich in einer Doppelhochzeit, denn Louises Zwillingsschwester hatte ebenfalls den Mann fürs Leben gefunden. Die Zeremonie fand übrigens in derselben Kirche statt, in der schon unsere Eltern konfirmiert worden waren.

»Und ich sage meinen Kindern hundertmal am Tag, dass ich sie lieb habe«, sagt Edgar. »Ich umarme sie und drücke sie und küsse sie –

selbst wenn ihre Freunde dabei sind. Weil ich sie eben wirklich liebe und kein Geheimnis daraus machen will wie mein Vater.«

Bleibt noch ein Strang der Hansen-Saga, der auf den neusten Stand gebracht werden muss – Norman. Was das Familienunternehmen betrifft, war er fünfzehn Jahre lang nicht mit von der Partie und wir hatten schon befürchtet, er würde überhaupt nicht mehr zur Fischerei zurückkehren. Doch er ist ein Wikinger wie wir, und irgendwann kam er dann doch darauf, dass ein Leben fernab der See und die Arbeit in einer Autowerkstatt nicht das Richtige für ihn sind.

Auf Edgars Hochzeit lernte auch Norman ein Mädchen aus Karmøy kennen, und wenn er öfter hin- und herfliegen wollte, um sie zu sehen, brauchte er mehr Geld, als er mit der Reparatur von Autos verdienen konnte. Und so beschloss er vor etwa fünf Jahren, es doch noch einmal mit der Fischerei zu versuchen. Wir waren natürlich froh, dass er wieder zur Crew gehörte, und er hantierte mit den diversen hydraulischen Helfern an Deck, als hätte er keinen einzigen Tag ausgesetzt. Dass wir die Armaturen und Schalttafeln komplett umgerüstet hatten, störte ihn nicht einen Augenblick. Für ihn war das alles so vertraut wie für andere ihr Fahrrad. Bei vielen Decksleuten geht das sehr ruckhaft und eckig, wenn sie an den Schalthebeln fuhrwerken. Norman macht das immer absolut geschmeidig. Toll, dass er wieder da ist.

Norman wohnt allerdings nach wie vor in seinem Wald, tief im Osten des Bundesstaates Washington. Sehr bescheiden, viel Geld gibt er nicht aus. Er führt ein sparsames Leben und fährt einen kleinen Toyota Pick-up. Was er gespart hat, liegt auf einem normalen Konto, was seinen Steuerberater immer ganz wild macht, weil es so wenig Zinsen einbringt. Norman hat in seinem ganzen Leben nie eine Kreditkarte gehabt, bei ihm gibt es grundsätzlich nur Barzahlung. »Ich mache das mit der Fischerei so lange, wie der Körper mitspielt. Wenn es mal nicht mehr geht, habe ich immer noch mein Werkzeug und kann wieder Autos reparieren.«

Norman ist so ausgeglichen, wie man es sich nur vorstellen kann. »Ich habe immer volles Vertrauen in unser Schiff«, sagt er. »Es hat uns ein paar Mal richtig hart erwischt, bis zu neunzig Grad hat sich der Kahn auf die Seite gelegt. Aber ich war mir zu jeder Sekunde sicher, dass wir wieder hochkommen würden. Wenn man sein Schiff gut kennt und ihm vertraut, hat man nichts mehr zu fürchten. Mich versetzt so schnell nichts in Panik. Mal abgesehen von Spinnen. Und großen Kaufhäusern.«

Die Krabbenfischerei birgt für ihn nur einen entscheidenden Nachteil: Sie überschneidet sich mit der Jagdsaison im Herbst. »Wobei das Einzige, was ich zurzeit noch jage, die grauen Ziesel sind – so eine Art Eichhörnchen, das überall seine Tunnel gräbt und dir Haus und Hof zerstören kann. Bei mir steht die 22er immer neben der Tür, damit ich die Viecher gleich abschießen kann, wenn ich sie sehe. Leider treffe ich in achtzig Prozent der Fälle nicht.«

Er hat außerdem Dutzende Truthähne von den Vorbesitzern seines Grundstücks geerbt; sie hatten zehn Jahre zuvor fünfzig der großen Vögel ausgesetzt. Als er das Haus samt Land kaufte, musste er sich verpflichten, die Truthähne im Winter zu füttern, das war ein Teil des Deals. Immerhin muss er das Futter nicht selbst bezahlen, das bekommt er von der Fischerei- und Jagdbehörde gestellt. Jagen darf man die Riesenhühner auf seinem Land übrigens nicht, das ist strengstens verboten.

»Als ich das letzte Mal nachgezählt hatte, waren es sechsundfünfzig Vögel, sie vermehren sich also«, sagt Norman. »Und sie werden fetter und fetter, ich sorge ja auch dafür, dass sie immer gut zu fressen haben. Ich sehe, wie die Jäger zu mir rübergucken. Aber wenn ich dann die Zufahrt zu meinem Haus hochfahre, sehe ich immer zwanzig Truthähne und mehr. Mein Land ist für sie so eine Art Schutzgebiet; sie wissen, dass sie bei mir sicher sind.«

Im Rückblick kann ich gar nicht genau sagen, ob ich es dem Schicksal zu verdanken habe oder meinem eigenen Antrieb, dass ich Kapitän der *Northwestern* geworden bin. Als ich neunzehn Jahre alt war, kam mein Vater nach Alaska geflogen, um Tormod abzulösen. Damals dauerte die Fangsaison noch so lange, dass wir nicht ganz so sehr aufs Tempo drücken mussten.

»Wir legen ab, wenn wir so weit sind. Bloß keine Hektik«, verkündete mein Vater. »Alles halb so wild.« War es für mich aber doch. Wir hetzten durch die Stadt, um Proviant zu kaufen und die Ausrüstung zu ergänzen. Ich fieberte der Abfahrt entgegen und wollte mir meine Vorfreude nicht von meinem Vater verderben lassen, der auf coolen, alten Fahrensmann machte. Und dann womöglich auch noch zu spät im Fanggebiet ankam. Ich wollte nicht eine Sekunde länger in Dutch Harbor bleiben als unbedingt notwendig.

»Ach, die Saison geht noch ein paar Monate, wir haben doch Zeit«, sagte mein Vater. Er wäre nur zu gerne noch ein bisschen länger in Dutch geblieben, um seine alten Kumpel noch einmal zu treffen. »Warum denn die Aufregung?«, sagte er. »Nimm dir den Tag frei. Mach mal Pause.«

Ich dachte ja nicht daran. Am nächsten Morgen war ich der Erste an Deck – und ich wollte los. Mein Vater lag noch in der Koje, nicht zu fassen! Der Start in die Saison stand unmittelbar bevor und mein Alter genehmigte sich eine Mütze Schlaf.

Ich war der Jüngste an Bord. Der Rest der Crew war deutlich älter und sie fuhren schon seit vielen Jahren mit meinem Vater. Ich sah sie an, sie schauten mich an. »Leinen los!«, sagte ich.

Ich stieg zur Brücke rauf und schmiss die Maschine an. So halbwegs wusste ich, wie die Navigation funktionierte und wo ich hinwollte, aber ich hatte das Schiff noch nie alleine geführt. Die Männer folgten meinem Kommando und wir dampften aus dem Hafen von Dutch Harbor.

Kurz vor Akutan wachte mein Vater auf. Er rieb sich die Augen und guckte sich verdutzt um.

»Wir sind fast da«, sagte ich. Er knurrte irgendetwas, so ganz hatte er offenbar immer noch nicht kapiert, was Sache war. Er brauchte erst mal eine Tasse Kaffee.

»Alter«, sagte ich. »Jetzt wird gefischt.«

Ich hatte meinen eigenen Vater schanghait.

RETTUNG

apitän Sverre richtete seinen Kopf auf. Er kauerte klatschnass
und in sich zusammengesunken auf dem eiskalten schwimmenden Wasserbett. Doch jetzt hatte er ein Geräusch gehört
und die anderen hatten es auch gemerkt. War das nur eine Halluzination oder Wirklichkeit? Es klang jedenfalls wie das Brummen eines
Dieselmotors. Sie lugten unter der Abdeckung ihrer Rettungsinsel
hervor, aber sie konnten nichts sehen.

»Gib mir mal ein Paddel«, sagte Sverre. Er wollte das Floß ein wenig drehen, damit sie in die andere Richtung gucken konnten. Und
genau in diesem Moment hörten sie die Stimme: »Seid ihr am Leben
da drinnen?«

Sverre drehte die Rettungsinsel – und starrte durch den Spalt in
der Plane auf ein Wunder. Aus dem Dunst über dem Wasser ragte der
Rumpf der *Viking Queen* hervor, auch sie ein Krabbenfänger aus Dutch
Harbor. Es war das Schiff von Joe Lewis.

»Wir haben die Rauchwolke gesehen«, rief ein Matrose zu ihnen
runter, »und haben uns gedacht: Da hat jemand ein Problem.«

Einer nach dem anderen wurden Sverre und seine Männer aus der
Rettungsinsel aufs Deck des Trawlers gehievt. Sie hatten es geschafft,

sie hatten überlebt, es war vorbei! Sverre wäre am liebsten gleich zur Brücke hochgerannt, um dem Kapitän zu danken, aber als die Matrosen ihren Griff um seine Schultern lockerten, knickten seine eingefrorenen Beine unter ihm einfach zusammen und er knallte aufs Deck. Sverre rieb seine tauben Beine. Sie würden schon wieder auftauen.

Die Crew der *Viking Queen* brachte die Schiffbrüchigen erst einmal unter eine heiße Dusche und gab ihnen alles, was sie an warmen Klamotten dabeihatten. Dann nahm die *Viking Queen* Kurs auf Dutch und lieferte die Männer sicher an Land ab.

Sverre gab dem Skipper die Erlaubnis, alle Fallen der *Foremost* einzusammeln und den Fang für sich zu behalten. Für die *Viking Queen* sollte sich die Rettungsaktion lohnen: In den Pots waren 250 Tonnen Krabben – ein schönes Geschenk so kurz vor Weihnachten. Selbst im Untergang wusste Sverre noch am besten, wo die verdammten Krabben waren.

Meine Familie fährt auch heute noch regelmäßig nach Karmøy. Wir haben das Haus gekauft, in dem meine Mutter aufgewachsen ist, und Onkel Karl gehört jetzt der Hof seiner Eltern, wir haben also immer noch sehr enge Verbindungen zu dem Ort. Meine Großmutter, Nelli Jakobsen, ist auch noch da, inzwischen hundertzwei Jahre alt. Sie ist die letzte einer Generation von Frauen, die in den Fischfabriken schufteten, während die Männer zur See fuhren. Jahrelang hat sie mit ihrer langen Gummischürze vor den großen Fässern gestanden und Hering gesalzen. Heute gibt es kaum noch Fischer in Karmøy. In den vergangenen Jahrzehnten hat Norwegen das Öl vor seiner Küste entdeckt und gefördert – und es dabei zu großem Reichtum gebracht. Karmøy ist schick geworden, es gibt moderne Apartments direkt am Wasser, viele Touristen und Jachten.

Ich hatte im Laufe der Jahre ein paar feste Freundinnen, aber keine dieser Beziehungen hielt besonders lange – bis ich June Kvilhaugsvik kennenlernte, die Tochter eines Fischers aus Karmøy. Geboren wurde sie sogar in New Bedford, doch die Familie zog nur achtzehn Monate später zurück nach Norwegen, wo sie in derselben Straße aufwuchs, in der auch meine Mutter einmal zu Hause gewesen war. June – der Name wird »Yuh-na« ausgesprochen – war achtzehn, als sie einen Fischer aus Karmøy heiratete. Als ich ihr das erste Mal begegnete, lebte sie mit ihrem Mann und ihren Töchtern Nina und Mandy in Seattle. Nach sechs Jahren in den Staaten kehrten sie nach Norwegen zurück, wo sie sich bald darauf scheiden ließen. June und ihre Mädchen fingen ein neues Leben an. Sie fand einen Job als Managerin eines Bekleidungsgeschäfts und blieb die folgenden sieben Jahre in Karmøy. Während meiner Besuche bei meiner Familie lernte ich sie näher kennen. Wir fingen an, regelmäßig zu telefonieren, und bald vertraute ich ihr auch die privatesten Dinge an. Mit niemandem, schien es mir, verstand ich mich so gut wie mit ihr. In ihrer Familie waren alle Fischer, seit drei Generationen. Ihr Vater, Njal Kvilhaugsvik, fing in Norwegen Hering, vor der amerikanischen Ostküste Jakobsmuscheln und in den Gewässern Alaskas Heilbutt. June wusste genau, was es bedeutete, ein Fischer zu sein. Die Anrufe wurden immer häufiger, und wenn ich in Karmøy war, sahen wir uns natürlich auch.

Dann fragte ich sie endlich, ob sie nicht auf einen Besuch nach Seattle mitkommen wolle. Meine Eltern waren zur selben Zeit in Karmøy und sie setzten sich prompt mit Junes Eltern zusammen, die sie selbstverständlich schon eine Ewigkeit kannten. Was bei diesem Treffen besprochen wurde, kann ich mir nur ungefähr zusammenreimen, doch bevor ich mich versah, hatte mein Alter Flugtickets für June und mich gekauft: ein Wochenende in Las Vegas. Unser erstes richtiges Rendezvous war gleich ein Flug nach Amerika. War natürlich komisch, dass ausgerechnet der Vater sich da so einmischte. Doch mir war in diesem Augenblick klar, dass ich die Frau gefunden hatte, mit der ich den Rest meines Lebens verbringen wollte. Nur ein halbes Jahr später folgte die Hochzeit – in der Åkra-Kirche in Karmøy selbstverständlich. Schon seltsam, wie sich die Dinge manchmal fügen.

Dutch Harbor ist noch immer ein einsamer Außenposten – aber auch eine echte Geldmaschine. Als der Hype um den Krabbenfang zurückging, nahm die Seelachs- und Kabeljaufischerei an Fahrt auf. Allein diese beiden Fischarten bringen heute einen Umsatz von dreihundert Millionen Dollar im Jahr. Jeder in Dutch hat ein Handy, und die Zeiten, wo man im Schneesturm vor einer Telefonzelle Schlange stand, sind passé. Die Straßen sind asphaltiert, berüchtigte Spelunken wie der Elbow Room oder Carl's Hotel haben dichtgemacht. Stattdessen gibt es dort jetzt mit dem Grand Aleutian ein Luxushotel samt Restaurant, wo man an gestärkten, weißen Tischtüchern »Cuisine aus dem pazifischen Raum« bestellen kann. Als der Laden gebaut wurde, hielt ich das Vorhaben für einen Witz, doch da hatte ich Dutch Harbor unterschätzt. Die Leute haben so viel Geld in der Tasche, dass sich sogar ein solcher Luxusladen rentiert.

Die Flotte der Krabbenfänger dagegen ist immer weiter geschrumpft. 2005, im letzten Jahr des Derbys, drängten sich noch 250 Schiffe im Hafen von Dutch Harbor, fast so viele wie in den goldenen Siebzigern und Achtzigern. Aber im Jahr darauf folgte eine Umstellung des Systems vom Derby auf die individuelle Quote für jedes einzelne Schiff, kurz IFQ. Auf Basis der Fänge im Jahr davor bekam jedes Schiff eine bestimmte Höchstmenge an Krabben zugewiesen, die man dann in aller Ruhe fangen konnte.

Die unmittelbare Folge dieser Reform: Die Krabbenfischerei ist nun eine geschlossene Gesellschaft. Wer keine Quote hat, darf nicht fischen. Oder er muss einem anderen Schiff die Quote abkaufen oder einen Leasingvertrag unterzeichnen. Gerade für die kleineren Unternehmen stellte das eine verlockende Alternative dar; sie verpachteten ihre Quote an die größeren Schiffe und zogen sich aus dem gefährlichen Geschäft zurück. Schon ein Jahr später war die Zahl der Schiffe von 251 auf 89 gesunken. Fünf Jahre später zählten nur noch 50 zu den aktiven Krabbenfängern.

Eines hat die Quote auf jeden Fall bewirkt: Sie hat die Fischerei sicherer gemacht, weil wir jetzt immerhin die Option haben, Pausen einzulegen oder bei Sturm den nächsten Hafen anzulaufen. Aber haben wir deshalb unser Tempo reduziert? Von wegen. Wir wollen unsere Quote ausschöpfen, bevor uns im Winter das Eis den Weg versperrt. Wir müssen die Krabben dann abliefern, wenn der Markt danach verlangt. Und natürlich hat die Zeit auf einem Schiff immer ihren Preis. Es kostet viel Geld, ein Schiff zu betreiben. Wenn wir uns zwei Wochen Zeit lassen, wofür wir früher nur eine Woche gebraucht haben, dann haben wir auch zusätzlich Diesel für zehntausend Dollar verbrannt.

Wir sind wie Hochleistungssportler. Wenn der Startschuss fällt, rasen wir los. Das machen wir seit vielen Generationen so, das haben wir im Blut. Und selbst wenn wir Seite an Seite mit unserem besten Freund fischen, werden wir noch versuchen, ihn auszutricksen und mehr zu fangen als er. Es geht um die Ehre und um den Ruf: Wer in derselben Zeit fünfundzwanzig Tonnen mehr gefangen hat als der andere, gilt als der bessere Fischer.

In den frühen Neunzigern bekam Sverre zu spüren, dass er lange Raubbau an seinem eigenen Körper betrieben hatte. Zu allem Überfluss wurde bei ihm auch noch Diabetes diagnostiziert und er musste täglich Medikamente nehmen. Er konnte für seine Gesundheit tun, was er wollte, sein Körper spielte nicht mehr mit. Einmal wurde er auf einer Fahrt durch die Inside Passage nach Alaska so krank, dass Edgar ihn in Ketchikan in einen Flieger nach Hause setzen musste.

Als Edgars Sohn Erik zur Welt kam, verlegte sich Sverre auf eine neue Rolle – die des liebevollen Großvaters. Er war richtiggehend vernarrt in seinen Enkel. Da auch Edgars Frau Louise einen Vollzeitjob hatte, sprangen Sverre und Snefryd regelmäßig als Babysitter ein. Unser Vater schleppte den Kleinen überall mit; er zeigte ihm den Hafen und wanderte mit ihm an der Pier entlang, die er vierzig Jahre zuvor auf der Suche nach einer Heuer abgeklappert hatte. Er spendierte dem Jungen Eis und sprach mit ihm norwegisch. Erik liebte seinen Opa.

Sverre nahm seinen Enkel einmal sogar mit nach Norwegen. »Wir sind erster Klasse geflogen«, flüsterte er mir später zu. »Aber sag es niemandem.« So viel Geld für ein Flugticket auszugeben, war tatsächlich ungewöhnlich für ihn. Meine Eltern haben ihren Wohlstand nie zur Schau gestellt. Sie hatten für die damaligen Verhältnisse ein großes Haus und Sverre war der stolze Eigner eines großen Schiffs, doch sonst lebten beide eher bescheiden. Sie schmissen keine großen Partys und gehörten keinem exklusiven Jachtclub an. Man sah ihnen nicht an, was sie sich erarbeitet hatten.

Sverre war überglücklich, als Edgar und Louise noch ein zweites Kind bekamen – eine Tochter, Stephanie sollte sie heißen. Ihre Taufe war für den 10. Juni 2001 geplant, ein Sonntagmorgen. Ich war zu der Zeit mit June in Norwegen und konnte leider nicht kommen. Als ich mit meinem Vater telefonierte, klang er nicht gut. Er war gerade erst aus Norwegen zurückgekommen, wo ihm Junes Vater einen großen Bottich Hering geschenkt hatte. Sverre hatte den Fisch selbst in Salz eingelegt, aber sein Lieblingsessen war ihm nicht bekommen; er litt an diesem Morgen unter schlimmem Sodbrennen. Er fühlte sich insgesamt unwohl und beschloss, am Montag zu seinem Hausarzt zu gehen. So sehr sorgte er sich damals um seine Gesundheit, dass er täglich Buch führte über alles, was er aß und an Medikamenten schluckte. Ich sagte ihm, dass ich sofort nach Hause kommen würde, aber das wollte er nicht. Ich solle meine Zeit mit June in Norwegen genießen, fand er, und mein eigenes Leben führen. Alles war gut so. Außerdem war ja Norman bei meinen Eltern in Seattle und die Taufe würde auch ohne mich ein schönes Familienfest werden.

Als meine Mutter am Tag der Taufe aufstand, lag Sverre nicht in seinem Bett. Er war am Abend vorher in seinem Lieblingssessel vor dem Fernseher eingeschlafen. Meine Mutter ging in die Küche und setzte Kaffee auf, um ihm eine Tasse ins Wohnzimmer zu bringen. Er lag auf dem Rücken, ein Lächeln im Gesicht. »Steh auf«, sagte sie zu ihm, aber er rührte sich nicht. Zuerst dachte sie, dass er ihr nur einen Streich spielen wollte. Doch als er nach einer Weile immer noch nicht reagierte, bekam sie es mit der Angst zu tun. Er lag so regungslos da wie ausgeknipst, und dann schrie sie, so laut sie konnte. Norman kam die Treppe raufgerannt und kniete neben unserem Vater nieder, um seinen Puls zu fühlen. Er spürte die kalte Haut und wusste sofort, dass er keinen Herzschlag mehr finden würde.

An den Anruf kann ich mich nicht erinnern, ich weiß nicht, wann und wie ich in Norwegen von seinem Tod erfuhr. Vielleicht war es meine Mutter, die mich am Telefon erreichte, kann aber auch sein, dass ich mit Norman, Edgar oder Onkel Karl gesprochen hatte. Als die Nachricht in Seattle die Runde machte, versammelten sich alle im Haus meiner Eltern, auch Oddvar und seine Frau waren gekommen. In Zeiten der Not stand man zusammen, sofort, ohne noch ein weiteres Wort darüber zu verlieren. Und ich war wie gelähmt in meinem Schmerz.

June und ich haben gleich den nächsten Flug nach Hause genommen, und vier Tage später standen wir bereits in der Kirche vor der trauernden Gemeinde. Meine Mutter und meine Brüder saßen in der ersten Reihe, neben uns Onkel Karl und Tante Else und meine Cousins. Gemeinsam sangen wir einen traurigen Choral. Dann sagten Edgar und ich ein paar Worte über unseren Vater. »Es war nicht immer einfach«, sagte ich. »Aber die guten Dinge sind niemals einfach.« Es war unserem Vater nie leichtgefallen, seine Zuneigung zu zeigen, er behielt seine Gefühle für sich. Worte wie »Ich hab dich lieb« bekam man von ihm garantiert nie zu hören, wie er einen überhaupt nie mit Lob überschüttet hat. Meine Mutter hat mir später erzählt, welche Sorgen er sich gemacht hat, wenn ich auf See war. Aber das hat er sich mir gegenüber nie anmerken lassen.

Ich erzählte den Trauergästen von meiner ersten Reise auf der *North-western*. Ich war zwölf, als wir erst durch die Inside Passage fuhren und dann den Golf von Alaska querten. Das Wetter war scheußlich – und ich litt Höllenqualen. Seekrank lag ich in meiner Koje, zu schwach, um aufzustehen, und zu elend, um wieder ins Bett zu kriechen, wenn ich im Seegang rausgefallen war. Tagelang ging das so. Mein Vater stand oben am Ruder, er schien überhaupt nie Schlaf oder auch nur eine Pause zu brauchen. Aber dann kam er schließlich zu mir runter. Er hatte eine alte und dreckige Sperrholzplanke dabei, die fürchterlich stank. Keine Ahnung, wo er das Ding gefunden hatte, aber er klemmte es so zwischen den Rahmen meiner Koje und die Matratze, dass es wie eine Schutzmauer wirkte. Jetzt flog ich in den großen Wellen nicht mehr aus dem Bett, sondern rollte nur noch zwischen der Wand meiner Kabine und dem alten Brett hin und her. Das klingt vielleicht immer noch nicht nach einer besonders bequemen Reise, doch für mich war das Stück Sperrholz ein Lebensretter. Und an dem Tag habe ich gemerkt, dass sich mein Vater Gedanken machte, wie es mir geht. Ich habe jedenfalls nicht von ihm erwartet, dass er die Brücke verlässt, um mir in meinem Elend zu helfen. Als zwölfjähriger Junge fand ich das großartig.

Man kann wirklich nicht sagen, dass unser Vater uns verwöhnt hat. Er hat uns Bescheidenheit gelehrt – und er hat uns vorgelebt, wie wichtig der Zusammenhalt in der Familie ist. Geben ist seliger als nehmen: Das Motto könnte von ihm stammen. Wir sollten uns immer wieder bewusst machen, wie gut es uns geht, wie dankbar wir sein können. Unsere Familie war wirklich gesegnet, einen solch wundervollen Vater zu haben. Er hat meine Mutter geachtet und geliebt. Und seinen Söhnen gezeigt, was es braucht, um ein guter Mensch zu sein. Er war mir ein guter Vater und er ist später mein bester Freund geworden.

Als ich diese Worte vor der Trauergemeinde sprach, fühlte ich mich immer noch benommen. Ich habe mich so gut, wie es eben ging, zusammengerissen und nicht geweint. Doch ich stand so weit neben mir, dass ich heute nicht sagen kann, was ich in diesem Augenblick eigentlich fühlte. Meine eigene Trauer kam erst später an die Oberfläche.

Schon in der folgenden Woche fuhr ich wieder raus zum Fischen und es lief richtig gut, wir verdienten viel Geld. Meine Brüder und ich waren jetzt Partner im Familienunternehmen und gleichberechtigte Eigner der *Northwestern*. June und ich wollten bald heiraten, zusammen mit ihren Töchtern würde sie nach Seattle ziehen, wo wir uns eine gemeinsame Existenz aufbauen konnten. Schließlich würde ich sogar meiner Mutter das Haus abkaufen – und mit meiner Familie wohnen, wo vorher mein Vater mit seiner Familie lebte.

Dann lief ich eines Abends mit der *Northwestern* aus Dutch Harbor aus. Edgar und der Rest der Crew lagen in ihren Kojen und schliefen. Der Himmel war pechschwarz und das Meer wie Tinte. Das Einzige, was ich sehen konnte, waren die zerklüfteten Gipfel der Berge am Horizont. Das Schiff hob und senkte sich im Rhythmus der Wellen und gelegentlich klatschte Gischt gegen die Fenster der Brücke. Vor mir auf dem Wasser schwamm ein Schwarm Möwen. Als der Bug der *Northwestern* auf sie zukam, flogen alle wie auf Kommando im selben Augenblick los. Kurz sah ich ihr weißes Gefieder noch im Schein der Lichter, dann ließen sie sich vom Wind davontragen in die Finsternis.

In genau diesem Moment brachen bei mir alle Dämme. Ich krümmte mich förmlich vor Schmerz und die Tränen fingen an zu fließen, endlich. Ich heulte wie ein Baby. Kaum hatte ich mich einen Moment gefangen, schluchzte ich wieder los, sodass mein gesamter Körper zitterte und zuckte. Ich schluchzte und heulte und ließ all die Tränen und die Trauer raus, die sich in den Wochen seit der Beerdigung aufgestaut hatten. Jetzt hatte ich niemanden mehr, zu dem ich aufschauen konnte, den ich um Rat fragen konnte. Jetzt war es allein an mir, die Familie durchzubringen und zusammenzuhalten.

Mein Vater war von uns gegangen, das Schiff gehörte mir und ich stand allein am Ruder.

N orwegisch bekommt man in den Straßen von Ballard heutzutage kaum noch zu hören, es zählt inzwischen zu den angesagten Vierteln von Seattle. Die alte Absteige neben dem Smoke Shop, das Princess Hotel, haben sie komplett saniert und zu Apartments der Luxusklasse umgebaut; im Erdgeschoss hat sich eine PR-Agentur ihr schickes Büro eingerichtet. Samstags morgens wird die Ballard Avenue komplett für einen Markt gesperrt, auf dem Sandalen tragende Mülltrenner ihr Biogemüse kaufen. Die Schiffsausrüster und Eisenwarenläden sind verschwunden, an ihrer Stelle haben schicke Boutiquen aufgemacht. Die Cafés der Norweger existieren ebenfalls nicht mehr – Kaffee bekommt man immer noch, nur dass man heute nicht mehr Café sagt, sondern »Coffeeshop«.

Einige wenige Geschäfte widersetzen sich dem Zeitgeist. Echte Norweger gehören zwar kaum noch zur Laufkundschaft wie früher, als die gesamte Nachbarschaft in den Händen der Einwanderer aus Skandinavien war. Höchstens das ein oder andere Großmütterchen aus Olympia oder Edmonds, das am norwegischen Nationalfeiertag oder zu Weihnachten ein ganz besonderes Festmahl zubereiten will. Doch das Geschäft mit den Norwegern läuft immer noch gut – online. Sie bestellen ihren gepökelten Kabeljau und ihre luftgetrocknete Lammwurst immer noch bei Olson's, auch wenn sie selbst nicht mehr persönlich vorbeikommen.

Auch sonst haben ein paar Hinweise auf das Leben im alten Ballard überdauert – man muss nur wissen, wo man danach suchen muss. Die Parade am 17. Mai wird groß gefeiert. Edgar und ich marschieren jedes Mal mit, und unsere Familien ebenso. Meine Frau und meine Töchter ziehen ihre norwegischen Trachten an und wir tragen norwegische und amerikanische Flaggen auf unserem Weg durch die Stadt. Für uns ist das jedes Mal eine großartige Feier der Erinnerung, wie es früher war. In kleinerem Maßstab geschieht das jeden Tag im Vereinshaus der Leif Erikson Lodge, wo sich die Alten zum Kaffee und Plaudern treffen. Ein alter Schwede spielt sein Akkordeon, während seine weißhaarigen Zuhörer Heringshappen und gefüllte Eier verspeisen. Herzförmige Waffeln sind ebenfalls im Angebot und eine Kartoffelsuppe, die so dick ist, dass der Löffel darin stecken bleibt.

Die Alten sind nicht gerade begeistert davon, wie sich das Viertel verändert hat. Eine echte Zäsur kam 2001, als die Hafenbehörde den alten Anleger der Fischer umbauen ließ. In einem Bruch mit Traditionen, wie ihn der Hafen von Ballard noch nicht erlebt hat, entschied man, dass künftig auch Sportboote anlegen durften, wo früher die Flotte der Fischer zu Hause war.

Der größte Skandal kam aber noch – als man am Bergen Square die Bäume fällen ließ, die König Olav dort angepflanzt hatte. Die Stadtväter stellten so genannte »Zeugenbäume« auf, die man anscheinend als Meisterwerke zeitgenössischer Kunst erkannt hatte. Wo sich früher Tannen im Wind wiegten, haben wir jetzt einen »Baum der Einwanderer«, einen »Muschelbaum« und einen »Fossilienbaum« – alte Strom- oder Telefonmasten, die Künstler mit buntem Glas, Muschelschalen und diversen Keramiktrümmern verziert hatten. »Drogenrausch-Bäume«, sagen die Alten von der Leif Erikson Lodge dazu. »Wenn sie Kunst wollen«, lamentierte einer, »dann sollen sie den Kram doch einfach ins Museum stellen.«

Vorne am Wasser erkennt man das alte Ballard wieder – noch. Es sieht immer noch aus wie ein typisches Gewerbegebiet, inklusive der üblichen Lastwagenwracks und ausgedienten Eisenbahnwaggons, dazu als Verzierung grellbunte Graffiti sowie ein paar Treibstofftanks und Betonsilos. Auch die Marco-Werft steht noch – oder vielmehr das, was davon übrig ist: eine große, verlassene Wellblechhalle, die von modernen Lagerhäusern und Bürogebäuden schon komplett eingekreist ist.

Von den fünf Bunkerstationen, die wir einmal in Ballard hatten, sind noch zwei geblieben. Ballard Oil wird nach wie vor von Warren Aakervik gemanagt, der das Geschäft von seinem Vater übernahm; es hat sich seit seiner Gründung 1937 auch sonst kaum verändert. Warren selbst ist ein echtes Original, sein Schnauzbart würde einem Walross alle Ehre machen. Wenn man ihn so hört, sieht es düster aus für die Betriebe im Hafen von Ballard im Allgemeinen und für seine Firma im Besonderen. Ballard Oil und diese neue Welt der Boutiquen und schicken Coffeeshops – das passt einfach nicht zusammen. In Ballard gibt es statt Schmieröl und Treibstoff bald nur noch Latte macchiato – und die Erinnerung an die Zeit, als die Stadt mal der Heimathafen der nordpazifischen Fangflotte war.

Was ist aus den Männern geworden, die auf diesen Schiffen gefahren sind? Was machen die Leute von der *Foremost*, die sich damals mit meinem Vater von ihrem brennenden Schiff retten konnten? Magne Berg habe ich das letzte Mal gesehen, als ich noch ein Teenager war – und er betrunken die Gangway zu einem Schiff hochstolperte. Ein wilder Geselle, bis zuletzt. Es heißt, dass er zurück nach New Bedford gegangen ist, wo seine Eltern lebten, und dann schon mit fünfzig Jahren gestorben ist. Krist Leknes ist nach Whidbey Island im Puget Sound umgesiedelt, angeblich weil er partout keinen der alten Kumpel aus Karmøy mehr sehen wollte. Er hatte weder Frau noch Kinder und lebte bis zu seinem Tod da draußen in selbst gewählter Einsamkeit. Leif Hagen ist noch immer in Seattle, ein Witwer, Kinder hat er keine. Er wohnt heute in derselben Straße wie sein Freund und mein erster Skipper, John Jakobsen. Hagen ist der letzte Überlebende des *Foremost*-Desasters.

Viele aus der Generation meines Vaters sind nicht mehr da. John Johannessen und Borge Mannes sind vor ein paar Jahren von uns gegangen, und als ich gerade dabei war, das Ende für dieses Buch zu schreiben, habe ich die traurige Nachricht erhalten, dass auch Oddvar Medhaug, mein großer Mentor, gestorben ist. Magne Nes fischt immer noch – im Alter von sechsundsiebzig Jahren. Als ich zuletzt von ihm hörte, baute er in Kalifornien gerade Holzkutter für den Thunfischfang. Auch Jan Jastad, John Jakobsen, Pete Haugen und Gunnleiv Loklingholm sind immer noch im Geschäft. Onkel Karl hat sich nach einer Herzoperation endgültig zur Ruhe gesetzt, er wohnt nicht weit von uns und qualmt noch immer zwei Packungen Winston am Tag. Gelegentlich fahre ich bei ihm vorbei und bringe ihm Hering. Er braucht immer gleich mehrere Kisten davon, die er dann bei sich zu Hause in der Garage in Zwanzig-Liter-Fässern einlegt. Er revanchiert sich dafür, indem er den Lachs kalt räuchert, den ich in Alaska gefangen habe. Eine echte Delikatesse, wenn ich abends vor dem Fernseher sitze, kann ich ohne Schwierigkeiten eine komplette Lachshälfte verputzen.

Die verbliebenen Kumpel aus Karmøy, allesamt alt geworden, treffen sich fast jeden Morgen in einem Diner in Ballard. Sie sitzen stundenlang da, schlürfen ihren Kaffee und erzählen dieselben Geschichten immer wieder, die sie schon erzählt haben, als ich noch ein Kind war. Sie sind so eine Art lebendes Geschichtsbuch. Nicht weit von ihrem Diner steht ein Denkmal, das an die großen Fischer dieser Stadt erinnern soll. Jorgen Hansen, mein Großonkel, ist da auf einer Bronzetafel verewigt, neben norwegischen Namen wie Jakobsen und Erikson, Haagsen und Carlsen, Petersen und Christiansen, Larsen und Torgramsen. Es sind Hunderte, die auf See geblieben sind oder ihr Leben der Fischerei gewidmet haben. Unter den Gedenktafeln ist auch eine, die an meinen Vater erinnert und an das, was er für die Krabbenfischerei bedeutet hat.

Ich sehe viel von ihm in mir – zum Beispiel, dass ich die Dinge gerne so bewahren möchte, wie sie sind, wie sie schon zu Zeiten meines Vaters waren. Nachdem wir das Schiff im vergangenen Jahr gründlich überholt hatten, kam ich an dem Tag an Bord, als wir die Werft verlassen sollten. Ich stellte fest, dass unser Bild in der Kombüse fehlte, das Porträt des betenden alten Mannes. Die Werftarbeiter hatten es abgenommen, als die Wand gestrichen werden musste. Keinen Meter wollte ich fahren, bis das Bild wieder hing, wo es hingehörte. Wir suchten und fanden das Foto und hängten es an dieselbe Stelle wie zuvor. Befestigten es mit denselben Schrauben in exakt denselben Löchern. Erst dann war unser Schiff wirklich seeklar.

Ein Ort in Ballard hat sich überhaupt nicht verändert – der Smoke Shop. Draußen vor dem Laden stehen noch immer dieselben Zeitungskästen, sogar der vom *Post-Intelligencer*, obwohl das Blatt schon vor langer Zeit eingestellt wurde. Ein Schild im Fenster verkündet wie eh und je, was als Tagesgericht geboten wird: »HACKBRATEN MIT KARTOFFELBREI UND SAUCE, $ 7.25«. Auch die strenge Mahnung hängt noch immer im Fenster: »KEINE ÖFFENTLICHEN TOILETTEN«.

Aber gehen wir doch rein. Nachts trifft man ein gemischtes Publikum, es sind viele junge Leute da, die noch auf einen Drink vorbeigekommen sind, weil ihre coolen Nachtclubs schon dichtgemacht haben. Aber wenn man zum richtigen Zeitpunkt morgens früh vorbeischaut, sind nur die Stammkunden da. Die Frauen hinter der Theke, Marcia, Darlene und Barbara, machen den Job schon seit Jahrzehnten. An den Wänden hängen die gerahmten Fotos unserer Schiffe. Die *Northwestern* ist natürlich dabei, auch die *Ocean Spray* von Onkel Karl.

Rauchen kann man im Smoke Shop heute nicht mehr, aber einen Zigarettenautomaten gibt es noch, als Erinnerung an die gute alte Zeit. Stammkunden gehen wie selbstverständlich durch die Tür mit der Aufschrift »Nur für Personal« und qualmen im Hinterhof. Die Jukebox dudelt noch immer »North to Alaska« und »Sink the *Bismarck*«. Die Stahlglocke über dem Tresen wird allerdings nicht mehr so häufig geschlagen wie damals, als die Krabbenfischer von ihren erfolgreichen Fangreisen heimkehrten, die Taschen voller Geld.

Tom Economou steht um sechs Uhr in seiner Kneipe. Freitags kommen seine Kinder zum Mittagessen. Sein älterer Bruder und Geschäftspartner Pete ist schon vor ein paar Jahren gestorben. Dreißig Jahre lang hat er die Küche im Smoke Shop geführt. Tom ist mittlerweile auch schon achtzig Jahre alt und schmeißt den Laden jetzt eben allein. Nichts hat er verändert in all den Jahren, und er weigert sich standhaft, seine Kneipe zu verkaufen. An Angeboten hat es nicht gemangelt, aber er hat noch jeden Interessenten abgewimmelt. »Der Smoke Shop ist mein Leben«, sagt er. »Seit achtunddreißig Jahren. Wenn ich verkaufe, kriege ich vielleicht einen Batzen Geld. Und dann?«

Also macht er jeden Morgen um sechs auf und schenkt seinen Stammkunden einen Schnaps aus. Dann stecken die weißhaarigen Seebären über der Theke die Köpfe zusammen, und wenn man ein Stück näher heranrückt, dann erkennt man den starken Akzent der Wikinger. Gelegentlich blickt einer auf und nickt rüber zu den Fotos der Krabbenfänger. Hört genau hin, dann erzählt auch er seine Geschichte.

COREY ARNOLD: DER FOTOFISCHER

Rausfahren, um zu suchen –
ein Porträt des Künstlers und Arbeiters Corey Arnold

von Holger Gertz

Wenn man als Autor von einem Interview zurückkommt und seinen Fang sichtet, also die Aufnahme abhört, ist es oft ein Satz, der aus den vielen gesagten Sätzen hervorsticht. Weil er überraschend ist oder ehrlich, weil er, im besten Falle, etwas über die Haltung desjenigen verrät, der ihn formuliert hat. In diesem Zusammenhang eine Erinnerung an ein Interview mit Corey Arnold im Herbst vor einem Jahr. Corey Arnold, im Wohnzimmer seines kleinen Hauses, Portland, Oregon, 6930 Harold Street. Präparierte Hechtköpfe schauen von den Wänden, mit diesem für präparierte Hechtköpfe ganz typischen gelangweilten Blick. Arnold ist nicht der Typ, der Kaffee kochen würde für einen Reporter, den er bisher noch nie gesehen hat, er hat stattdessen Wasser auf den Tisch gestellt, Wasser aus dem Hahn, er sagt: »Das Wasser von Portland ist das beste der Welt.« Aber das ist noch nicht der Satz. Er spricht also über seine beiden Berufe, das Fischen und das Fotografieren, und darüber, wie das eine mit dem anderen zusammenklingt. Dann geht er rüber in sein Arbeitszimmer, er schlurft fast: Corey Arnold ist – jedenfalls an Land – ein eher bedächtiger Mensch. Ein paar seiner Bilder liegen auf den Tischen. Von Zeit zu Zeit muss jeder Fotograf nach Hause, um zu sichten und zu ordnen. Das Haus ist voller Fotos, gerahmt oder aufgezogen oder noch im Computer. Fischerporträts, Männer in von Öl, Blut, Tran verschmierten Hosen. Männer mit Wollmützen. Männer mit Kapuzen über Wollmützen. Männer mit Kapuzen über Piratentüchern. Stechende Augen. Gesichter, in denen die Wangenknochen sich abzeichnen. Am Ende einer harten Zeit sehen sich alle Männer ähnlich. Hochseefischer sind wie Gipfelbezwinger. Gipfelbezwinger sind wie Tour-de-France-Fahrer.

Corey Arnold schaut also in die Gesichter der Fischer, die er fotografiert hatte, einige nur einmal, einige immer wieder über die Jahre. Dann sagt er: »Ich respektiere niemanden so sehr wie den körperlich hart arbeitenden Menschen.« Das ist also so ein Satz, der eine ganze Geschichte erzählt. Ein Satz, der alles auf den Punkt bringt. Oder auf den Punkt zu bringen scheint.

Corey Arnold, 1976 geboren, ein dünner Mann, Jeans, Hemd, Mehrtagebart. Er ist einer der Hochseefischer, die durch die amerikanische Doku-Serie »Deadliest Catch« berühmt geworden sind, einer dieser »Hells Angler«, wie der *Playboy* geschrieben hat. Die Brüder Hansen, deren Geschichte in diesem Buch erzählt wird, fischen auf der *Northwestern.* Corey Arnold war Deckhelfer auf der *Rollo,* dem Schiff von Kapitän Eric Nyhammer. Natürlich ist Corey Arnold auch ein Bruder der Hansens, sie sind alle Brüder im Geiste, Verrückte und Verwegene, die sich bei der Jagd auf Königskrabben und Schneekrabben von den Kameras observieren lassen. Trotzdem ist jeder von ihnen anders, Corey Arnold ist Fischer und »Deadliest Catch«-Star, aber er ist auch gelernter Fotograf, der das Leben an Bord dokumentiert und manchmal den Kampf ums Leben an Bord. Es ist kalt auf der Beringsee im Winter, wenn Fangsaison ist. Es ist gefährlich, wenn die Wellen mit dem Boot spielen und die Fischer versuchen, die gefüllten Körbe emporzuhieven, siebenhundert Pfund schwer. Gegen das Gewicht eines Fangtages ist das Gewicht eines Lebens nichts. Krabbenfischen gehört zu den halsbrecherischsten Jobs, die ein Mann erledigen kann. Wer über Bord geht, säuft ab, ohne noch mal Luft holen zu können. Wer an Bord bleibt, könnte erdrückt werden von der Wucht der Fangkörbe, wenn ein Halteseil reißt. Wer an Bord bleibt, quetscht und schnürt und reißt sich manchmal etwas ab. Eine Bildbeschreibung von Ernst Jünger: »Jedes Abenteuer lebt durch die Nähe des Todes, den es umkreist.«

Wer noch nie eine »Deadliest Catch«-Episode mit den Hansens oder den anderen Fischern gesehen hat oder wer von dieser Art Fernsehdokumentation grundsätzlich nichts hält, weil ihm alles überdramatisiert und unecht vorkommt – der betrachte die Bilder in diesem Buch. Corey Arnold hat sie gemacht. Sie zeigen, wie es an Bord zugeht, und sie erklären, warum den meisten Leuten da draußen die Hochseefischersaga im Fernsehen so gefällt. Weil die Gefahren an Bord so spürbar sind wie die Kräfte des Zusammenhalts an Bord. Hochseefischer zu beschreiben, sie zu filmen oder zu fotografieren, bedeutet: über die Angst nachdenken. Aber immer auch über die Überwindung der Angst.

Corey Arnold hat die etwas sperrige Formulierung »picture maker« auf seine Visitenkarten gedruckt – weil das nach Arbeit klingt, sagt er. Arbeit, immer geht es ihm um Arbeit: Seine Arbeit gut zu machen an Bord, bedeutet ja, die Gefahr kleiner werden zu lassen. Einer wie er wäre auf dem Schiff nie anerkannt worden, wäre er nicht bereit gewesen, mitzuanpacken. Gleiche Rechte, gleiche Pflichten für jeden, an Bord ist jeder Teil eines Ganzen. Corey Arnold ist teilnehmender Beobachter, Betonung auf teilnehmend. Denn den anderen an Bord ist der Fischer Corey wichtiger als der Fotograf Arnold. Sie brauchen ihn zum Heraufhieven der Fangkörbe und zum Zählen der Krabben, er muss den anderen helfen, dem Wind standzuhalten, die anderen müssen ihm helfen. Wenn Zeit ist, holt er seine Kamera, sie ist gegen das Wasser umwickelt mit Folien und Klebeband. Dann fotografiert er. Er ist Fischer und Fotograf. »Aber mehr Fischer als Fotograf.« Er ist Reporter, der gemeinsam mit den anderen kämpft und ihnen dabei so nahekommt, dass sich die anderen nicht mehr verstellen müssen. Goldene Regel, an die sich jeder Reporter zu halten hat: Man muss in der Welt der Menschen leben, um sie zu verstehen. Man muss sie sich vertraut machen, bis man schließlich *anteilnehmender* Beobachter werden kann.

Seine Bilder erzählen, dass er verstanden hat, worum es geht. Zwei Fischer vor schwarzem Himmel, wirbelnde Flocken, sie versuchen, den zappelnden Fang im Griff zu behalten, verzerrte Gesichter, wie Gewichtheber in einer Arena, die von Flutlicht beschienen wird. Oder: ein Fischer, ein Boot, die Beringsee, die Möwen. Der Fischer trägt Ölzeug, orangegelbe Jacke, hellrote Hose, er zerrt an einem Tau, die Urgewalt ist nicht sichtbar, nicht auf den ersten Blick, aber die Aufbauten sind vereist. So sind seine Bilder. Sie erzählen, dass Fischer nicht diese Outlaws sind, für die sie viele der Landratten da draußen halten. Wer ein Outlaw ist, ein Gesetzloser, ein Hooligan, würde den Fischzug auf dem Meer nicht überleben. Wer sich Worte wie »HATE« oder »FEAR« auf die Fingerrücken tätowieren lässt, Hass oder Angst, nutzt seinen Körper als Projektionsfläche, er selbst legt fest, wie er aussehen möchte. Der Körper des Fischers dagegen wird definiert von den Umständen, unter denen er arbeitet. Die Muskeln werden nicht aufgebläht von Anabolika, das Einholen der Fangkörbe, das Klammern an den Seilen härtet sie. Die Bärte der Fischer sollen das Gesicht nicht verschatten, damit es cool aussieht. Die Bärte der Fischer wachsen, weil an Bord keine Zeit zum Rasieren ist.

Inszeniert wirkt auf seinen Bildern nur das, was niemand inszenieren kann, die schwarzen Wellen vor dem grauen Himmel; die Möwe mit dem festgefrorenen Eisplättchen am Flügel. Die Fischer sind, wie die Fischer sind. Corey Arnold dokumentiert, er choreografiert nicht. Seine Bilder waren in *Esquire, Artweek, Rolling Stone.* Sie werden auf der ganzen Welt ausgestellt, der letzte Bildband *Fish-Work* war schnell vergriffen. Corey Arnold hat sich gefragt, was er berührt in den Leuten, manchmal schreibt ihm auch einer oder er kommt mit jemandem bei einer Autogrammstunde ins Gespräch. Aber viele schauen sich die Bilder nur an, das reicht. Es spricht für Bilder, wenn sie sprechen können. Corey Arnold nimmt einen Schluck vom guten Wasser Portlands: »Die Bilder erzählen: Diese Männer arbeiten immer noch wie vor zweihundert Jahren. Alles in der Welt ist anders geworden, aber das hier ist gleich geblieben. Anstrengend. Gefährlich. Befriedigend. Das gefällt den Leuten, oder? So was vermissen sie. Klingt simpel vielleicht. Aber irgendwas muss es ja sein.«

Corey Arnold ist in Vista, Kalifornien, aufgewachsen, einer Stadt mit neunzigtausend Menschen, nur ein paar Meilen vom Pazifik entfernt. Sein Vater Chris nahm ihn am Wochenende mit in seinem kleinen Boot, sie fuhren die Küste ab und fischten. Der Vater fischte, um sich zu entspannen. Corey fischte, weil sein Vater fischte und weil die Zeit auf dem Boot die Zeit war, in der er seinen Vater für sich hatte. Und weil er neugierig darauf war, welches Monster sie diesmal aus dem Wasser holen würden. Kleine Haie, Thunfisch, Schwertfisch, Yellowtails. Sie machten damals schon Bilder von ihrem Fang, die Fotos beweisen: Vor Kalifornien leben Fische, die aussehen, als hätte sie der Puppenbauer Jim Henson für die »Muppet Show« entworfen.

Corey fischte die Fische, zeichnete die Fische, an Halloween verkleidete er sich als Fischer, nie trug er ein anderes Kostüm. In der Schule redet er von den Fischen, die anderen aus seiner Klasse nannten ihn irgendwann »den Fischer«. Einmal hielt er ein Referat über Makohaie, »meine Mutter schleppte extra eine Kühlbox in die Schule, da war einer drin, ein kleiner«. Die anderen wollten den Hai streicheln und Corey wies bei der Gelegenheit auf dessen schuppige Haut hin, aber das kriegten sie gar nicht mit.

Die anderen surften, die anderen fuhren Skateboard; er surfte und fuhr Skateboard, und er fischte und fotografierte. So fing es an.

Und so ging es weiter: Er fuhr als Teenager mit seinem Vater zum ersten Mal nach Alaska, Lachse fangen im flachen Teil der Beringsee. Er ging zur Highschool, aufs College, studierte Fotografie. Man kann sehr lässig leben an Land als zottelhaariger, durchtrainierter Junge. San

Diego, San Francisco. Er war Fotoassistent, sein Plan, ein Leben auf dem Meer zu leben, schien sich vorübergehend erledigt zu haben. Aber der Plan ruhte nur.

Es war die Zeit der Dotcom-Wunder. Spekulationen, Börsendeals, reich werden aus dem Nichts. So machten es viele, die er kannte. »Ich spürte: Das war nicht meins«, sagt Corey Arnold. Er wollte an die Arbeit gehen. Abends spüren, was man den Tag über gemacht hat, wie ein Maurer oder ein Minenarbeiter. Aber auf dem Meer. Er erinnert sich, an den Docks von Seattle herumgestreift zu sein, dort gibt es Plüschhaie mit Filzlätzchen. Aber auch Jobs für den, der bereit ist, sich auszusetzen. Corey Arnold war ganz brauchbar als Deckhelfer. Er arbeitete viel weg. Er kotzte kaum. Im Jahr darauf ging es zum ersten Mal raus zum Krabbenfischen auf der Beringsee. Sieben Jahre, von 2002 an, war er Teil des Fischerteams auf der *Rollo*. Sie hatten keine Grundschleppnetze, die wie riesige Rechen über den Meeresgrund gezogen werden und ihn dabei plündern und verwüsten. Corey Arnold und seine Männer wollten es anders machen, die Krabben krabbelten in ihre Krabbenkörbe hinein, am Ende wurden die Körbe hochgezogen, der Beifang flog gleich zurück ins Wasser.

So fing es an. So ging es weiter. Und beinahe wäre alles schon zu Ende gewesen. Er wollte, ein paar Jahre her, klebrigen Ruß von der Bootswand runterschaben, dafür hatten sie einen Entfetter, wie man ihn auch in Motoren kippt, eine beißende Substanz. Der Behälter stand irgendwie unter Druck, er machte ihn auf, das zischte das Zeug in seine Augen. Er schrie, suchte nach einem Schlauch, um die Augen auszuwaschen, fand ihn nicht, die ganze Besatzung rannte zusammen, »und ein Ingenieur drückte mir seine riesigen Finger in die Augen, um alles rauszureiben, er hat mir den Augapfel aufgeraut bei der Gelegenheit. Hatte wirklich gewaltige Finger.« Zwölf Stunden hatten sie noch bis zur Küste, er sah nichts, er würde ein blinder Fischer sein, ein blinder Fotograf, ein blinder Bildermacher. Ein blinder Beobachter. Er würde nichts mehr sein. Das war die Perspektive.

Er hatte Angst. In der Klinik konnten sie ihm dann helfen, er sah erst wieder Schatten, erkannte bald Konturen. Aber Zeitung lesen konnte er einen Monat nicht.

Er redet nicht gern drüber, erst nach ein paar Stunden bringt man diese Geschichten aus ihm raus, Geschichten über Angst. Er sagt: »Wer dauernd seine Angst beschwört, kann unmöglich Fischer sein.« Was ihm gefällt: Der »sense of humor« der Männer an Bord. Was ihm an seinen Fotos gefällt: Wenn er den »sense of humor« sichtbar machen kann. »Viel Sinn für Humor, aber wenig Finger. So sind Fischer.« Eine unvollständige Hand kann ein gelungenes Fischerporträt sein, das Detail beschreibt das Leben. »Sense of humour«: Wenn Krabbenfischer in einer lauten Kneipe über die Köpfe der anderen hinweg Bier ordern wollen, fünf Bier für fünf bärtige Männer, reicht manchmal eine Hand nicht mehr, um die Bestellung aufzugeben.

Sein berühmtestes Bild: ein Fischer, der sich als Pferd verkleidet hat und eine Katze im Arm trägt, vor hellgrauem Himmel und dunkelgrauem Meer. Das Pferd, das ein Mann ist, schaut ins Nirgendwo, die Katze dagegen sieht aus, als hätte sie sich vorher noch das Fell gerichtet, so konzentriert blickt sie in die Kamera. »Das ist Kitty«, sagt Corey Arnold, er hätte sich auch einen kreativeren Namen ausdenken können, klar, aber sein Leben ist nicht auf Effekte ausgerichtet. Es kommt alles auf Schiffstauglichkeit an. Kitty hat sich als schiffstauglich erwiesen, und weil Katzen ja nachgesagt wird, so was wie den siebten Sinn zu haben, betritt sie in diesem Moment die Wohnung. Es zeigt sich: Katzen sehen immer so aus, als wären sie darauf vorbereitet, fotografiert zu werden.

Die Menschen, die er aufnimmt, sind nicht darauf vorbereitet, fotografiert zu werden, an Bord sowieso nicht. An Land erst recht nicht. Einen Fischer an Land – er erkennt das an seinen Bildern, wenn er sie anschaut, und er schaut sie oft an – umspielt oft diese Melancholie, die an Bord tödlich sein könnte. An Bord, sagt Corey Arnold, versteht man die anderen, auch ohne viele Worte, ein kurzes Nicken kann –

unter Fischern – ein langer Satz sein. Aber wenn man an Land ist, versteht man die anderen nicht, oder sie verstehen einen nicht. »Mach doch mal ruhiger«, sagen die zu ihm, die den Sog des Meeres nicht kennen. »Verkauf doch ein paar Poster mehr, mach diese schönen Bücher. Du hast doch genug Bilder von Fischern. Leb doch ein bisschen entspannter davon.«

A ber Corey Arnold ist Fotograf und Fischer, mehr Fischer als Fotograf. Er muss wieder raus, Eindrücke auffrischen, neue Erfahrungen machen, neue Fischer und Fische fotografieren, alte Fischer noch mal fotografieren. Er sagt, er mag nicht über Börsenkurse reden, über Gewinnmaximierung, das langweilt ihn, er kann dann nicht lange zuhören. Er redet jetzt wieder über Arbeit, die Philosophie von Arbeit, über ihren Kern. »Wenn ich etwas gelernt habe, dann das: den Wert von Knochenarbeit zu erkennen. Also dass man etwas tut und dafür etwas kriegt. Dass man müde ist und weiß warum.«

Vor Kurzem war sein Vater zu Besuch. Mit seinem Vater hat alles angefangen, die Fischzüge vor Kalifornien, die Muppet-Monster an der Angel. Sie haben damals schon alles fotografiert, der Vater hatte eine kleine Pentax, er nahm den Sohn auf, der Sohn nahm den Vater auf, beide nahmen sich mit Fischen auf. Er hat die Bilder sogar ausgestellt in einem Bookshop, Portland Downtown, die Ausstellung hieß *Fishing with my dad*, es gibt auch ein kleines Buch und auf YouTube ein kurzes Video, der Abspann endet mit einer Widmung. »Thanks Dad!«

Sein Vater war bei der Eröffnung der Ausstellung dabei, und Corey Arnold sagt, sein Vater habe geweint.

Er hat dann ein paar Tage bei ihm gewohnt, der Vater, sie haben viel geredet, aber sie waren sich nicht sehr einig, der Vater hat über die Republikaner gesprochen und dass er einige ihrer Ansichten ganz vernünftig findet. Es kam ihm vor, sagt Corey Arnold, als habe sein Vater ihm dauernd zugerufen: »Komm endlich an Land, Junge, werde häuslich.« Aber er habe umgekehrt ständig den Impuls gespürt, seinem Vater zurufen zu wollen: »Mach es wie früher, Dad. Fahr raus aufs Meer. Fahr raus und suche.«

Eine Erinnerung also an eine Begegnung mit Corey Arnold, in seinem kleinen Haus in Portland. Eine Erinnerung an ein Gespräch über das, was die Leute so fasziniert an Sig Hansen und den anderen Fischern, an dem Leben weit draußen, an der Arbeit auf dem Meer. Eine Erinnerung an die Suche nach der Formel, auf die man alles bringen kann.

Die Hechte starrten von den Wänden. Das gute Wasser stand im Glas. Fahr raus und suche. Corey Arnold hörte dem Satz noch mal hinterher. Dann sagte er: »Das ist es.«